普通高等教育"十三五"规划教材
电子信息科学与工程类专业规划教材

U0161932

微机原理

（第2版）

杨　峰　翟临博　王春静　柏　静　编著

电子工业出版社
Publishing House of Electronics Industry
北京·BEIJING

内 容 简 介

单片机是指在一块芯片上集成 CPU、ROM（或 EPROM）、RAM、并行和串行 I/O 接口，以及定时/计数器等多种功能部件的微型计算机，这种微型计算机也可称为微控制器。它具有集成度高，可靠性高，性能价格比高，适应温度范围宽，抗干扰能力强，小巧、灵活，易于实现机电一体化等优点，现已广泛应用于检测、控制、智能化仪器仪表，以及生产设备自动化、家用电器等领域。

本书继承和发扬了第 1 版的风格和特色，增加了补码运算并删除了部分旧内容，以 MCS-51 单片机为主线，系统介绍了单片机的组成、汇编语言、指令系统、中断系统，以及 A/D 和 D/A 接口等问题，并在此基础上设计了单片机的实验。

本书可作为高等院校教材，也可作为广大科技人员的参考书。

图书在版编目（CIP）数据

微机原理 / 杨峰等编著. —2 版. —北京：电子工业出版社，2021.4
ISBN 978-7-121-40790-1

Ⅰ. ①微…　Ⅱ. ①杨…　Ⅲ. ①微型计算机－高等学校－教材　Ⅳ. ①TP36

中国版本图书馆 CIP 数据核字（2021）第 046766 号

责任编辑：杜　军　　特约编辑：田学清
印　　刷：北京虎彩文化传播有限公司
装　　订：北京虎彩文化传播有限公司
出版发行：电子工业出版社
　　　　　北京市海淀区万寿路 173 信箱　　邮编：100036
开　　本：787×1 092　1/16　印张：15　字数：384 千字
版　　次：2012 年 8 月第 1 版
　　　　　2021 年 4 月第 2 版
印　　次：2025 年 2 月第 8 次印刷
定　　价：49.00 元

凡所购买电子工业出版社图书有缺损问题，请向购买书店调换。若书店售缺，请与本社发行部联系，联系及邮购电话：（010）88254888，88258888。

质量投诉请发邮件至 zlts@phei.com.cn，盗版侵权举报请发邮件至 dbqq@phei.com.cn。

本书咨询联系方式：dujun@phei.com.cn。

前　言

随着微电子技术的日益进步，微型计算机向高性能的 64 位微机和适用于测控的单片机两个方向迅速发展。单片机是指在一块芯片上集成 CPU、ROM（或 EPROM）、RAM、并行和串行 I/O 接口，以及定时/计数器等多种功能部件的微型计算机，这种微型计算机也可称为微控制器。它具有集成度高，可靠性高，性能价格比高，适应温度范围宽，抗干扰能力强，小巧、灵活，易于实现机电一体化等优点，现已广泛应用于检测、控制、智能化仪器仪表，以及生产设备自动化、家用电器等领域。

目前国内高校教授的"微机原理"课程有两种情况，一种是以 Intel 8088/8086 CPU 为例教授"微机原理"课程，另一种是以 Intel 的 MCS-51 单片机为例教授"微机原理"课程。它们共同点是都能完成"微机原理"课程的理论教学任务，不同点是前者教给学生的知识很难直接应用到实际中，而后者由于 MCS-51 单片机低廉的价格和齐全的功能，被更加广泛地应用到各行各业中。为此，我们以 MCS-51 单片机为例编写《微机原理》教材，奉献给读者。

本书选材力求注重实用性、系统性、先进性，使读者能够轻松地学习微机的基本原理和具有应用单片机解决实际问题的能力。书中提供了大量实用电路，同时还提供了大量实用程序，便于读者学习和引用。鉴于本课程实践性很强，特给出实验指导，以辅导读者在学习过程中上机实习。每章末还附有小结和练习题，有利于读者巩固和深化所学知识。

本书第 1 章由邵增珍编写，第 2 章和实验部分由柏静编写，第 3 章和第 5 章第 1、2 节由王春静编写，第 4 章由翟临博编写，第 5 章第 3、4 节由杨峰编写，第 6 章由卢洪武编写。全书由杨峰统一整理。

作者

目　　录

第1章 数据基础及计算机概述

电子计算机是一种能对数据进行加工处理的信息处理机，具有存储、判断、运算能力，甚至可以模拟人类思维，做一些需要依靠智力才可以做的工作。1946 年，世界上第一台真正意义上的电子计算机 ENIAC（Electronic Numerical Integrator And Calculator）问世以来，计算机经历了电子管、晶体管、集成电路，以及大规模和超大规模集成电路时代，共 4 个时代。按照计算机的规模分，计算机可分为巨型计算机、大型计算机、中型计算机、小型计算机、微型计算机等，但从系统结构和基本工作原理上讲，微型计算机同其他类型的计算机没有本质区别，只是在体积、功能及性能等方面有所差异。

既然计算机具有强大的数据处理能力，那么如何将人类习惯的数据以便捷易用的方式在计算机中表现，就成为非常基础且重要的工作。本章的主要内容就是介绍计算机中的数据表示、数据运算，以及微型计算机概述。

1.1 数值型数据的表示

计算机处理的数据包括数值型数据和非数值型数据。数值型数据是指可进行大小比较的有数值含义的数据，非数值型数据是指难以进行比较，只是用于表示某些含义的数据，如字符、图像等数据。本节介绍数值型数据。

1.1.1 进制

生活在原始社会的人类先祖，狩猎时需要记住狩猎数量，以便完成狩猎活动后的猎物分配工作。先祖们的狩猎活动一般是群体活动，狩猎数量较多，计数工作往往推举聪明且有威望的人来执行，我们暂且称之为计数员。最初时，计数员通过在一条长长的草藤上系草环来表示狩到的猎物，狩到一只猎物就系上一个草环，狩到两只猎物就系上两个草环，…，依此类推。这种计数方式当然没有什么大的问题，但很不方便。聪明的计数员后来想了一个办法：能不能用多条草藤来计数？考虑到人类主要用双手劳动，而两只手上共有 10 个手指，干脆采用 10 为单位，且用多条草藤来计数。于是，计数员采用了如图 1-1-1 所示的方法。

从图 1-1-1 可以看出，当仅有一条草藤时，计数员在草藤上系草环，最多系 9 个，表示狩到 9 只猎物。当再有新的一只猎物被狩获时，计数员并没有在第一条草藤上继续增加草环，而是增加了一条新的草藤，同时做了如下工作：将第一条草藤上的所有草环全部去掉，仅在第二条草藤上新系一个草环，表示 10 只猎物，依此类推，当狩到 99 只猎物时，两条草藤就都系了 9 个草环了。如果再有新的一只猎物，则只能再增加一条草藤，同时做如下工作：将第一条、第二条草藤上的所有草环全部去掉，仅在第三条草藤上新系一个草环，表示 100 只猎物，如此循环。

显然，不同草藤上的草环所代表的含义是不同的：第一条草藤上的一个草环代表 1 只猎物，第二条草藤上的一个草环代表 10 只猎物，第三条草藤上的一个草环代表 100 只猎物，这实际上就是"权"的概念。从加法的角度看，当第一条草藤已经计数满（9 个草环）时，如果再增加 1，则将该草藤上的所有草环去掉，并在第二条草藤上系一个草环，这就是"逢十进一"的概念。

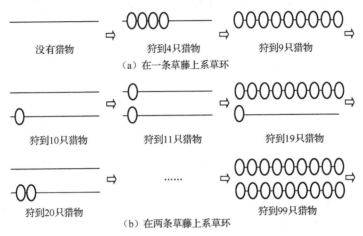

（a）在一条草藤上系草环

狩到10只猎物   狩到11只猎物   狩到19只猎物

狩到20只猎物   ……   狩到99只猎物

（b）在两条草藤上系草环

图 1-1-1   十进制计数方法图示

以上故事当然杜撰的成分居多，但从中可得出明显的"进位计数""进制""权"的概念。如果将每条草藤上最多系的草环的数目改成 1，就得到二进制的概念；改成 7，就得到八进制的概念；改成 15，就得到十六进制的概念。

用若干数字的有序组合来表示一个数值，从而形成一段有序的代码，如 $X_{n-1}\cdots X_0$ 就是一个由 n 位数字组成的一个数值。考虑整数，如果从 0 开始计数以得到各种数值，就存在一个由低位向高位的进位的过程（考虑图 1-1-1 表示的含义）。按照一定的进位方式进行计数的数值，称为进位计数制，简称进制。以我们常用的十进制为例，用展开的方式来表示进位计数的思想，如下：

$$(N)_{10} = 32598 = 3 \times 10^4 + 2 \times 10^3 + 5 \times 10^2 + 9 \times 10^1 + 8 \times 10^0 \tag{1-1}$$

式中，3、2、5、9、8 称为十进制中的数码，10^4、10^3、10^2、10^1、10^0 称为各数数位的权值，"10"称为十进制的"基数"，也是十进制中所有数码的个数。

利用多项式可清晰表现进制中数位之间的关系。假设有某 r 进制数 $(S)_r$，其多项式可表现为：

$$\begin{aligned}(S)_r &= (X_{n-1}X_{n-2}\cdots X_1 X_0 X_{-1}\cdots X_{-m})_r \\ &= X_{n-1}r^{n-1} + X_{n-2}r^{n-2} + \cdots + X_1 r^1 + X_0 r^0 + X_{-1}r^{-1} + \cdots + X_{-m}r^{-m}\end{aligned} \tag{1-2}$$

式中，基数为 r，S 为 r 进制数，r^j 是各数位的权值，共有 m+n 个数位，包括 n 位整数及 m 位小数。

在日常生活中，人们一般采用十进制表示数值信息，但是计算机系统内部采用的却是二进制。之所以计算机内部采用二进制，是因为二态器件从物理上容易实现，而且运算规则简单。但是，人们习惯的十进制和计算机采用的二进制虽然表示的数值含义相同，但形式差别非常大，这就需要进行进制之间的相互转换。另外，在计算机内部，为了书写方便，人们在编程时常用八进制、十六进制等来表示数值信息，这也需要进行数制转换。

1．二进制

在二进制中，每个数位仅允许选择 0 或 1 两个数码，加法时"逢二进一"，减法时"借一当二"，基数 r=2。用多项式表示为：

$$
\begin{aligned}
(S)_2 &= (X_{n-1}X_{n-2}\cdots X_1X_0X_{-1}\cdots X_{-m})_2 \\
&= X_{n-1}2^{n-1} + X_{n-2}2^{n-2} + \cdots + X_1 2^1 + X_0 2^0 + X_{-1}2^{-1} + \cdots + X_{-m}2^{-m}
\end{aligned}
\tag{1-3}
$$

其中 X_i 取值 0 或 1。举例说明：

$$(1011.11)_2 = 1\times 2^3 + 0\times 2^2 + 1\times 2^1 + 1\times 2^0 + 1\times 2^{-1} + 1\times 2^{-2} = (11.75)_{10}$$

需要说明，为了区别数码属于哪种进制，往往利用小括号把数码括起来，并用下标注明。一般情况下，如果没有说明，则可默认为十进制。

2．八进制

在八进制中，每个数位可选择 0～7 中的数码，共 8 种选择，加法时"逢八进一"，减法时"借一当八"，基数 r=8。用多项式表示为：

$$
\begin{aligned}
(S)_8 &= (X_{n-1}X_{n-2}\cdots X_1X_0X_{-1}\cdots X_{-m})_8 \\
&= X_{n-1}8^{n-1} + X_{n-2}8^{n-2} + \cdots + X_1 8^1 + X_0 8^0 + X_{-1}8^{-1} + \cdots + X_{-m}8^{-m}
\end{aligned}
\tag{1-4}
$$

其中 X_i 取值 0～7。举例说明：

$$(107.1)_2 = 1\times 8^2 + 0\times 8^1 + 7\times 8^0 + 1\times 8^{-1} = (71.125)_{10}$$

实际上，八进制的每个数码可以用 3 位二进制表示，它们之间的对应关系如表 1-1-1 所示。

表 1-1-1　八进制同 3 位二进制的对应关系

八　进　制	二　进　制
0	000
1	001
2	010
3	011
4	100
5	101
6	110
7	111

例 1.1　$(176)_8 = (001\ 111\ 110)_2$

以上例子还可以写为 176O = 001 111 110B。其中"O"是八进制的缩写，"B"是二进制的缩写。

3．十六进制

在十六进制中，每个数位选择的数码个数为 16 个，即 0～15，书写时为 0～9，A、B、C、D、E、F，加法时"逢十六进一"，减法时"借一当十六"，基数 r=16。用多项式表示为：

$$
\begin{aligned}
(S)_{16} &= (X_{n-1}X_{n-2}\cdots X_1X_0X_{-1}\cdots X_{-m})_{16} \\
&= X_{n-1}16^{n-1} + X_{n-2}16^{n-2} + \cdots + X_1 16^1 + X_0 16^0 + X_{-1}16^{-1} + \cdots + X_{-m}16^{-m}
\end{aligned}
\tag{1-5}
$$

其中 X_i 取值 0～7。举例说明：

$$(6B.C)_{16} = 6 \times 16^1 + 11 \times 16^0 + 12 \times 16^{-1} = (107.75)_{10}$$

同样道理，十六进制的每个数码可以用 4 位二进制表示，它们之间的对应关系如表 1-1-2 所示。

表 1-1-2　十六进制同 4 位二进制的对应关系

十 六 进 制	二 进 制
0	0000
1	0001
2	0010
3	0011
4	0100
5	0101
6	0110
7	0111
8	1000
9	1001
A	1010
B	1011
C	1100
D	1101
E	1110
F	1111

例 1.2　$(36AB.C)_{16} = (0011\,0110\,1010\,1011.1100)_2$

以上例子还可以写为 36AB.CH $= 0011\,0110\,1010\,1011.1100$B，其中 "H" 是十六进制的缩写。

4. BCD 码

计算机内部数的表示和运算以二进制为技术，而人类在生活中习惯利用十进制，这就需要采取某些措施进行转化。当前有两种方法可供选择，一种是实现二进制和十进制的相互转换：二进制转换为十进制时，利用"按权展开法"，利用式（1-2）的方式进行转换，十进制转换为二进制时，整数采用"除 2 取余"法，小数采用"乘 2 取整"法，后文将有介绍；另外一种是采用"二-十进制表示法"，也就是 BCD（Binary Coded Decimal）码。

所谓 BCD 码，其含义是用 4 位二进制数来表示 1 位十进制数，从左起高位的权值依次是 2^3、2^2、2^1、2^0，即 8、4、2、1，故这种编码又称为"8421 码"，但所能表示的数仅限于十进制的 10 个数码 0～9。

例 1.3　$(189)_{10} = (0001\,1000\,1001)_{BCD}$

这里一定要注意，4 位二进制数实际上有 16 种编码形式(2^4=16)，但十进制数码只有 0～9，也就说 BCD 码中只用了 16 种编码形式中的 10 个（0000～1001），剩下的 6 个编码（1010～1111）没有使用。可以发现，在 0～9 的范围内，BCD 码形式同十六进制的二进制形式完全相同，但 BCD 码是"逢十进一"，而十六进制的 4 位二进制形式是"逢十六进一"，两者相差 6。因此，在进行加法运算时，可对 BCD 码先进行传统的二进制运算，然后进行调整：如果每位的和小于或等于 9，则不必修正；如果和大于 9，则做"加 6 调整"。具体步骤在后文有详细讲解。

几种进制之间的对应关系如表 1-1-3 所示。

表 1-1-3　几种进制之间的对应关系

十　进　制	二　进　制	八　进　制	十　六　进　制	BCD 码
0	0000	0	0	0000
1	0001	1	1	0001
2	0010	2	2	0010
3	0011	3	3	0011
4	0100	4	4	0100
5	0101	5	5	0101
6	0110	6	6	0110
7	0111	7	7	0111
8	1000	10	8	1000
9	1001	11	9	1001
10	1010	12	A	0001 0000
11	1011	13	B	0001 0001
12	1100	14	C	0001 0010
13	1101	15	D	0001 0011
14	1110	16	E	0001 0100
15	1111	17	F	0001 0101

1.1.2　进制之间的转换

进制之间的转换可分为以下三种情况。

第一种是二进制、八进制、十六进制之间的转换，它们之间可以分段对应转换，以二进制转化为其他进制为例，转换方法是：以小数点为左右起点，每 3 位为一组，左右不足 3 位用 0 补充，即可根据表 1-1-1 将二进制转换为八进制；如果要转换为十六进制，则是以小数点为左右起点，每 4 位为一组，左右不足 4 位用 0 补充，即可根据表 1-1-2 将二进制转换为十六进制。八进制、十六进制转换为二进制执行"1 位八进制数对应 3 位二进制数，1 位十六进制数对应 4 位二进制数"的原则即可完成。

如果需要在八进制和十六进制之间的转换，我们采取的措施是以二进制为桥梁进行转换，即先转换为二进制，然后由二进制转换为其他进制。

例 1.4　将 10101011101101B 转换为八进制和十六进制。

101010111.01101B=101 010 111.011 010B=527.3O

101010111.01101B=0001 0101 0111.0110 1000B=157.68H

例 1.5　将 27630 转换为十六进制。

27630=010 111 110 011B=0101 1111 0011B=5F3H

第二种是十进制同 BCD 码（二-十进制）之间的转换，也可以分段进行。

例 1.6　将十进制数 286 转换为 BCD 码。

$$286 = (0010\ 1000\ 0110)_{BCD}$$

第三种是二进制和十进制之间的转换。由于这两种进制之间不存在直接的分段对应关系，因此需要某种转换算法，且整数转换和小数转换也不相同。

1．二进制数转换为十进制数（包括整数和小数部分）

利用式（1-3），即可实现二进制数与十进制数之间的转换。

2．十进制整数转换为二进制整数

利用"除 2 取余"法，即可实现十进制整数转换为二进制整数，其规律为：将十进制整数除以 2，所得余数为对应二进制数的最低位；继续将得到的商除以 2，所得的各个余数就是所求的二进制数的各位值；如此进行，直到商等于 0，最后一项得到的余数作为二进制数的最高位（最左位）。利用竖式可方便实现以上算法，如下例。

例 1.7　将十进制整数 98 转换为二进制数。

```
2 | 98
2 | 49 ---- 0    ↑
2 | 24 ---- 1    |
2 | 12 ---- 0    |
2 | 6  ---- 0    |
2 | 3  ---- 0    |
2 | 1  ---- 1    |
    0  ---- 1
```

则有 98=(1100010)₂。

用横式表示以上转换过程，如下：

$$98 = 2 \times 49 + 0$$
$$= 2 \times (2 \times 24 + 1) + 0$$
$$= 2 \times (2 \times (2 \times 12 + 0) + 1) + 0$$
$$= 2 \times (2 \times (2 \times (2 \times 6 + 0) + 0) + 1) + 0$$
$$= 2 \times (2 \times (2 \times (2 \times (2 \times 3 + 0) + 0) + 0) + 1) + 0$$
$$= 2 \times (2 \times (2 \times (2 \times (2 \times (2 \times 1 + 1) + 0) + 0) + 0) + 1) + 0$$
$$= 2 \times (2 \times (2 \times (2 \times (2 \times (2 \times (2 \times 0 + 1) + 1) + 0) + 0) + 0) + 1) + 0$$

3．十进制小数转换为二进制小数

利用"乘 2 取整"法，即可实现将十进制小数转换为二进制小数，其规律为：将十进制小数乘以 2，所得到的整数即二进制小数的最高位值（小数点右第一位）；将整数部分去掉，继续将乘积的所余小数部分乘以 2，所得整数就是二进制小数的次高位值；如此继续，直到去掉整数部分的乘积变为 0，或者满足精度要求时结束。

例 1.8　将十进制小数 0.8125 转换为二进制小数。

$$0.8125 \times 2 = 1.625......1$$
$$0.625 \times 2 = 1.25 \ ......1$$
$$0.25 \times 2 = 0.5 \ ......0$$
$$0.5 \times 2 = 1.0 \ ......1$$

则 0.8125=0.1101B。

另需说明，前文所述"满足精度"的原因是在转换过程中，有些十进制数并不能精确转化为二进制数，在这种情况下，算法最后的整数部分永远不可能是 0，此时只能以满足精度为算法的结束条件，如例 1.9。

例 1.9 将十进制小数 0.68125 转换为二进制小数。

$$0.68125 \times 2 = 1.3625......1$$
$$0.3625 \times 2 = 0.725 \ ......0$$
$$0.725 \times 2 = 1.45 \ ......1$$
$$0.45 \times 2 = 0.9 \ ......0$$
$$0.9 \times 2 = 1.8 \ ......1$$
$$0.8 \times 2 = 1.6 \ ......1$$
$$0.6 \times 2 = 1.2 \ ......1$$
$$0.2 \times 2 = 0.4 \ ......0$$
$$0.4 \times 2 = 0.8 \ ......0$$
$$0.8 \times 2 = 1.6 \ ......1$$
$$0.6 \times 2 = 1.2 \ ......1$$
$$0.2 \times 2 = 0.4 \ ......0$$
$$0.4 \times 2 = 0.8 \ ......0$$

则有 0.68125=0.10101 1100 1100…

1.1.3 带符号数表示

计算机内部只能存储 0、1 信号，不能直接存储正负号，而在现实应用中，正负数值是经常使用的。具有正负号的数值称为带符号数，在日常应用中，我们也称之为真值。真值包含正负号（+、−），以及用十进制或二进制表示的数值部分，其中正号可以省略。由于计算机无法直接存储正负号，需对正负号数字化（0、1 化，用 0 表示正号、1 表示负号）后，才可以存储带符号数。将带符号数的形式进行转化，变成可以在计算机中存储及应用的形式，得到的数称为机器数。机器数的形式有多种，最常用的包括原码、反码和补码。

1. 原码

原码是一种最为简单的机器数，其表现形式为：约定数码序列的最高一位为符号位，用 0 表示正数，用 1 表示负数；剩余的有效数值部分用二进制的绝对值表示。假设用 8 位二进制表示机器数，下面举几个例子。

真值	$X_原$
+1011	0 000 1011
−1011	1 000 1011

+0.1011	0.000 1011
−0.1011	1.000 1011

可以看出，不管是整数还是小数，其原码的变换规则是相同的。需要注意的是，小数原码表示中的小数点在计算机存储时是不存在的，实际应用中加上小数点是为了方便使用。在计算机中，小数用机器数表示时，约定小数点放在符号位和最高数值位之间；整数用机器数时，约定小数点放在最低有效位之后。后面章节中讨论定点整数机和定点小数机时，我们还将详细介绍。

以整数为例，我们给出定点整数的真值和原码的转换公式。假设定点整数的原码序列为 $X_n X_{n-1} \cdots X_1 X_0$，令 X 表示真值，则有：

$$[X]_原 = \begin{cases} X & 0 \leqslant X < 2^n \\ 2^n - X = 2^n + |X| & -2^n < X \leqslant 0 \end{cases} \quad (1\text{-}6)$$

从式（1-6）可以看出，当 X 为 0 或正数时，$[X]_原$ 与 X 相同（将 X 的"+"变为 0）；当 X 为 0 或负数时，$[X]_原 = 2^n + |X|$，其中 2^n 是符号位的权值（但是不具有数值含义，仅是一种形式表示），在 $|X|$ 上加上 2^n 相当于将 X 的"−"变为 1。需要注意，连同符号位，$[X]_原$ 总共有 $n+1$ 位，其中包括 1 位符号位，n 为有效数值位。

分析式（1-6），我们得出如下结论。

（1）整数 0 有两种原码形式。根据符号不同，$[+0]_真 = 0\ 000\ 0000B$，$[-0]_真 = 1\ 000\ 0000B$。

（2）符号位不是有效数值位，不能参与算术运算，它们仅是人为约定的符号"0、1 化"的产物，在运算中需单独处理。

（3）$|X| < 2^n$。

原码表示中因为采用绝对值表示数值大小，非常直观。但是由于其最高位的符号位是硬性规定的，不能参与运算，这给二进制的加减运算带来不便。因此，原码目前很少用于算术运算。

2．补码

算术运算是计算机基本且重要的功能，必须克服原码加减的缺点，让符号位也能直接参与运算。在计算机中广泛采用的方法是补码。补码是以模运算为基础的一种码制，具有良好的特点。以整数为例，补码的表示方法是：如果数是正数，则其补码形式同期原码形式相同；如果数是负数，则先得到负数的原码，然后除原码符号位外，将其余所有位取反，最后在末位加 1。

以时钟为例引出补码的定义。我们常见的圆盘时钟是以 12 为计数循环的，表盘上的数是 1～12。12 点也可以看成是 0 点，所以也可认为表盘上的数是 0～11。假设当前为 0 点，以时针为研究对象，分别进行如下操作。

① 顺时针旋转 9 格，时针指向 9 点；

② 逆时针旋转 3 格，时针也指向 9 点。

可见，上面两个操作的效果是一样的，都使时针指向了相同的位置。操作不同，而结论相同的原因是，圆盘时钟上的时针是圆周运动的，其指向始终在 0～11 变化，即时针的读数是以 12 为模的。

将正数、负数的概念引入时钟转动，顺时针旋转定义为正向旋转，相当于执行加法运算，逆时针旋转定义为反向旋转，相当于执行减法运算。则①操作相当于在原来的基础上执行了+9 操作，②操作相当于在原来的基础上执行了–3 操作。换句话说，在模 12 的前提下，+9 和–3 具有相同的作用。更进一步说，在模 12 的前提下，–3 可以映射为+9，它们互为模数。

另一个很有代表性且容易理解的例子是三角函数中用到的圆周。圆周从 1°到 360°，或者认为从 0°到 359°。显然圆周的模是 360。按照上面时钟的思路，从 0°顺时针旋转 330°，和逆时针旋转 30°，效果是一样的。可以说，在模 360 的前提下，–30 可以映射为 330，它们互为模数。

从数学上看，以上两个例子都是有模运算。计算机运算时用到的寄存器也是有一定的字长限制的，因此它的运算也是有模运算。

补码定义：在有模运算中，假设模为 M，则数 X 对该模的补数称为补码，定义为：

$$[X]_{补} = M + X \quad (\bmod M) \tag{1-7}$$

如果 X 是正数，则 M 可以作为正常的溢出量被舍去，补码形式与原码形式相同。

以整数为例，我们从另一方面给出补码的计算方式。假定 $X_n X_{n-1} \cdots X_1 X_0$ 为数 X 的补码序列，则有

$$[X]_{补} = \begin{cases} X & 0 \leqslant X < 2^n \\ 2^{n+1} + X = 2^{n+1} - |X| & -2^n \leqslant X < 0 \end{cases} \quad (\bmod 2^{n+1}) \tag{1-8}$$

可以按照式（1-7）、式（1-8）得到补码形式，但考虑原码和补码在形式上的差异，我们可以找到更为便捷的转换方法。

（1）由原码得到补码：正数的补码形式同原码形式相同；负数的补码是在负数原码的基础上，将所有的有效数值位（也称为尾数）取反，再末位加 1（可简称为"求反加一"）。

例如：

$$[X]_{原} = 0.001\ 0101$$

$$[X]_{补} = 0.001\ 0101$$

例如：

$$[X]_{原} = 1.001\ 0101$$

变反　　　$1.110\ 1010$

末位加一　　　　　　1

$$[X]_{补} = 1.110\ 1011$$

（2）由原码得到补码：正数的补码形式同原码形式相同；负数的补码是在负数原码的基础上，符号位保持不变，有效数值位自右向左，找到第一个 1，将这个 1 及右边的所有 0 保持不变，这个 1 前面的所有位全部按位取反。

例如：

$$[X]_{原} = 1.0101\ 100$$

$$[X]_{补} = 1.1010\ \underline{011}$$

该方法是方法（1）的变形方法，适合手算负数的补码。请读者自行考虑方法的原理。

（3）由补码得到原码及真值：利用方法（1）和方法（2）对补码形式进行相同的运算，就可以得到对应的原码形式。再由原码变成真值，只需要根据符号位进行相应转换就可以了。

例如：

$$[X]_{补} = 1.101\ 0011$$
$$[X]_{原} = 1.010\ 1101$$
$$X_{真} = -0.010\ 1101$$

分析有关补码的特点，我们得到补码的一些性质。以整数为例，有：

（1）补码的最高位 X_n 表示数的正负，1 表示负数，0 表示正数。这从形式上同原码是一致的，但补码的符号位是数值的一部分，是通过补码定义计算出来的，因此可以参与运算；

（2）0 的补码形式只有一种，即 0000 0000，这与原码中 0 有两种形式是不同的；

（3）负数的补码形式比原码的表示范围多一个数码组合。对定点整数 $X_nX_{n-1}\cdots X_1X_0$，负数补码的最小值是 -2^n，而负数原码的最小值是 -2^n-1；

（4）补码运算可以变减为加，有利于简化运算器的设计。

3．反码

原码的符号位保持不变，仅将所有位数部分按位取反，即得到另一种机器数的表示形式，即反码。反码与补码类似，当数值为负数时，其形式比补码形式少加一个 1。

假定 $X_nX_{n-1}\cdots X_1X_0$ 为数 X 的反码序列，则有

$$[X]_{反} = \begin{cases} X & 0 \leq X < 2^n \\ (2^{n+1}-1)+X = 2^{n+1}-|X| & -2^n \leq X < 0 \end{cases} \qquad (1\text{-}9)$$

正数的反码与原码相同，负数的反码的转换规则是：符号位是 1，尾数由原码按位取反。例如：

$$[X]_{原} = 0.101\ 0001$$
$$[X]_{反} = 0.101\ 0001$$

例如：

$$[X]_{原} = 1.101\ 0001$$
$$[X]_{反} = 1.010\ 1110$$

反码一般是作为中间机器码形式使用，当前使用领域已经较少。

1.1.4　定点表示与浮点表示

实际应用的数值信息中，可能既有整数部分，又有小数部分。而且，在进行加减运算时，小数点的位置还需要对齐，这就提出了一个如何在计算机中表示小数点位置的问题。根据小数点位置是否固定，数的格式分为两种形式：定点数和浮点数。

1．定点数的表示方法

在定点数中，小数点的位置是固定的。因为计算机只能存储 0、1 信息，所以小数点的位置一旦固定，就以约定的方式固定下来，并没有给小数点预留存储空间。有以下三种形式的定点数。

（1）无符号定点整数：是将正号略去的整数形式，其所有数位全部用于表示数值大小，小数点默认在（最低位）最右位之后。假设无符号整数 $X_nX_{n-1}\cdots X_1X_0$，则其表示范围为 0～ $(2^{n+1}-1)$。例如，当 $n=7$ 时，其表示范围为 0～255。

（2）带符号定点整数：假设 $X_nX_{n-1}\cdots X_1X_0$ 为整数序列，则 X_n 是符号位，小数点默认在（最

低位）最右位之后，其表示的数值范围根据其机器数形式不同而不同。例如，原码定点整数的表示范围是$-(2^n-1)\sim(2^n-1)$，补码定点整数的表示范围是$-2^n\sim(2^n-1)$。

（3）带符号定点小数：假设$X_nX_{n-1}\cdots X_1X_0$为整数序列，则X_n是符号位，小数点默认在最高位X_n之后，其表示的数值范围根据其机器数形式不同而不同。可以看出，带符号定点小数是纯小数。原码定点整数的表示范围是$-(1-2^{-n})\sim(1-2^{-n})$，补码定点整数的表示范围是$-1\sim(1-2^{-n})$。

从计算机的角度出发，在设计时仅考虑定点运算的计算机称为定点机，根据其支持的定点数形式又分为定点整数机和定点小数机。小数点的位置是隐含约定的，也就是说，小数点本身并不存在，没有固定的存储空间。

从实际考虑，数值信息中往往既包括整数部分，又包括小数部分。为了将数值信息规约为约定的数值形式，可考虑在编程过程中设定比例因子，将数值按照比例因子缩放。

2．浮点数的表示方法

定点数表示方法简单，硬件实现成本也比较低，在低档机型中得到了广泛的应用。但是，由于小数点的位置是固定的，定点数的数值表示范围和表示精度相互矛盾，在使用过程受到较大限制。而在实际应用中，数值范围很大的数其精度要求往往不高，而精度很高的数其数值范围又往往很小。这就提醒我们，能否找到一种好的方法，使得数值表示在有限位数的前提下，既可以表示绝对值很大的数（精度可以降低），也可以表示具有很高精度的数（数值范围降低）。采用小数点位置浮动的方法，可以解决这个问题。

对任意一个二进制数N来说，它总可以表示一个纯整数（或纯小数）和一个2的整数次幂的乘积的形式：$N=2^P\times S$。其中S称为N的尾数，P称为N的阶码，可以决定小数点的位置，2称为阶码的底。例如$N=1101.01\ 0101=2^4\times0.11\ 0101\ 0101$。为扩大数的表示范围，在机器中采用浮点数表示，此时阶码和尾数需要分别表示，并且有各自的符号位。经典的浮点数格式如图1-1-2所示。

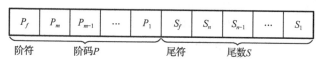

图 1-1-2　经典的浮点数格式

任何一个浮点数都由两部分组成：阶码和尾数。阶码部分包括阶符（P_f，1位）和阶数（m位），是整数；尾数部分包括尾符（S_f，1位）和尾数（n位），是纯小数，小数点隐藏在S_f和S_n之间。其中，$P_f=0$表示阶码为正，$P_f=1$表示阶码为负；$S_f=0$表示尾数为正数，$S_f=1$表示尾数为负数。虽然小数点隐藏在S_f和S_n之间，实际上N的小数点位置是由阶码决定的。

同定点数相比，浮点数的优点是数的表示范围很大，但缺点也较为明显，其运算较为复杂，需要对阶码和尾数分别运算。

图1-1-2描述的是一种原理性的浮点数格式，实际应用中与此有一些差异。例如，主流微机中流行的IEEE754格式，其结构与图1-1-2有较大差异。

1.2　二进制数的运算

计算机中两种基本运算是算术运算和逻辑运算。算术运算包括加、减、乘、除运算，逻辑运算包括逻辑与、逻辑或、逻辑非及逻辑异或运算等。下面分别加以介绍。

1.2.1　算术运算

1．加法运算

二进制加法遵从"逢二进一"的规则，具体法则包括：

0+0=0；0+1=1；1+0=1；1+1=10（左边的 1 是向高位的进位）

例 1.10　两个无符号二进制定点整数 X=1010 0010B，Y=1101 0010B，求 $X+Y$。

利用竖式进行运算为：

$$
\begin{array}{rl}
X & 1010\ 0010B \\
+\quad Y & 1101\ 0010B \\
\hline
X+Y & 1\ 0111\ 0100B
\end{array}
$$

所以 $X+Y$=1 0111 0100B。其中最左边的 1 是进位。两个 8 位的二进制数相加，其和值不会超过 9 位。

2．减法运算

二进制减法遵从"借一当二"的规则，具体法则包括：

0–0=0；1–1=0；1–0=1；0–1=1（向左侧高位借 1 当 2）

例 1.11　两个无符号二进制定点整数 X=1001 0110B，Y=1101 1000B，求 $X–Y$。

可以发现 $Y>X$，因此有–($Y–X$)=$X–Y$，利用竖式计算有：

$$
\begin{array}{lll}
被减数 & Y & 1101\ 1000B \\
减数 & X & 1001\ 0110B \\
\hline
差 & Y–X & 0100\ 0010B
\end{array}
$$

所以 $X–Y$=–0100 0010B。

3．乘法运算

乘法运算是多次加法运算，其运算规则是：

0×0=0；0×1=0；1×0=0；1×1=1

例 1.12　两个无符号 4 位定点整数 X=1011B，Y=1101B，求 $X×Y$。

$$
\begin{array}{rl}
被乘数 & 1\ 1\ 0\ 1\ \text{B} \\
乘数\quad \times & 1\ 0\ 1\ 1\ \text{B} \\
\hline
& 1\ 1\ 0\ 1 \\
& 1\ 1\ 0\ 1 \\
& 0\ 0\ 0\ 0 \\
& 1\ 1\ 0\ 1 \\
\hline
乘积 & 1\ 0\ 0\ 0\ 1\ 1\ 1\ 1\ \text{B}
\end{array}
$$

所以，$X×Y$ = 1000 1111B。

　　以上人工手算的方式与传统十进制乘法是相似的，但是要在计算机中实现是比较困难的。在计算机中，一般采用"部分积左移"或"部分积右移"等算法。如果是带符号数的乘法，还需要考虑乘积的符号位的处理问题。

4. 除法运算

　　除法运算是乘法运算的逆运算。与十进制的除法类似，二进制的除法也是从被除数的最高位开始运算的，查出够减除数的位数，上商1，并完成被除数与除数的减法操作，然后把被除数的下一位移到余数的位置上。若余数不够减除数，则商0，并把被除数的再下一位移到余数的位置上；若余数够减除数，则商 1 并进行余数减除数的操作。反复进行，直到全部被除数的各位都移到余数位置上。

　　例 1.13　设二进制无符号定点整数 X=1010 1011B，Y=110B，求 $X \div Y$。

　　利用竖式求解，得：

$$
\begin{array}{r}
1\,1\,1\,0\,0 \\
1\,1\,0\,\overline{)1\,0\,1\,0\,1\,0\,1\,1} \\
\underline{1\,1\,0} \\
1\,0\,0\,1 \\
\underline{1\,1\,0} \\
1\,1\,0 \\
\underline{1\,1\,0} \\
1\,1
\end{array}
$$

　　所以，$X \div Y$=11100B…，余数为 11B。

　　分析以上计算过程，除法实际上由判断、减法及移位操作组成。也就是说，只要有了减法器，再加上判断和移位操作即可实现除法运算。考虑前面有关补码的知识，补码可以"变减为加"，这样，对加法器进行功能上的调整，即可实现减法。在计算机中，原码除法一般用"比较法"、"恢复余数法"及"不恢复余数法"等方法来实现。

1.2.2　逻辑运算

1. 逻辑与运算

　　逻辑与运算又称为逻辑乘，一般用"∧"来表示。其运算规则为：
$$0 \wedge 0=0；\ 0 \wedge 1=0；\ 1 \wedge 0=0；\ 1 \wedge 1=1$$
　　例 1.14　X=1010 0010B，Y=0101 1110B，求 $X \wedge Y$。

　　利用竖式计算，有：

$$
\begin{array}{r}
X \quad 1\,0\,1\,0\,0\,0\,1\,0 \\
Y \wedge \ 0\,1\,0\,1\,1\,1\,1\,0 \\
\hline
0\,0\,0\,0\,0\,0\,1\,0
\end{array}
$$

所以，$X \wedge Y$=0000 0010B。

2. 逻辑或运算

　　逻辑或运算又称为逻辑加，一般用"∨"来表示，其运算规则为：
$$0 \vee 0=0；\ 0 \vee 1=1；\ 1 \vee 0=1；\ 1 \vee 1=1$$
　　例 1.15　X=1010 0010B，Y=0101 1110B，求 $X \vee Y$。

利用竖式计算，有：

```
X     1 0 1 0 0 0 1 0
Y  ∨  0 1 0 1 1 1 1 0
      1 1 1 1 1 1 1 0
```

所以，$X \vee Y$=1111 1110B。

3．逻辑非运算

逻辑非运算又称逻辑取反，一般用" ‾ "来表示，其运算规则为：
$$\overline{0}=1; \quad \overline{1}=0$$

例 1.16　X=1011 1010B，求 $\overline{X}$ 。

$\overline{X}$ =0100 0101B。

4．逻辑异或运算

逻辑异或运算也称为半加运算，是不考虑进位的二进制加法运算。一般用符号" ⊕ "来表示，其运算规则为：
$$0 \oplus 0=1 \oplus 1=0; \quad 0 \oplus 1=1 \oplus 0=1$$

例 1.17　X=1010 1101B，Y=0111 1101B，求 $X \oplus Y$ 。

利用竖式计算，有：

```
X     1 0 1 0 1 1 0 1
Y  ⊕  0 1 1 1 1 1 0 1
      1 1 0 1 0 0 0 0
```

所以，$X \oplus Y$=1101 0000B。

1.2.3　补码的加减运算

在计算机中，带符号数一般是以补码形式保存在存储器中。当参与运算时，也是以补码形式进行的。这是因为补码运算无须对符号位进行判断，而是符号位连同数值位一起参与运算的。运算完成后，也同时获得结果的符号位和数值位。

1．补码加法

设 X、Y 是两个带符号数的真值，通过严格的数学推理，可以得到以下公式：
$$[X+Y]_{\text{补}} = 2^n+(X+Y) = (2^n+X)+(2^n+Y)=[X]_{\text{补}}+[Y]_{\text{补}} \tag{1-10}$$

式（1-10）表明，两个数的和的补码等于这两个补码的和。根据式（1-10），我们可以给出补码加法的步骤：

① 将两个数转换为补码形式；

② 对两个数的补码形式进行二进制加法运算，如果出现向高位的进位，则舍弃不要；

③ 判断结果是否溢出：如果溢出，则本次计算不正确，进入溢出处理流程；否则，对结果再次求补，得到结果的真值。

所谓溢出，是指运算的结果超出了给定的二进制存储空间的表示范围。加法运算中，两个同号数值相加才可能出现溢出情况。因此，判断溢出的标志是：如果两个正数相加的结果符号位为 1，或者两个负数相加的结果的符号位为 0，则说明出现了溢出。当出现溢出时，有以下两个解决方法：一是直接舍弃，报错；二是增加存储空间位数，重新计算。

在下面的例子中，不做特别说明，补码形式均用 8 位二进制数表示。

例 1.18　用补码计算 64+(-10)。

第一步：将 64 和-10 变成补码形式：[64]$_\text{补}$=0100 0000B，[-10]$_\text{补}$=1111 0110B。

第二步：执行补码加法：

$$
\begin{array}{r}
0100\ 0000 \\
+\quad 1111\ 0110 \\
\hline
=\quad 1\ 0011\ 0110B \rightarrow 0011\ 0110B（舍弃向最高位的进位）
\end{array}
$$

第三步：因为正数和负数相加不可能产生溢出，结果正确，可求真值。

$$0011\ 0110B=54$$

例 1.19　用补码计算 64+(-65)。

第一步：将 64 和-65 变成补码形式：[64]$_\text{补}$=0100 0000B，[-65]$_\text{补}$=1011 1111B。

第二步：执行补码加法：

$$
\begin{array}{r}
0100\ 0000 \\
+\quad 1011\ 1111 \\
\hline
=\quad 1111\ 1111B
\end{array}
$$

第三步：因为正数和负数相加不可能产生溢出，结果正确，可求真值。

$$1111\ 1111B=-000\ 0001B=-1$$

例 1.20　用补码计算 64+65。

第一步：将 64 和 65 变成补码形式：[64]$_\text{补}$=0100 0000B，[65]$_\text{补}$=0100 0001B。

第二步：执行补码加法：

$$
\begin{array}{r}
0100\ 0000 \\
+\quad 0100\ 0001 \\
\hline
=\quad 1000\ 0001B
\end{array}
$$

第三步：因为正数和正数相加结果不可能为负数，而结果的符号位为 1，说明溢出。

例 1.21　用 16 位补码计算 64+65。

第一步：将 64 和 65 变成补码形式：

$$[64]_\text{补}=0000\ 0000\ 0100\ 0000B，[65]_\text{补}=0000\ 0000\ 0100\ 0001B$$

第二步：执行补码加法：

$$
\begin{array}{r}
0000\ 0000\ 0100\ 0000 \\
+\quad 0000\ 0000\ 0100\ 0001 \\
\hline
=\quad 0000\ 0000\ 1000\ 0001
\end{array}
$$

第三步：因为正数和正数相加结果应该还是正数，而结果的符号位为 0，说明结果正确，可求真值。

$$0000\ 0000\ 1000\ 0001B=129$$

2. 补码减法

通过数学推理，同样可以证明以下公式的正确性。

$$[X-Y]_\text{补} = 2^n+(X-Y) = (2^n+X)-(2^n+Y) = [X]_\text{补}-[Y]_\text{补} \tag{1-11}$$

而实际计算机在执行减法运算时，还是通过补码加法来完成的，这样就可以用加法器同

时实现加法和减法了。需要做减法时，需要将减数再次求补，然后执行加法，即

$$[X-Y]_{补}=[X]_{补}-[Y]_{补}=[X]_{补}+(-[Y]_{补})=[X]_{补}+([Y]_{补})_{补} \tag{1-12}$$

需要说明，不管 Y 原来是正数还是负数，$([Y]_{补})_{补}$ 都是在已知补码的基础上所有位数"求反加一"得到的。实际上，通过该"求补"操作得到的是 Y 的相反数的补码形式。

例 1.22　用补码减法计算 8−4。

第一步：将 8 和 4 变成补码形式：$[8]_{补}$=0000 1000B，$[4]_{补}$=0000 0100B。

第二步：求 $([4]_{补})_{补}$：

$$([4]_{补})_{补}=\overline{0000\ 0100}+1=1111\ 1100$$

第三步：执行补码的加法运算。

$$
\begin{array}{r}
0000\ 1000 \\
+\quad 1111\ 1100 \\
\hline
=1\ 0000\ 0100B \rightarrow 0000\ 0100B \quad （舍弃向最高位的进位）
\end{array}
$$

第三步：因为正数和负数相加不可能产生溢出，结果正确，可求真值。

$$0000\ 0100B=4$$

例 1.23　用补码减法计算 8−(−4)。

第一步：将 8 和 −4 变成补码形式：$[8]_{补}$=0000 1000B，$[-4]_{补}$=1111 1100B。

第二步：求 $([-4]_{补})_{补}$：

$$([-4]_{补})_{补}=\overline{1111\ 1100}+1=0000\ 0100$$

第三步：执行补码的加法运算。

$$0000\ 1000+0000\ 0100=0000\ 1100B$$

第三步：因为正数减负数，相当于正数加正数，结果符号位应该为 0，显然结果正确，可求真值。

$$0000\ 1100B=12$$

1.3　非数值型数据的表示

非数值型数据往往用于表示那些无须计算的具有某种意义的信息，如字符信息、图像信息等。下面我们主要介绍字符信息的表示，包括西文字符和中文字符。

1.3.1　汉字 ASCII 码

在计算机中，所有的信息都要用二进制表示才能存储。对'a'、'b'、'c'之类的字母，'#'、'&'、'*'之类的符号，以及'0'、'1'之类的数字字符，也需要用二进制表示。问题是，如何建立二进制数和符号的对应关系。当然，每个使用计算机的人完全可以自己约定一套规则。但是，如果计算机之间需要相互通信的话，势必因为没有遵从一致的规则而变得不可能。美国国家标准协会（ANSI）于 20 世纪 50 年代推出了美国信息交换标准代码（American Standard Code For Information Interchange，ASCII 码），用于表示计算机中常用的各种字符。1967 年，ASCII 码被确定为美国国家标准。目前，ASCII 码已被国际标准化组织（ISO）定为国际标准，称为 ISO 646 标准，适用于所有拉丁文字字母，如表 1-3-1 所示。

标准 ASCII 码也称为基础 ASCII 码，用 7 位二进制数表示 26 个大写字母'A'～'Z'、26 个小写字母'a'～'z'、10 个数字字符'0'～'9'、一些标点符号，以及一些特殊的控制字符，如 LF（换行）、CR（回车）、DEL（删除）、BEL（振铃）等。控制字符是不可打印的。标准 ASCII 码存储占用 1 个字节，最高位往往用于保存奇偶校验位。

表 1-3-1 ASCII 码表

行 \ 列	位 654→ ↓3210	0 000	1 001	2 010	3 011	4 100	5 101	6 110	7 111
0	0000	NUL	DLE	SP	0	@	P	`	p
1	0001	SOH	DC1	!	1	A	Q	a	q
2	0010	STX	DC2	"	2	B	R	b	r
3	0011	ETX	DC3	#	3	C	S	c	s
4	0100	EOT	DC4	$	4	D	T	d	t
5	0101	ENQ	NAK	%	5	E	U	e	u
6	0110	ACK	SYN	&	6	F	V	f	v
7	0111	BEL	ETB	'	7	G	W	g	w
8	1000	BS	CAN	(	8	H	X	h	x
9	1001	HT	EM	)	9	I	Y	i	y
A	1010	LF	SUB	*	:	J	Z	j	z
B	1011	VT	ESC	+	;	K	[	k	{
C	1100	FF	FS	,	<	L	\	l	|
D	1101	CR	GS	—	=	M	]	m	}
E	1110	SO	RS	.	>	N	↑	n	～
F	1111	SI	US	/	?	O	←	o	DEL

1.3.2 汉字编码

将汉字以二进制的形式存储的计算机的原理同西文字符用 ASCII 码保存是一样的，但由于汉字的结构与西文不同，且数量众多，其编码方式相对要复杂一些。

1. 汉字交换码

为了在信息交换中有通用的规则，我国于 1981 年公布了国家标准 GB2312-80《信息交换用汉字编码字符基本集》，简称国标码。在该标准中，每个汉字的编码由 16 位二进制数表示，占 2 个字节，每个字节按照标准 ASCII 码的规则编码。国标码是重要的汉字交换码，是汉字在计算机中存储的基础。但是，如果将汉字和西文字符混合存储，就会出现混淆。原因在于，对某一个字节，计算机难以判断该字节是汉字的第一个字节，还是一个西文字符的 ASCII 码。因此，国标码不能直接用于汉字的存储，必须进行转换。以汉字"万"为例，其国标码是 4D72H，转化为二进制表示 0100 1101 0111 0010。显然，二进制串 0100 1101 可以看成字母'M' 的 ASCII 码值，而二进制串 0111 0010 可以看成字母'r'的 ASCII 码值。也就是说，计算机既可以把 4D72H 解释成汉字"万"，也可以解释成两个英文字母'Mr'。出现二义性问题是不允许的。汉字机内码就是在国标码的基础上，经过简单转化得到的。

2．汉字机内码

为了避免出现国标码和 ASCII 码之间的冲突问题，研究人员对汉字国标码进行了如下转换：将汉字国标码每一个字节的最高位变为 1。仍以汉字"万"为例，最高位转变后，汉字编码变为：1100 1101 1111 0010。这样就解决了汉字编码同 ASCII 码的冲突问题。以上转变可认为在汉字国标码的基础之上增加 8080H，就得到了汉字机内码，即：

汉字国标码+ 8080H=汉字机内码

3．其他编码

汉字要在计算机中顺利使用，除需要解决存储问题外，其输入方式、显示方式都是需要解决的问题。目前已经提出了很多汉字输入方式，归纳起来包括音码、形码、音形结合码。汉字输入码也称为汉字的外码。另一方面，从汉字的显示上看，要在显示器及打印机上展现汉字字形，也需对汉字字形进行编码，当前主要有点阵法和矢量法两种方法。

1.4　微型计算机概述

当前广泛使用的计算机大都采用冯·诺依曼体系结构，即计算机是由运算器、控制器、存储器、输入接口及设备、输出接口及设备组成的。微型计算机也遵从同样的规则，也由这五大部件组成。但是随着硬件制造工艺的不断改进，特别是大规模集成电路技术的飞速发展，计算机的核心部件可以集成在一块或几块芯片上，使得计算机的体积越来越小，但功能、性能却越来越强大。

1.4.1　有关微型计算机系统的几个概念

1．微处理器

微处理器是微型计算机的核心部件，是将运算器、控制器及一些寄存器集成到一块大规模集成电路上得到的。从功能上看，微处理器就是一个 CPU，但同其他计算机的不同之处在于它是一块大规模或超大规模集成电路。

控制器（Control Unit，CU）是微处理器的核心组成，用于控制计算机的其他部件协调运行。运算器的主要部件是算术逻辑单元（Arithmetic Logic Unit，ALU），用于实现算术运算和逻辑运算。不同的运算器支持的指令的功能和数量也各不相同。按照不同的体系结构，微处理器支持两种不同的体系结构：一种是复杂指令集计算机（Complex Instruction Set Computer，CISC），另一种是精简指令集计算机（ Reduced Instruction Set Computer，RISC）。

复杂指令集计算机的特点是指令比较复杂，指令的长度、寻址方式、指令类型也比较多。显然，指令的复杂性导致了微处理器硬件结构的复杂性，因为微处理器的基本功能就是执行它所支持的指令集合。

同复杂指令集计算机相比，精简指令集计算机的特点是指令集比较简单，指令的长度相同，寻址方式和指令类型也较少。显然，指令集的简单使得计算机的结构也趋于简单。但这并不能说明计算机的功能和性能下降了，因为微处理器完全可以用简单的有序指令集实现复杂的功能。

2. 微型计算机

所谓微型计算机，是指采用微处理器作为 CPU 的计算机。我们知道，单纯微处理器是无法执行任何工作的，还需配套存储器、I/O 接口及设备。将这些部件通过系统总线连在一起，在控制器的协调下，整台计算机才可高效运转。

需要说明，微处理器不仅可以应用在微型计算机上，也可应用在巨型计算机或大型计算机上。当前广泛采用的并行计算机体系结构，就是将大量微处理器进行并行处理，从而可高速处理海量运算。

3. 微型计算机系统

计算机系统包括软件系统和硬件系统。微型计算机系统也不例外，是指以微型计算机为中心，配上所需外部设备、电源及合适的软件而构成的系统。

如果将微处理器、存储器、I/O 接口电路等大规模集成电路芯片及必要外部设备组装在一张大型电路板上，得到的微型计算机称为单板微型计算机（Single Board Microcomputer），简称单板机。除去外部设备，仅将微处理器、存储器（RAM 及 ROM）、定时/计数器及多种接口电路集成在一块集成电路芯片上的微型计算机，称为单片微型计算机，简称单片机或微控制器（Microcontroller）。

1.4.2　微型计算机的结构

微型计算机的结构如图 1-4-1 所示。

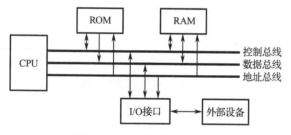

图 1-4-1　微型计算机的结构

同一般计算机不同，微型计算机的控制器和运算器集成到一起，称为 CPU。可以看出，在当前广泛采用的微型计算机结构中，各部件是通过总线方式连接到一起的。控制信号、地址信号、数据信号分别通过控制总线、地址总线和数据总线传送。

所谓总线（Bus），是指计算机中用于在各部件之间传输信息的公共通道。总线实际上就是一些传输特定信号的传输线路，线路条数取决于微处理器本身的结构。总线有以下 3 种类型。

（1）数据总线（Data Bus）：用于微处理器和存储器之间，以及微处理器同 I/O 接口之间进行数据传输。数据总线是双向的，既可以从 CPU 传输到外部，也可以从外部传输回 CPU。CPU 的字长往往同数据总线的条数相同。

（2）地址总线（Address Bus）：用于 CPU 向存储器或 I/O 接口传输地址信息。计算机执行访问操作时，不管是读操作，还是写操作，都是首先由 CPU 通过地址总线向访问目标发送地址信息。地址总线是单向的，即只能由 CPU 向外部传送地址信号。地址总线的条数决定了 CPU 可以直接访问的存储器单元的数目。假设某 CPU 的地址总线的条数是 n，则可访问的最大的存储空间的容量是 2^n。例如，假设一个存储单元保存一个字节的内容，则具有 16 条地址总线的 CPU 可访问的最大存储容量为 $2^{16}B=64KB$。

（3）控制总线（Control Bus）：用于传输 CPU 发给各个部件的控制信号，以及传送其他部件回传到 CPU 的状态信号或请求信号。对于每一条控制总线，其传输方向的固定的，或者是 CPU 向外发出的控制信号，或者是其他部件传送给 CPU 的状态信号、请求信号。

采用总线结构的优点是系统结构简单、规则、易于扩充。但由于总线是公共通道，当其被占用时，其他的传输请求只能等待，这对提高计算机的整体性能显然不利。

在计算机中，不仅部件之间采用总线结构，部件内部也采用总线结构。甚至，多台计算机设备进行互联时，采用的也往往是总线结构。

1.4.3 微处理器的基本结构介绍

微处理器是微型计算机的核心。虽然不同厂家、不同型号的微处理器的结构、性能差异较大，但一些基本的部件是相似的。例如，微处理器包括运算器、控制器和一些寄存器，运算器主要包括算术逻辑单元（ALU）、累加器（ACC）、标志寄存器（FR）、暂存器（DR）、寄存器组等，而控制器主要包括程序计数器（PC）、指令寄存器（IR）、指令译码器（ID）、地址寄存器（AR）、控制信号发生器等。可用图 1-4-2 表示传统微处理器的结构框图。

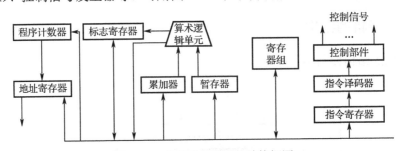

图 1-4-2 传统微处理器的结构框图

1. 算术逻辑单元

算术逻辑单元是运算器的核心部件，它在控制器发出的控制信号的作用下，可执行算术运算和逻辑运算。执行运算的操作数提前放到累加器和数据寄存器中。算术运算一般包括加法、减法、加一、减一、比较等，也有的可以执行乘法、除法运算。逻辑运算一般包括逻辑与、逻辑或、逻辑非、逻辑异或、逻辑同或等。为配合以上运算，算术逻辑单元还支持一些辅助操作，如移位操作等。

2. 累加器（Accumulator，ACC 或 A）

累加器的英文原文是积累、集聚的意思，翻译成累加器有可能让读者理解为这是一种加法器。累加器实际上是一个寄存器，往往用于存储送入算术逻辑单元进行运算的某一个操作数。例如，执行加法运算时，其中一个加数被送到累加器中，加法完成后的和最终也可被送到累加器中。累加器是一个非常重要的寄存器，在很多指令中都会用到。

3．标志寄存器（Flag Register，FR）

计算机在运算过程中，可能产生很多标志位信息。例如，在执行加法或减法运算时，可能产生进位或借位，如果是带符号数的运算，还可能产生溢出位。另外，运算结果是负数或是 0，当前奇偶校验位是 1 还是 0，等等，都是经常出现的位信息。这些位信息对计算机的下一步运算具有直接影响，因此有必要将它们单独保存起来，标志寄存器用于存放各种标志位信息，是所有型号的微处理器都具备的一个重要寄存器。

不同微处理器所保存的标志位各不相同，但有些标志位是类似的，如进位标志 C、辅助进位 AC、溢出标志 OV、结果为零标志 Z、符号标志 S、奇偶标志 P 等。

4．寄存器组

学习微处理器，寄存器组是必须要理解并重视的重要部件。因为用户在使用微处理器时，一定会用到寄存器组。寄存器组分为两类：通用寄存器组和专用寄存器组。所谓通用寄存器组，可理解为微处理器内部的较小容量的存储器，这些存储器用于暂时存放运算数或中间结果。由于通用寄存器在微处理器内部，因此速度很快，这对提高运算速度是有好处的。例如，累加器就是通用寄存器。

专用寄存器组是一些具有专门用途的寄存器的集合。例如，标志寄存器、堆栈指针寄存器（SP）、程序计数器等。

5．程序计数器（Program counter，PC）

程序计数器是微处理器中最重要的专用寄存器，用于保存下一条要执行的指令的地址。指令保存在存储器的某个存储单元，每个单元对应一个地址。要执行哪条指令，就需要微处理器把哪条指令的地址（存储在程序计数器中）通过地址总线送到存储器。由于指令大部分是顺序执行的，也就是说，当程序计数器的地址送到地址总线上后，可对程序计数器的内容自动加 1，使其指向下一条要执行的指令，从而可以继续执行指令。从这一方面看，程序计数器的作用是非常重要的。

当然，程序不一定总是顺序执行的，也存在跳转的可能。当跳转时，程序计数器的内容除自动加 1 外，还要执行一些调整操作以修改程序计数器的指向。这在后文介绍指令系统时将有详细解释。

6．指令寄存器、指令译码器

指令寄存器（Instruction Register，IR）用于保存从存储器传送过来的指令信息，该信息在指令执行过程中一直存在。

指令译码器（Instruction Decoder，ID）对指令寄存器送来的指令进行译码，产生各种电平控制信号。这些控制信号送到控制信号发生器。由指令译码器送出的电平信号同外部时钟脉冲在控制信号产生电路中组合，形成各种按照一定节拍变化的电平信号和脉冲信号，也就是生成各种控制信号。这些控制信号被送到运算器、存储器或 I/O 接口电路，执行各种操作。

1.4.4　程序执行过程

程序保存在外存储器中，需要执行时，系统首先将程序从外存储器调入内存储器中。

因为程序是有多条有序指令组成的指令集合，当将其调入内存中后，每条指令都有自己的地址。

开始执行程序前，程序的第一条指令的地址先送到程序计数器。程序的执行过程就是按照一定的顺序将指令送到指令寄存器，再送到指令译码器，经过翻译产生各种控制信号，通过控制部件发出这些控制信号控制相关部件动作的过程。

一条指令的执行大致可分为两个过程：取指令阶段和执行指令阶段。取指令是从存储器的某存储单元将指令通过数据总线传送到指令寄存器的过程。执行指令是指将指令从指令寄存器中送到指令译码器，由指令译码器对指令进行解释，然后通过控制部件执行的过程。

假设每条指令都仅占一个存储单元，则程序执行的具体过程可描述为：

① 控制器将程序计数器当前内容送到地址寄存器，即送出当前指令的地址，然后程序计数器的内容自动加1；

② 在控制器作用下，指令地址通过地址总线送到存储器的地址译码部件，由地址译码部件选中存储器的相应存储单元；

③ 控制器向存储器发出"读"指令的控制命令，存储器收到命令后，选中相应存储单元，并将其内容，也就是当前指令的机器码送到数据总线；

④ 通过数据总线，指令机器码送入指令寄存器，然后送到指令译码器译码，在控制信号产生器的作用下产生各种控制信号，执行各种操作。

需要说明，当程序完全是顺序执行时，程序计数器的内容自动加1就可保证程序的自动、高效执行。但是当程序中存在跳转指令时，还需根据实际情况调整程序计数器的取值。

本章小结

本章主要对计算机的数据基础及微型计算机的基本概念进行了阐述，主要介绍了：①进位计数值的概念；②二进制、八进制、十六进制和十进制之间的相互转换；③二进制的算术运算和逻辑运算；④带符号数的原码、补码和反码表示及补码运算；⑤ASCII 码和汉字编码基本知识；⑥微型计算机的基本概念及程序的执行过程。这些内容是最基本最重要的计算机基础知识，掌握这些知识，可为后期学习打下坚实的基础。

练习题

1. 设某 CPU 的字长为 8，写出下列二进制整数的原码、反码和补码形式。

（1）+10101　　　　　（2）-10111

（3）-1101101　　　　（4）1010110

2. 假设某计算机中用 12 为二进制数表示数值，对定点数用最高位（最左位）表示符号，其余位表示数值信息；对浮点数，用 4 位表示阶码（1 位阶符），8 位表示尾数（1 位尾符）。假设机器数全部用补码表示，请给出以上定点数和浮点数所能表示的数的范围。

3. 设某 CPU 的字长为 8，进行如下补码运算，并进行溢出判断。

（1）75 + 57　　　　　（2）75-57

（3）-75+57　　　　　（4）-75-57

4. 已知 $X = 0110\ 1110B$，$Y = 1111\ 0101B$，求 X 和 Y 的逻辑与、逻辑或、逻辑异或。

5. 为什么计算机适合采用二进制？

6. 计算机中程序的执行过程是怎样的？

7. 已知字符'A'的 ASCII 码值是 41H，请求出字母'D'、'd'的 ASCII 码值。

8. 已知某汉字的区位码是 3489，求该汉字的 GB2312-80 码和汉字机内码。

9. 请解释以下缩写：ACC、PC、IR、ID、FR、CPU、ALU、CU。

第2章 存储器

2.1 存储器基础

在微型计算机中，存储器是用来存储程序和数据的重要部件。程序和数据预先通过输入设备送到存储器中，在程序执行的过程中再从存储器中取出指令和数据送到 CPU 中进行信息加工和处理。在存储器中存储数据的基本单位是存储单元，在按字节（B）编址的计算机中，每个存储单元由 8 个二进制位（1 字节）组成，占用 1 个地址编码，CPU 对存储器进行信息的写入和读出就以字节（或字节的倍数）作为最基本的单位。

2.1.1 存储器的分类

微型计算机中的存储器的分类方法很多，按在计算机中的作用可分为内存储器（主存）、外存储器（辅存）、缓冲存储器、控制存储器等。按材料来分可以分为半导体存储器、磁性材料存储器和光电存储器。计算机内部均使用半导体存储器，磁性材料存储器用作大容量辅存。本章主要学习用作内存的半导体存储器。

半导体存储器按照器件原理来分，有双极型存储器和 MOS 型存储器。双极型存储器读/写速度快，但功耗大，集成度低，价格高，一般只用作 CPU 内部寄存器组或高速缓存。MOS 型存储器功耗低，集成度高，常用于内存。半导体存储器按照存储器读/写方式分类，可分为只读存取存储器（Read Only Memory，ROM）和随机存取存储器（Random Access Memory，RAM）等，如图 2-1-1 所示。

图 2-1-1　半导体存储器的分类

2.1.2 半导体存储器的性能指标

1. 存储容量

半导体存储器一般采用大规模或超大规模集成电路工艺，制作成一块一块的存储器芯片，由于生产工艺和组织方式各有不同，因此芯片容量也不同。芯片容量是指存储器芯片能存储的二进制的位数，表示方法是：

$$芯片容量=存储单元数×每单元位数$$

例如，存储容量为 128×4 的存储芯片表示它有 128 个存储单元，每个存储单元只能存储 4 位二进制信息。

微型计算机中的存储器系统由存储器芯片组成,并且按字节编址,所以存储器的容量是以字节为单位的,常用 B 来表示。例如,存储容量为 1MB 的存储器表示它可以有 1024×1024 个存储单元,每个存储单元可以存储 8 位二进制信息。

2.　存取时间

存取时间是指存储器的写操作和取数的读操作占用的时间,一般以 ns 为单位。存储器芯片出售时一般要给出典型的存取时间或最大时间。例如,某芯片外壳上标注的型号为 2732A-20,表示该芯片的存取时间为 20ns。

3.　功耗

功耗可用每块芯片总功率来表示,单位为 mW/芯片,也可用每个存储单元所耗的功率,单位为 μW/单元。

4.　可靠性

一般用平均无故障时间来描述,目前一般在 $10^5 \sim 10^6$h。

2.1.3　半导体存储器的特点

1. RAM 的特点

1)静态 RAM 的特点

(1)一般用 6 个 MOS 管构成的触发器作为基本存储元,存放 1 位(bit)二进制信息。

(2)集成度低于动态 RAM,适合做小容量的存储器。

(3)不需要刷新,易于用电池作备用电源,以解决断电后继续保存信息的问题。

(4)功耗低于双极型 RAM,但高于动态 RAM。

2)动态 RAM 的特点

(1)一般采用单管作基本存储单元,依靠寄生电容存储电荷来存储信息。

(2)集成度高,适合做大容量的存储器。

(3)需要定时刷新,通常刷新间隔为 2ms。

(4)功耗较静态 RAM 低,价格也较便宜。

2. ROM 的分类及特点

1)掩模 ROM

(1)用厂家定做的掩模对存储器进行编程,一旦制造完毕,内容固定不能改变。

(2)适合批量生产,但不适合科学及工程研发。

2)PROM

允许用户一次性写入,再也不可更改。因此,不适合研发。

3)EPROM

(1)允许用户多次写入信息。写入操作由专用设备完成,但写入之前必须先擦除原来写入的信息。

（2）按照擦除方式的不同，又可分为紫外光擦除的 UVEPROM 和电擦除的 EEPROM。

（3）写入时电压要求较高（一般为 20～25V），写入速度较慢而不能像 RAM 那样作随机存取存储器使用。

2.2　随机存取存储器

随机存取存储器（Random Access Memory，RAM）不但能随时读取已存放在其各个存储单元中的数据，而且还能够随时写入新的信息。在写入信息时，不用像 EPROM 那样，必须先将原有的内容擦除，而是可以直接写入。

RAM 通常可以按存储原理的不同分为静态 RAM（Static Random Access Memory，SRAM）和动态 RAM（Dynamic Random Access Memory，DRAM），前者依靠触发器存储二进制信息，后者依靠寄生电容存储二进制信息。

2.2.1　RAM 的基本结构

1．地址寄存器和译码器

RAM 的基本结构如图 2-2-1 所示，其中地址寄存器用于存放 CPU 送来的地址码，其位数通常由地址线条数决定；地址译码器用于对地址寄存器中的地址进行译码，译码后产生的字选择线（简称字线，即地址译码器的输出线）可以用来选择存储阵列中的相应存储单元工作，因此字线和存储单元的总数是相等的，它与地址线条数的关系是：

$$W=2^n$$

式中，W 为字线数，n 为地址线条数。存储容量越大，存储单元越多，字线数就越大。例如，一个 32KB 存储器的字线数为 32×2^{10}。这么大的字线数在集成芯片中是不能实现的，所以在这种情况下，往往采用两个方向译码的结构，如图 2-2-2 所示。

图 2-2-2 中的 n 条地址线分成两组：$A_0 \sim A_{p-1}$ 加到 X 地址译码器，共有 2^p 条地址选择线（字线），而 $A_p \sim A_{n-1}$ 加到 Y 地址译码器，其字线为 2^{n-p} 条，若 $n=10$，$p=6$，则总计为 $2^6+2^4=80$ 条字线，比单译码器结构的 2^{10} 条字线要少很多。

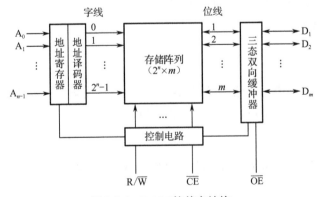

图 2-2-1　RAM 的基本结构

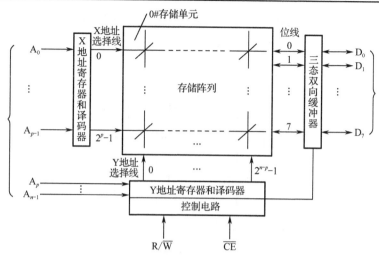

图 2-2-2　双译码编址存储器基本结构框图

2．存储阵列

存储阵列是存储器的主体，实质上是由基本存储位元组成的集合体，每个基本存储位元存储 1 位二进制信息。基本存储位元组成存储单元，其个数与存储器位（线）数或数据线条数相等；存储单元组成存储阵列，其个数与字线数相等，与地址线数目相匹配。例如，一个 128×4 的存储器共有 7 条地址线和 4 条数据线，512 个基本存储位元。

3．三态双向缓冲器

三态双向缓冲器用于将存储器连接在总线上，实现与 CPU 读/写两个方向的数据缓冲。其中 $\overline{OE}$（Output Enable）为三态门的控制信号，当其无效时，三态门输出呈高阻态，相当于存储器没有接在总线上，不影响其他器件的工作。

4．控制电路

控制电路通过控制引脚 R/$\overline{W}$ 和 $\overline{CE}$（Card Enable）接收 CPU 送来的控制信号，经过组合变换后对地址寄存器、存储阵列和三态双向缓冲器等进行控制。

2.2.2　SRAM 的基本存储电路

SRAM 采用触发器电路构成一个二进制数的基本存储位元，这种触发器一般由 6 个 MOS 管组成，如图 2-2-3 所示。T1 和 T2 交叉耦合构成 RS 触发器，用来存储信息。T3 和 T4 分别是 T1 和 T2 的负载管，T5、T6 与 T7、T8 用作开关管，分别进行 X 行地址和 Y 行地址选择控制。

向位元中写入信息采用双边写入的原理。写入时，由 X 地址选择线和 Y 地址选择线共同确定某一单元，要写入的数据从位线 D 和 $\overline{D}$ 双边送入。例如，若要写入的信息是"1"，即 D=1，$\overline{D}$ =0，则 X 地址选择线、Y 地址选择线选中该单元后，T5～T8 都是导通的传输门，因此 D 线上的高电平送到了 T2 管的栅极，使其导通，同时，$\overline{D}$ 线的低电平送到 T1 管的栅极，使其截止，并且都依靠触发器内部反馈保持稳定。这样，不论该电路以前处于什么状态，A 端始终为高电平，B 端始终为低电平，达到了写"1"的目的。写入 0 信息的过程与此类似。

读出位元的内容采用单边读出的原理。由 X 地址选择线和 Y 地址选择线共同选中某一单元，使 T5～T8 导通，此时触发器的状态经过 T6 和 T8 及读出放大器后传送到读出端，读出信息。

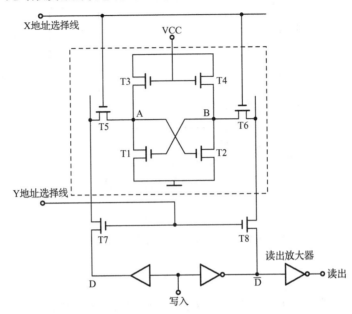

图 2-2-3　六管静态基本存储电路

2.2.3　DRAM 的基本存储电路

　　SRAM 在没有新的写入信号到来时，触发器的状态不会改变，所存信息将长时间保存不变，但其所需的元件数较多，并且一个位元中至少有一组 MOS 管导通，因此功耗较大。而 DRAM 具有元件少、功耗低的特点，在大容量存储器中广泛使用。

　　DRAM 是利用 MOS 管栅极与衬底间的寄生电容 C_g 存储信息的，如图 2-2-4 所示。写入时，字线为 1，T 管导通，写入的数据如果是"1"，则位线向 C_g 充电，C_g 存有电荷，表示信息"1"，否则 C_g 没有电荷，表示存有信息"0"。读出时，字线的高电平使 T 管导通，C_g 和数据线连通，再经过高灵敏度的读出放大器后就能正确输出。

　　由上述分析可知，DRAM 是依靠 C_g 上有无电荷来存储信息的，C_g 存有电荷，表示信息"1"，否则表示存有信息"0"。由于电容是动态元件，总有漏电存在，所以 C_g 上的信息不

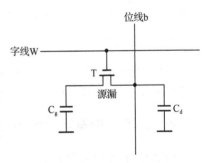

图 2-2-4　单管动态存储电路

能长时间的保留，经过电容的漏电，电荷会逐渐泄漏掉。因此，为了保持住 C_g 上的信息，必须周期性地给存"1"的电路充电，这个过程称为刷新。DRAM 的刷新由刷新外围电路完成，一般以 2ms 为周期将所有单元都刷新一遍，这是动态存储器使用时必须要考虑和解决的问题。

2.2.4　RAM 举例

1. 62256 SRAM 芯片

　　62256 是一种 $32 \times 2^{10} \times 8$ 位的高集成度的 SRAM 芯片，采用单一+5V 电源供电，双列直插

式 28 引脚封装，其芯片引脚排列如图 2-2-5 所示。62 是系列号，同系列的还有 62128、6264，它们的区别只是容量有所不同，可以互相兼容使用。

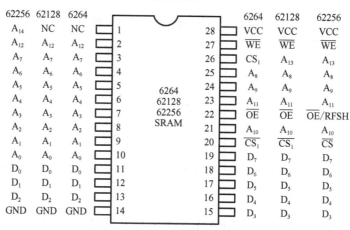

图 2-2-5　6264/62128/62256 引脚分配

- $D_7 \sim D_0$：三态数据线；
- $A_i \sim A_0$：地址输入线，$i=13 \sim 15$；
- $\overline{CS_1}$：片选控制线；
- CS_1：片选控制线；
- $\overline{WE}$：读/写控制线；
- $\overline{OE}$：输出允许控制线；
- VCC：供电电源；
- GND：接地；
- NC：空引脚。

62256 内部结构如图 2-2-6 所示。62256 采用双译码编址方式，$A_{14} \sim A_0$ 地址线共分为两组，行向 8 条，列向 7 条，行向和列向地址经过译码后共同选中存储阵列中的存储单元。$\overline{CS_1}$ 和 CS_1 为片选控制线，当 $\overline{CS_1}$ 为低电平且 CS_1 为高电平时，本芯片被选中工作，否则本芯片就不工作；$\overline{WE}$ 为读/写控制线，当 $\overline{WE}$ 为高电平时，62256 处于读出状态，反之则处于写入状态；$\overline{OE}$ 为输出允许控制线，控制读出数据是否送到数据线 $D_7 \sim D_0$ 上。

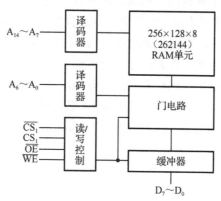

图 2-2-6　62256 内部结构

62256 共有 5 种工作方式，其中读出和写入方式是正常工作的有效方式。62256 工作方式选择表如表 2-2-1 所示。

表 2-2-1   62256 工作方式选择表

工作方式	$\overline{\text{CS}_1}$	CS_1	$\overline{\text{WE}}$	$\overline{\text{OE}}$	功　　能
禁　止	0	1	0	0	不允许 $\overline{\text{WE}}$ 和 $\overline{\text{OE}}$ 同时为低电平
读　出	0	1	1	0	读出数据到 $D_7 \sim D_0$
写　入	0	1	0	1	把 $D_7 \sim D_0$ 数据写入
选　通	0	1	1	1	输出高阻
未选通	1	1	x	x	输出高阻

2. 4164 DRAM 芯片

4164 芯片是一种 $64 \times 2^{10} \times 1$ 位的 DRAM，微机系统常用的芯片还有 2116（$16 \times 2^{10} \times 1$）、2164（$64 \times 2^{10} \times 1$）、4116（$16 \times 2^{10} \times 1$）、41256（$256 \times 2^{10} \times 1$）等。4164 内部结构如图 2-2-7 所示。

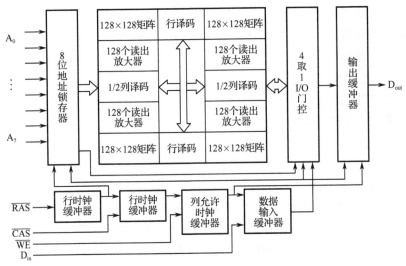

图 2-2-7   4164 内部结构

DRAM 集成度较高，对于同样的引脚数，其单片容量往往比 SRAM 大。内部存储单元按矩阵形式排列成存储体，通常采用行、列地址复合选择寻址法。4164 芯片的 16 位地址分两次通过 8 条地址线送入芯片内部，所以在使用 4164 芯片时，必须在芯片外部配备多路转换器，如图 2-2-8 所示，其先后顺序是：首先由行地址选通信号 $\overline{\text{RAS}}$ 上的低电平选通，将第一组 8 位地址（$A_7 \sim A_0$）作为行地址至 4164 芯片内部行地址锁存器中锁存；$\overline{\text{RAS}}$ 信号失效后，列地址选通信号 $\overline{\text{CAS}}$ 低电平有效，将列地址送入 4164 芯片锁存。行、列地址译码器共同选择存储阵列的存储单元工作，在 CPU 送来读/写控制信号 $\overline{\text{WE}}$ 后，完成相应的读/写操作（$\overline{\text{WE}} = 0$，读操作；$\overline{\text{WE}} = 1$，写操作）。

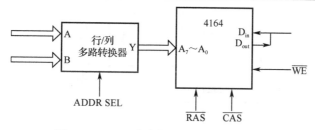

图 2-2-8　4164 芯片的行列地址多路转换

2.3　只读存储器

只读存取存储器简称 ROM。ROM 中的信息，通常是在脱机状态下或在特殊环境下写入的，故把 ROM 的写信息又称为编程。并且一旦写入以后，就不能随意更改，特别是不能在程序运行的过程中再写入新的内容，而只能在程序执行的过程中读出其中的内容，所以称为只读存取存储器。ROM 的另一特点是它存储的内容在断电时不会消失，称为非易失性存储器，而 RAM 由于断电后触发器或寄生电容存放的信息就消失，因此称为易失性存储器。

ROM 按照存储原理的不同，又可以分为掩模 ROM、PROM 和 EPROM。

2.3.1　ROM 的基本结构

ROM 芯片与 RAM 芯片的存储单元结构和生产工艺虽然有所不同，但内部结构和 RAM 芯片的内部结构类似，主要由地址寄存器、地址译码器、存储阵列、输出缓冲器等部件组成，如图 2-3-1 所示。

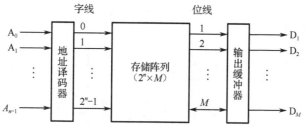

图 2-3-1　单向译码的 ROM 芯片内部结构图

2.3.2　掩模 ROM 原理

掩模 ROM 的每一个基本存储元由 MOS 管的有无来决定。如图 2-3-2 所示，在字线和位线交叉处有 MOS 管为存 "0"，无 MOS 管为存 "1"。两位地址 A_1A_0 译码后产生 4 条字（选择）线，每条字线选中一个存储单元，每个存储单元有 4 位，由 $D_3 \sim D_0$ 线输出。例如，当 $A_1A_0=10B$ 时，由于位线 D_2 和 D_0 与字线交叉处的 MOS 管导通，输出为 0，D_3 和 D_1 则与之相反，所以 $D_3 \sim D_0=1010B$。

厂家在生产过程的最后一道掩模工艺时，根据用户提出的存储内容制作一块决定 MOS 管连接方式的掩模，然后把存储内容制作在芯片上，因而制作后用户绝对不能再更改存入的信息。并且，由于掩模的制作成本也很高，只有在大量生产定型的某种 ROM 产品时，才是经济合适的。

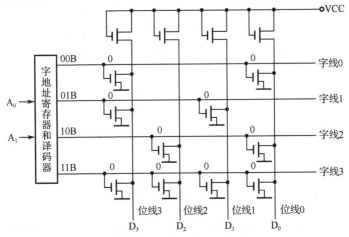

图 2-3-2   4×4 MOS 型掩膜 ROM

2.3.3 PROM 原理

一次可编程 ROM（PROM）允许用户自己编程一次。在 PROM 中，常用多发射极的晶体管做存储单元，如图 2-3-3 所示，发射极上串接了可熔性金属丝，出厂时熔丝都是完整的，管子将位线与字线连通，表示存有 0 信息（反相后为 1）。用户编程时，在脉冲的作用下，使熔丝断开，便实现了对 PROM 的编程。由于熔丝烧断后无法恢复，因此 PROM 只能实现一次编程。

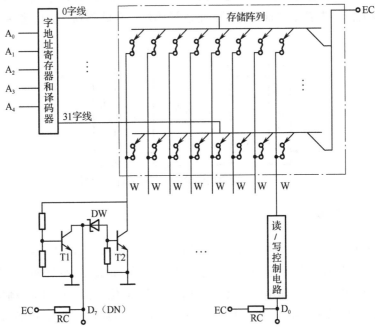

图 2-3-3 32×8 熔丝式 PROM 原理图

2.3.4 EPROM 原理

可擦除可编程 ROM 简称 EPROM，用户既可以采取某种方法对这种只读存储器自行写入信息，也可以采用某种方法将信息全部擦除，而且擦除后可以重新写入新的信息。根据擦除方法的不同，EPROM 可以分为两种：一种是用紫外线擦除的 EPROM，简称 UVEPROM（Ultra Violet EPROM）；另一种是用电擦除的 EPROM，简称 EEPROM（Electrically EPROM）或 E²PROM。

1. UVEPROM

UVEPROM 的基本存储位元主要由一只浮置栅雪崩注入式 MOS 管（Floating Gate Avalanche Injection MOS，FAMOS）构成。其中，FAMOS 管可以分为 P 沟道 FAMOS 管和 N 沟道 FAMOS 管两种，下面以 P 沟道 FAMOS 管为例来介绍其工作原理。

如图 2-3-4 所示，FAMOS 管有一个生长在同一基片上的源极 S 和漏极 D，它们分别在基片上生长了高浓度的 P 型区，源极和漏极之间为绝缘的二氧化硅层，在其中间埋设了一个浮置栅。FAMOS 管是通过浮置栅内有无电荷生成导电沟道来存储信息的，即浮置栅内若有电荷，FAMOS 管导通后，可表示管内存"0"，否则可表示存"1"。对于 P 沟道的 FAMOS 管，只要在源极和漏极之间加 21V 的高电压，便会在源极、漏极之间发生雪崩击穿，电荷注入浮置栅内。高电压撤除后，浮置栅内的电荷由于受到二氧化硅的包围和无处泄漏，因而保存下来。

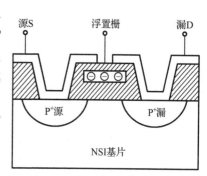

图 2-3-4　P 沟 FAMOS 管结构

由于 UVEPROM 的擦除是使用紫外光照射进行的，即用高能光子将浮置栅上的电子驱逐出去，使其返回基片，相应的位由原来的 0 变为 1 状态，因此 UVEPROM 外壳上方的中央制作有一个圆形的石英玻璃窗口，紫外光通过窗口照进芯片内部实现擦除。紫外光对整个芯片的所有单元都发生作用，一次擦除便实现整个芯片恢复为全 1 状态，部分擦除是不行的。实际擦除过程必须要将 UVEPROM 从系统上拆除下来，放入专用的擦除器中完成。平时在保管 UVEPROM 芯片时，由于阳光中有紫外光的成分，为了避免 EPROM 的内容被无意识地擦除，应该用一种不透明的标签贴在 UVEPROM 的窗口上。

对 UVEPROM 的编程是用电信号控制将有关位由原来的 1 改写为 0 的过程，一般由专门的写入器（或称编程器）对 UVEPROM 进行写入，但在写之前要确保芯片是"干净"的，即全 1 状态。

2. E²PROM

1978 年，Intel 公司的 George Perlegos 在 UVEPROM 技术的基础上，改用薄的闸极氧化层，以便无须紫外光，芯片就可以用电信号擦除自身的信息，因而开发出 E²PROM。因此，E²PROM 是一种不用从电路板上拔下，而在线直接用电信号进行擦除和写入的 EPROM 芯片。

E²PROM 可以分为片擦除和字节擦除两种：片擦除时可以一次擦除芯片上的所有存储信息（需 10ms 左右）；字节擦除可以一次擦除一个字节。由于具有这种独特的擦除特性，因此可以通过长途通信线路进行远距离擦除和再编程，可以根据需要选择性地擦除一部分甚至全部内容，所以比 UVEPROM 使用更方便，改写步骤更简单，使用寿命更长。

2.3.5 ROM 举例

27256 是一种 $32 \times 2^{10} \times 8$ 位的 UVEPROM 芯片，采用双列直插式 28 引脚封装，正常工作时，采用单一+5V 电源供电，其引脚排列如图 2-3-5 所示。它采用 HMOS 工艺技术制成，读取速度快，最大读取时间不超过 250ns。正常工作时，工作电流为 100mA，静止等待时，最大电流为 40mA。27 系列常用的 EPROM 如表 2-3-1 所示。

表 2-3-1 27 系列常用的 EPROM

型　号	容量/KB	读出时间/ns	制造工艺	所用电源/V	引脚数
2708	1	350～450	NMOS	±5，+12	24
2716	2	300～450	NMOS	+5	24
2732A	4	200～450	NMOS	+5	24
2764	8	200～450	HMOS	+5	28
27128	16	250～450	HMOS	+5	28
27256	32	200～450	HMOS	+5	28
27512	64	250～450	HMOS	+5	28
27513	256	250～450	HMOS	+5	28

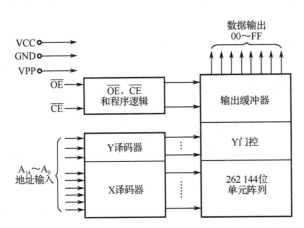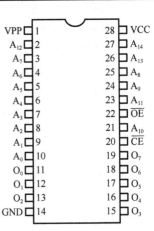

注：A_{14}/PGM 复用

- $O_7 \sim O_0$：三态数据线。

- $A_{14} \sim A_0$：地址输入线。

- $\overline{CE}$：片选控制线。

- $\overline{OE}$：输出允许控制线。

- VPP：编程电源输入线。

- $\overline{PGM}$：编程脉冲输入线。

- VCC：供电电源。

- GND：接地。

- NC：空引脚。

图 2-3-5 27256 内部结构和引脚分配

由图 2-3-5 可见, 27256 采用双译码编址方式, A_{14}~A_0 上的地址信号经过 X 和 Y 译码后, 在 X 选择线和 Y 选择线上产生选择信号, 选中存储阵列中相应地址的存储单元工作, 并在控制电路的控制下对所选中的存储单元进行读操作 (或编程写操作), 从存储单元读出的 8 位二进制信息经过输出缓冲器送到数据线 O_7~O_0 上。在编程方式下, O_7~O_0 上的编程信息在控制电路的控制下写入存储阵列的相应存储单元。

27256 的主要操作方式有编程、校验、读出、维持、编程禁止等, 如表 2-3-2 所示。表 2-3-2 中 V_{IL} 表示低电平, V_{IH} 表示高电平, VPP 表示编程电压, VCC 表示正常工作电压。

编程是指将数据及程序代码写入 EPROM, 编程过程一般由专用编程器或仿真器与计算机的连接、在计算机的键盘上操作完成。编程时有特定的编程时序, 需要在 $\overline{PGM}$ 引脚上外加 50ms 宽的负脉冲, VPP 引脚加编程电压。不同型号芯片的 VPP 不同, 但 VPP 都有严格的范围限制, 低于下限不能保证数据的正确写入, 高于上限则有可能损坏被编程芯片, VPP 允许值一般写在芯片上。编程校验是指从 27256 中读出编程状态下刚写入的程序代码, 以检查编程的数据是否与源数据一致。

表 2-3-2　27256 的工作方式选择表

工 作 方 式	引　脚					
	$\overline{CE}$ (20)	$\overline{OE}$ (22)	$\overline{PGM}$ (27)	VPP (1)	VCC (8)	输出端 Q_7~Q_0
读出	V_{IL}	V_{IL}	V_{IH}	VCC	VCC	输出
维持	V_{IH}	×	×	VCC	VCC	高阻
编程	V_{IL}	V_{IH}	编程负脉	VPP	VCC	输入
校验	V_{IL}	V_{IL}	V_{IH}	VPP	VCC	输出
编程禁止	V_{IH}	×	×	VPP	VCC	高阻

2.3.6　闪速存储器

闪速存储器 (Flash Memory) 简称 Flash, 是一种新型的半导体存储器, 具有可靠的非易失性、电擦除性及低成本等优点。Flash 的擦除功能可以迅速清除整个存储器的所有内容, 速度是 E^2PROM 的 10 倍以上, 故称为闪速存储器。它的制造特别经济, 可以被擦除和重新编程几十万次而不会失效, 广泛应用于需要实施代码或数据更新的嵌入式系统。

Flash 根据读写的方式可分为并行 Flash 和串行 Flash。

● 并行 Flash 的地址信号和数据信号是并行输入/输出的, 芯片的引脚数较多, 一般容量比较大, 速度比较快。

● 串行 Flash 的地址信号和数据信号是串行输入/输出的, 芯片的引脚数较少, 芯片尺寸小, 功耗低。

市场上 Flash 产品种类很多, 如美国 ATMEL 公司生产的 29 系列芯片 AT29C256 ($256 \times 2^{10} \times 8$ 位)、AT29C512 ($512 \times 2^{10} \times 8$ 位)、AT29C010 ($2^{20} \times 8$ 位)、AT29C020 ($2 \times 2^{20} \times 8$ 位) 等。

2.4 一般 CPU 与存储器的连接及扩展

由于单片存储器芯片的容量总是有限的，很难满足实际的需要，因此必须将若干存储芯片连接在一起才能组成足够容量的存储器，称为存储容量的扩展。存储器无论是 RAM 还是 ROM，都是通过地址总线、数据总线及若干条控制总线与 CPU 连接的。地址总线选择某一存储器芯片及芯片内的某一存储单元；数据总线实现 CPU 与存储器双向数据传送；CPU 也通过控制总线向存储器发出存储器选择及读/写等控制信号，以实现被选中存储单元的读出和写入。

2.4.1 连接中应考虑的问题

CPU 对存储器连接中应充分考虑如下几个问题。

1．存储器芯片类型的选择

选择存储器类型就是要考虑选择 RAM 还是 ROM。若选择 RAM 要考虑是选择 SRAM 还是 DRAM。选择 ROM 要考虑是选择掩模 ROM、PROM 还是选择 EPROM 等。

如果存储器是用来存放系统程序或应用程序的，则应选 ROM，以便于软件的保存和使用，在批量不大时可选用 EPROM，批量大时可采用掩模 ROM。因为 Flash 的改写速度比 RAM 要慢得多，并且要先擦除再写入，所以本质上还是属于 ROM。Flash 可以在线擦除和改写，并且速度比 EPROM 快得多，所以既可以存储程序也可以作为数据存储器。

RAM 也可以存放程序，但断电后就会消失。RAM 一般用来存放系统中经常变化的数据及保存结果。若系统规模较小，所需存储容量不大，功耗和价格不是主要问题时，可以选用 SRAM；反之则选择 DRAM，但选择其一定要考虑刷新问题。

2．工作速度匹配

CPU 对存储器进行读/写所需要的时间称为访存时间，是指从它发出地址码一直到读出或写入数据所需要的时间，这个时间由 CPU 的型号来确定。存储器有一个反映工作速度的重要指标——存取时间，这个时间参数可以从芯片的有关资料上获得。为了使 CPU 和存储器同步从而可靠工作，CPU 的访存时间应该大于存储器的存取时间，这样才能保证数据的稳定可靠。

3．MCS-51 对存储容量的要求

存储容量的大小取决于微机系统的应用对存储器的要求，一般的原则是先根据基本要求确定容量大小，适当留有余地，并且要考虑系统便于扩充。

不同规格的存储器芯片有不同的容量和结构，要根据所需容量来确定所需芯片的多少。存储芯片除要满足存储器的存储单元数（字数）外，还应该满足每个存储单元的数据位数的要求。例如，要求 RAM 的容量为 64KB，若选用 SRAM 芯片 62256（$32 \times 2^{10} \times 8$ 位），则只需要 2 片即可；若选用 DRAM 芯片 41256（$256 \times 2^{10} \times 1$ 位），则需要 8 片。虽然 2 片 41256 芯片的容量为 512×2^{10} 位，和要求的容量在总位数上是够了，但必须采用 8 片芯片才能真正够用，因为只有 8 片 41256 芯片才能有 8 位数据输出。

2.4.2 存储器位数的扩展

当存储器芯片的存储单元数满足存储器系统的要求，而存储器芯片的存储单元位数不够时，就要进行存储器位数的扩展（位扩展），使每个存储单元的字长满足要求。例如，采用 $2^n \times 1$ 位存储器芯片组成 $2^n \times m$ 位存储器时，需要 m 片 $2^n \times 1$ 位存储器芯片。

位扩展时，存储器芯片与 CPU 的连接比较简单，主要是以下两点：

● 每个芯片的地址线 $A_{n-1} \sim A_0$、$\overline{CS}$、$\overline{WE}$ 各自连在一起后，和 CPU（总线）各同名端分别相连；
● 每个芯片的数据输出线各自独立，即每片一位（或若干位）单独引出，如果芯片的数据输入和输出是分开设置的，还需将两个引脚合并在一起，连到 CPU（总线）的相应数据线。

$4 \times 2^{10} \times 8$ 位 2141 芯片组如图 2-4-1 所示。

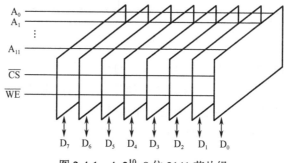

图 2-4-1 $4 \times 2^{10} \times 8$ 位 2141 芯片组

2.4.3 存储器字数的扩展

存储器字数的扩展是指芯片的存储单元的位数满足要求，但需增加存储单元的数量，简称为字扩展。例如，用 8 片 $2 \times 2^{10} \times 8$ 位存储器芯片可以组成 $16 \times 2^{10} \times 8$ 位的存储器，即字数增加了 8 倍。当这 8 片芯片构成的存储器被 CPU 访问时，应该只有其中一片被选中，读/写其存储单元，到底是其中的哪一片芯片，则由 CPU 发出的地址信号来确定，这种由地址信号选择芯片的过程就称为片选。通过片选，能将存储器芯片与所确定的地址空间联系起来，即将芯片中的存储单元与实际地址一一对应，这样才能通过寻址对存储单元进行读/写。

每一片存储器芯片都有一定数量的地址输入端，用来接收 CPU 的地址输出信号，可以将其称为片内地址，即芯片内部地址译码器使用的地址，一般为 CPU 的低位地址部分，具体有哪些要由芯片的型号来确定。而 CPU 剩余的高位地址就称为片选地址，用来进行片选，即使相关芯片的片选端 $\overline{CS}$ 为有效。在前面的例子中，由于采用 $2 \times 2^{10} \times 8$ 位的存储器芯片，因此片内地址有 11 条，为 $A_{10} \sim A_0$，如果 CPU 的地址线有 16 条，则片选地址有 16-11=5 条，为 $A_{15} \sim A_{11}$。片选地址如何产生令 $\overline{CS}$ 有效的片选信号，是需要自行设计的部分。一般而言，片选的方法主要有三种：线选法、部分译码法和全译码法。

1. 线选法

这种方法直接使用 CPU 地址中某一位高位地址线作为存储器芯片的片选信号，其优点是连接简单，片选信号的产生直接来源于高位地址信号（有时也通过一个反相器），不需要复杂的逻辑电路。用 2 片 6264（$8×2^{10}×8$ 位）存储器芯片采用线选法构成 $16×2^{10}×8$ 位存储器芯片组，如图 2-4-2 所示。

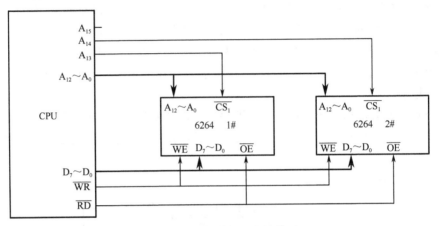

图 2-4-2　线选法扩展存储单元

6264 芯片的容量为 $8×2^{10}×8$ 位，需要 13 条地址线（$2^{13}=8×2^{10}$）作片内地址，故用 $A_{12}\sim A_0$。然后用余下的高位地址线分别连接各个存储器芯片的片选端来区别各芯片的地址，即 $A_{15}\sim A_{13}$ 为片选地址。哪个高位地址线为低电平就选中哪片芯片，这样在任何时候都只能选中一片芯片而不会同时选中多片。因此片选地址不允许同时出现有效电平（图 2-4-2 中为低电平），只允许轮流出现有效。

当采用线选法时，如果高位地址未全部用完，且没有对其实施控制（悬空）时，地址信号为 "0" 或为 "1"，都不影响存储器芯片的使用，所以每片芯片分配的地址会不唯一，出现重叠地址，多个地址同时对应于一个存储单元。例如，在图 2-4-2 的连接中，1#芯片的起始存储单元的 CPU 地址既可以为 "0100 0000 0000 0000"（4000H），也可以为 "1100 0000 0000 0000"（C000H）。6264 芯片的地址范围如图 2-4-3 所示。

芯片	A_{15}	A_{14}	A_{13}	A_{12} $\cdots$ A_0	地址范围
1#	0	1	0	0 $\cdots$ 0	**4000H～5FFFH（基本地址范围）**
	0	1	0	1 $\cdots$ 1	
	1	1	0	0 $\cdots$ 0	C000H～DFFFH（重叠地址范围）
	1	1	0	1 $\cdots$ 1	
2#	0	0	1	0 $\cdots$ 0	**2000H～3FFFH（基本地址范围）**
	0	0	1	1 $\cdots$ 1	
	1	0	1	0 $\cdots$ 0	A000H～BFFFH（重叠地址范围）
	1	0	1	1 $\cdots$ 1	
	（悬空）片选地址			片内地址 （从全0变到全1）	

图 2-4-3　6264 芯片的地址范围

其中，我们把悬空的地址线假设为 "0" 的地址范围称为基本地址范围。每个存储器芯片虽然有多个地址范围与之对应，但由于实际的存储单元没有那么多，因此只能使用其中的一个地址范围，否则会造成存储信息的重叠和丢失。并且由于基本地址范围比较简单，常常是系统所使用的地址区。

线选法中产生片选信号的高位地址线一次只能一个有效。在图 2-4-2 中，不管哪片存储器芯片，其地址都不可能为 0000H～1FFFH，因为此地址范围中 A_{14} 和 A_{13} 全为 "0"，会出现 1# 和 2#芯片的 $\overline{CS_1}$ 同时有效，两片芯片同时工作，这在 CPU 访问存储器中是不允许出现的，所存放的信息只能是对应一个唯一的位置。由于以上原因，存储器系统的扩展能力受到了限制。例如 CPU 的地址线有 16 条，扩展的存储器容量最大能达到 64KB，但在图 2-4-2 中，采用线选法只能扩展到 $24 \times 2^{10}B$。

2. 全译码法

全译码法的特点是使用 CPU 的全部高位地址线参与译码器译码后作为存储器芯片的片选信号。例如，用 4 片 2764（$8 \times 2^{10} \times 8$ 位）存储器芯片采用全译码法组成 $32 \times 2^{10} \times 8$ 位存储器芯片组，其中片内地址 13 条，为 $A_{12} \sim A_0$，片选地址 3 条全部加到一个 3-8 译码器上，如图 2-4-4 所示。

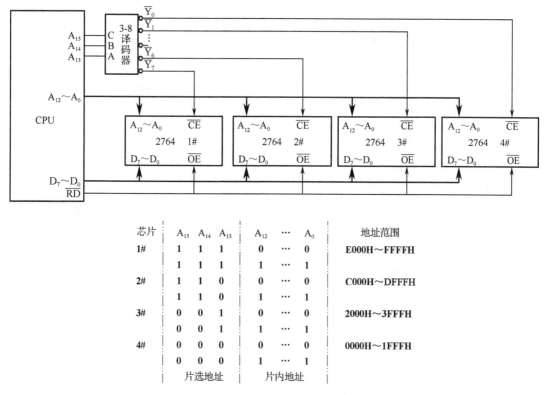

图 2-4-4　全译码法构成 $32 \times 2^{10} \times 8$ 位存储器

由于全译码法中没有地址线空闲，因此无重叠地址范围，每个芯片的地址是唯一的，而且也没有不可使用的地址，寻址范围得到充分利用，如在上例中扩展到 $32 \times 2^{10} \times 8$ 位后，仍有 $56 \times 2^{10}B$ 地址可供进一步扩展。但全译码法所需的译码电路比较复杂，在一些芯片容量很小，片选地址线很多的场合可以采用只有部分片选线参与译码的方法，即部分译码法。

3. 部分译码法

部分译码法是指用 CPU 的部分高位地址线参与译码后作为存储器芯片的片选信号。它是线选法与全译码法的一个折中，一方面可以简化译码器的设计，另一方面有较强的存储器容量扩展能力和连续的存储器范围。例如，用 4 片 6116 芯片扩展存储器的容量，如图 2-4-5 所示。

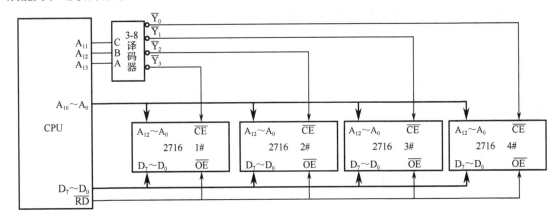

芯片	A_{15}	A_{14}	A_{13}	A_{12}	A_{11}	A_{10}	…	A_0	地址范围
1#	0	0	0	1	1	0	…	0	1800H～1FFFH（基本地址范围）
	0	0	0	1	1	1	…	1	
2#	0	0	0	1	0	0	…	0	1000H～07FFH（基本地址范围）
	0	0	0	1	0	1	…	1	
3#	0	0	0	0	1	0	…	0	0800H～0FFFH（基本地址范围）
	0	0	0	0	1	1	…	1	
4#	0	0	0	0	0	0	…	0	0000H～07FFH（基本地址范围）
	0	0	0	0	0	1	…	1	

（悬空）片选地址　　　片内地址

图 2-4-5　部分译码法构成 $8×2^{10}×8$ 位存储器

图 2-4-5 中采用 3 条高位地址线 A_{13}～A_{11} 加到一个 3-8 译码器的输入端，选用其中的 4 条输出作为 4 片芯片的片选信号。此时，为了确定每片芯片的地址范围，悬空没用到的高位地址（A_{15}、A_{14}）可假设为 "0"，这样确定出来的地址与线选法中的一样，都称为基本地址，确定的方法不变。同样，部分译码法也存在重叠地址，而且重叠地址的个数 m 与悬空地址线的条数 n 的关系为：$m=2^n$，在本例中每片芯片共有 4 个重叠地址（其中一个为基本地址），分别假设当 $A_{15}A_{14}$=01、10 和 11 时，其余的地址确定方法不变。例如，1#芯片的其余重叠地址如图 2-4-6 所示。

芯片	A_{15}	A_{14}	A_{13}	A_{12}	A_{11}	A_{10}	…	A_0	地址范围
1#	0	1	0	1	1	0	…	0	5800H～5FFFH
	0	1	0	1	1	1	…	1	
	1	0	0	1	1	0	…	0	9800H～9FFFH
	1	0	0	1	1	1	…	1	
	1	1	0	1	1	0	…	0	D800H～DFFFH
	1	1	0	1	1	1	…	1	

图 2-4-6　1#芯片的其余重叠地址

用同样的方法，不难写出其余芯片的重叠地址。部分译码法的连接方案中，由于地址重叠，影响了地址区的有效使用，也限制了存储器的扩展。因此，在选用部分译码时，也要尽可能多选一些高位地址线来作为译码器的输入。

2.4.4 存储器字数和位数的扩展

实际存储器往往需要字和位同时扩充，此时按照先位扩展后字扩展的顺序来完成。由 $m_1 \times n_1$ 的存储器芯片组成 $m_2 \times n_2$ 的存储器，则需 $(m_2/m_1) \times (n_2/n_1)$ 片 $m_1 \times n_1$ 的存储器芯片。例如，用 $2^{10} \times 1$ 位芯片构成 $2 \times 2^{10} \times 8$ 位的存储器，就要用 16 片拼装而成。每 8 片作为一组，产生 8 位数据输入/输出，按照相同功能的控制线都并联在一起的原则，进行位扩展。位扩展后可以将每一组看成单独的一片芯片，按照字扩展的连接方案来设计出具体的连接图。

2.4.5 CPU 与 ROM 和 RAM 芯片的连接

CPU 与 ROM 和 RAM 芯片的连接需要根据具体型号的 CPU 的引脚配置来连接，在第 3 章会详细描述 51 系列的单片机和存储器的连接方法。CPU 与 ROM 一般的连接如图 2-4-5 所示，只需要将 CPU 的地址输出线与 ROM 的地址输入线相连，CPU 的数据输入线与 ROM 的数据输出线相连。控制线的连接方面，由于 ROM 在正常工作时只能读出，因此 CPU 的读控制信号线 $\overline{RD}$ 与 ROM 的输出允许信号线 $\overline{OE}$ 相连，表示 CPU 发出读命令时，ROM 应该允许其读出。

CPU 与 RAM 的连接和 ROM 的相似，主要区别在于 RAM 是可读可写储存器，所以与 CPU 的数据总线是双向连接的，另外，控制信号线上，应该是 CPU 的写信号线 $\overline{WR}$ 连接 RAM 的写允许信号线 $\overline{WE}$，读控制信号线 $\overline{RD}$ 连接 RAM 的输出允许信号线 $\overline{OE}$，如图 2-4-2 所示。

本章小结

本章主要对存储器的分类、结构及原理进行了阐述。主要介绍了：①存储器的分类、技术指标及特点；②RAM 的基本结构、存储原理及典型的 RAM 芯片；③ROM 的基本结构、分类及典型的 ROM 芯片；④存储器芯片和 CPU 的连接。其中，重点需要掌握存储器的分类和特点，RAM 与 ROM 的存储原理，存储器芯片和 CPU 的连接的片选方法、地址分配等内容。

练习题

1. 半导体存储器共分哪几类？各有什么特点？作用是什么？

2. 半导体存储器的主要性能指标有哪些？各性能对微型计算机有什么影响？

3. 双译码编址存储器和单译码编址存储器的主要区别是什么？为什么大容量存储器都采用双译码编址方式？

4. 某 ROM 芯片有 10 个地址输入端和 4 个数据输出端，该芯片的存储容量是多少位？

5. 现有存储容量为 $512 \times 2^{10} \times 4$ 位、$2^{10} \times 4$ 位、$2 \times 2^{10} \times 8$ 位、$4 \times 2^{10} \times 1$ 位、$4 \times 2^{10} \times 4$ 位、$16 \times 2^{10} \times 1$ 位、$32 \times 2^{10} \times 4$ 位、64KB、$128 \times 2^{10} \times 8$ 位、512KB 和 4MB 的存储器，试问这些存储器分别需要多少条地址线和数据线？（设它们均为非动态 RAM）

6. 试比较 MOS 型掩模 ROM、熔丝式 PROM 和 UVEPROM 的基本存储电路各有什么特点？用它们做成的 ROM 各适合在什么场合下使用？

7. 说明 SRAM 和 DRAM 的主要区别，以及使用时应如何选用。

8．62256 的存储容量是多少？若它采用六管 MOS 静态存储电路，则共有多少个基本存储电路？存储阵列至少需要多少只 MOS 管？

9．要设计一个 32KB 的外部 RAM，若采用 2114 芯片，试问需要多少片？若改用 2116 芯片，试问需要多少片？

10．现有 $2 \times 2^{10} \times 8$ 位的 RAM 芯片若干片，若用线选法组成存储器，有效的寻址范围最大是多少 KB？若用 3-8 译码器来产生片选信号，则有效的寻址范围最大又是多少？若要将寻址范围扩大到 64KB，则应选用什么样的译码器来产生片选信号？

11．某系统需要配置一个 $16 \times 2^{10} \times 8$ 位的 SRAM。试问：用几片 4116（$16 \times 2^{10} \times 1$ 位）芯片组成该存储器？用线选法如何构成这个存储器？试画出连接简图，并注明各芯片所占的存储空间。

12．什么是地址重叠区？它对存储器扩展有何影响？若有 $2^{10} \times 8$ 位 RAM 采用 74LS138 译码器来产生片选信号，下图中的两种接法的寻址范围各是多少 KB？地址重叠区有何差别？

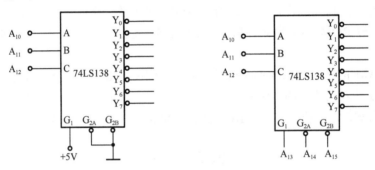

题 12 图

第3章 MCS-51单片机的结构与原理

MCS-51是美国Intel公司的8位高档单片机系列,是在MCS-48系列基础上发展而来的,也是我国目前应用最广泛的一种单片机系列。在这个系列里,有多种机型,性能特点也各不相同。

本章主要以8051为主线叙述MCS-51单片机的内部结构、引脚功能、工作方式和时序,这些对后续章节的学习是十分重要的。

3.1 MCS-51单片机的内部结构

在MCS-51系列里,所有产品都是以8051为核心电路发展起来的,它们都具有8051的基本结构和软件特征。从制造工艺来看,MCS-51系列的器件基本上可分为HMOS(High-speed MOS,高速MOS)和CHMOS两类(见表3-1-1)。CHMOS器件的特点是电流小且功耗小(掉电方式下消耗10μA电流),但对电平要求高(高电平大于4.5V,低电平小于0.45V),HMOS器件对电平要求低(高电平大于2.0V,低电平小于0.8V),但功耗大。

表3-1-1 MCS-51系列芯片及制造工艺

ROM型	无ROM型	EPROM型	片内ROM/KB	片内RAM/B	16位定时器	制造工艺
8051	8031	8751	4	128	2	HMOS
8051AH	8031AH	8751H	4	128	2	HMOS
8052AH	8032AH	8752BH	8	256	3	HMOS
80C51BH	80C31BH	87C51	4	128	2	CHMOS

8051内部包含作为微型计算机所必需的基本功能部件,各功能部件相互独立地集成在同一块芯片上。8051内部结构如图3-1-1所示。

如果把图3-1-1中ROM/EPROM这部分电路移走,则它和8031的内部结构相同。为了进一步介绍8051或8031的内部结构和工作原理,现把图3-1-1中各功能部件划分为存储器、CPU、I/O端口、定时/计数器和中断系统5部分加以介绍。

3.1.1 存储器结构

MCS-51的存储器不但有ROM和RAM之分,而且有片内和片外之分。MCS-51的片内存储器集成在芯片内部,是MCS-51的一个组成部分;片外存储器是外接的专用存储器芯片,MCS-51只提供地址和控制命令,需要通过印制电路板上三总线才能联机工作。8051可以在片外扩展RAM和ROM,并且各有64KB的寻址范围,也就是说最多可以在外部扩展2×64KB存储器。

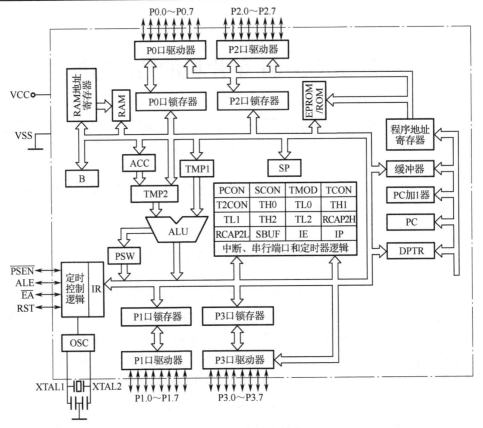

图 3-1-1　8051 内部结构

不论是单片机的片内还是片外存储器，MCS-51 对某存储单元的读写地址都是由 MCS-51 提供的。存储器的地址分配有 3 个地址空间：ROM 地址空间（包括片内 ROM 和片外 ROM），地址范围是 0000H～FFFFH；片内 RAM 地址空间，地址范围是 00H～FFH；片外 RAM 地址空间，地址范围是 0000H～FFFFH，如图 3-1-2 所示。

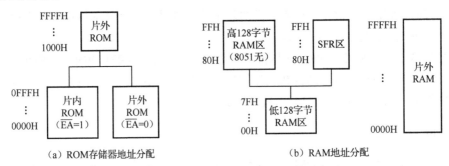

（a）ROM 存储器地址分配　　　　　　　　　　（b）RAM 地址分配

图 3-1-2　MCS-51 存储器地址分配

1. ROM

8031 内部没有 ROM。不论是 8031 还是 8051，都可以外接片外 ROM，但片内和片外之和不能超过 64KB。8051 和 87C51 都有 64KB ROM 的寻址区，其中 0000H～0FFFFH 的 4KB 地址区可以为片内 ROM 和片外 ROM 公用，但不能为两者同时占用。为了指示机器的这种占用，器件设计者为用户提供了一条专用的控制引脚 $\overline{EA}$。若 $\overline{EA}$ 接+5V 高电平，则机器使用片内 4KB ROM，而当指令地址超过 0FFFH 后，就自动地转向片外 ROM 取指令；若 $\overline{EA}$ 接低电平，则机器自动使用片外 ROM，1000H～FFFFH 的 60KB 地址区为片外 ROM 所专用。由于8031 片内无 ROM，故它的 $\overline{EA}$ 应接地。

程序存储器的某些单元是保留给系统使用的：0000H～0002H 单元是所有执行程序的入口地址，复位以后，CPU 总是从 0000H 单元开始执行程序。0003H～002AH 单元均匀地分为 5段，用作 5 个中断服务程序的入口。用户程序不应进入上述区域。

2. 片内 RAM

8051 的片内 RAM 虽然字节数并不很多，但却起着十分重要的作用。256 字节被划分为两个区域：00H～7FH 为片内 RAM 的低 128 字节区，是真正的 RAM 区，可以读/写各种数据；80H～FFH 为片内 RAM 的高 128 字节区，专门用作特殊功能寄存器（SFR）的区域。

特殊功能寄存器是指具有特殊用途的寄存器的集合。特殊功能寄存器的实际个数和单片机型号有关：8051 或 8031 的特殊功能寄存器有 21 个，8052 的特殊功能寄存器有 26 个。每个特殊功能寄存器占有一个 RAM 单元（1 字节），它们离散地分布在 80H～FFH 地址范围内，不为特殊功能寄存器所占用的 RAM 单元实际上并不存在，访问它们也是没有意义的，所以，实际上，80H～FFH 高 128 字节并没有全部利用。8051 特殊功能寄存器的符号、物理地址和名称如表 3-1-2 所示。

表 3-1-2　8051 特殊功能寄存器的符号、物理地址和名称

符　号	物 理 地 址	名　　称
*ACC	E0H	累加器
*B	F0H	B 寄存器
*PSW	D0H	程序状态字
SP	81H	堆栈指针
DPL	82H	数据寄存器指针（低 8 位）
DPH	83H	数据寄存器指针（高 8 位）
*P0	80H	通道 0
*P1	90H	通道 1
*P2	A0H	通道 2
*P3	B0H	通道 3
*IP	B8H	中断优先级控制器
*IE	A8H	中断允许控制器
TMOD	89H	定时器方式选择
*TCON	88H	定时器控制器
*+T2CON	C8H	定时器 2 控制器
TH0	8CH	定时器 0 高 8 位
TL0	8AH	定时器 0 低 8 位
TH1	8DH	定时器 1 高 8 位

续表

符　号	物理地址	名　称
TL1	8BH	定时器 1 低 8 位
+TH2	CDH	定时器 2 高 8 位
+TL2	CCH	定时器 2 低 8 位
+RCAP2H	CBH	定时器 2 捕捉寄存器高 8 位
+RCAP2L	CAH	定时器 2 捕捉寄存器低 8 位
*SCON	98H	串行控制器
SBUF	99H	串行数据缓冲器
PCON	87H	电源控制器

注：*可以位寻址，+仅 8052 有。

在 00H～7FH 这个低 128 字节区内，根据不同的功能又可划分为工作寄存器区、位寻址区和便笺区 3 个子区域，如图 3-1-3 所示。

（1）工作寄存器区（00H～1FH）：这 32 个 RAM 单元共分 4 组，每组占 8 个 RAM 单元，分别用代号 R0～R7 表示。在某一时刻，CPU 只能使用其中一组工作寄存器。具体使用 4 组中的哪一组，由程序状态字（PSW）中的 RS1RS0 状态决定。工作寄存器的作用就相当于一般微处理器中的通用寄存器。

（2）位寻址区（20H～2FH）：这 16 个 RAM 单元具有双重功能。它们既可以像普通 RAM 单元一样按字节存取，也可以对每个 RAM 单元中的任何一位单独存取，这就是位寻址。

20H～2FH 用作位寻址时，共有 16×8=128 位，每位都分配了一个特定地址，即 00H～7FH，这些地址称为位地址，如图 3-1-3 所示。对于需要进行按位操作的数据，都可以存放到这个区域。

位地址可以直接使用位寻址区的物理地址表示，也可以采用字节地址和位数相结合的表示方法。例如，位地址 00H 可以表示成 20H.0，位地址 7FH 可以表示成 2FH.7。

在 21 个特殊功能寄存器中，也有相当一部分是可以进行位寻址的。在表 3-1-2 中名称左边带 "*" 号的特殊功能寄存器都是可以进行位寻址的，这些特殊功能寄存器的特征是其物理地址可以被 8 整除。进行位寻址时，可用 "寄存器名.位" 来表示位地址。例如，ACC.0 表示 ACC 寄存器的第 0 位，B.7 表示 B 寄存器的第 7 位。

（3）便笺区（30H～7FH）：便笺区共有 80 个 RAM 单元，用于存放用户数据或作堆栈区使用。MCS-51 对便笺区中每个 RAM 单元是按字节存取的。

内部 RAM 的各个单元，包括特殊功能寄存器和低 128 字节单元，都可以通过直接地址来寻找。对于工作寄存器，直接地址是 00H～1FH，但一般都直接用 R0～R7 来表示。对特殊功能寄存器，也是直接使用其名字较为方便。

3. 片外 RAM

如果片内 RAM 容量太小，不能满足控制需要，可以外接片外 RAM。但片外 RAM 的最大容量不能超过 64KB，地址范围为 0000H～FFFFH，在地址上是和片外 ROM 重叠的。8051 通过不同的控制信号来选通片外 ROM 或片外 RAM：当从片外 ROM 取指令时采用选通信号 $\overline{PSEN}$，而从片外 RAM 读/写数据时采用读/写信号 $\overline{RD}$ 或 $\overline{WR}$ 来选通。

7FH ⋮ 30H	作为数据缓存区和堆栈区							便　笺　区
2FH	7F	7E	7D	7C	7B	7A	79	78
2EH	77	76	75	74	73	72	71	70
2DH	6F	6E	6D	6C	6B	6A	69	68
2CH	67	66	65	64	63	62	61	60
2BH	5F	5E	5D	5C	5B	5A	59	58
2AH	57	56	55	54	53	52	51	50
29H	4F	4E	4D	4C	4B	4A	49	48
28H	47	46	45	44	43	42	41	40
27H	3F	3E	3D	3C	3B	3A	39	38
26H	37	36	35	34	33	32	31	30
25H	2F	2E	2D	2C	2B	2A	29	28
24H	27	26	25	24	23	22	21	20
23H	1F	1E	1D	1C	1B	1A	19	18
22H	17	16	15	14	13	12	11	10
21H	0F	0E	0D	0C	0B	0A	09	08
20H	07	06	05	04	03	02	01	00
1FH ⋮ 18H	3 组							位寻址区
17H ⋮ 10H	2 组							
0FH ⋮ 08H	1 组							工作寄存器区
07H ⋮ 00H	0 组							

图 3-1-3　8051 内部 RAM 结构图

3.1.2　CPU 结构

8051 内部 CPU 是一个字长为二进制 8 位的中央处理单元,也就是说它对数据的处理是按字节为单位进行的。与微型计算机 CPU 类似,8051 内部 CPU 也是由算术逻辑部件运算器(ALU)、控制器(定时控制部件等)和专用寄存器组三部分电路构成。

1. 算术逻辑部件运算器(ALU)

8051 的 ALU 是一个性能极强的运算器,它既可以进行加、减、乘、除四则运算,也可以进行与、或、非、异或等逻辑运算，还具有数据传送、移位、判断和程序转移等功能。8051 的 ALU 为用户提供了丰富的指令系统和极快的指令执行速度，大部分指令的执行时间为 1μs，乘法指令可达 4μs。

8051 的 ALU 由一个累加器（ACC）、两个 8 位暂存器（TMP1 与 TMP2）和一个性能卓著的布尔处理器（图 3-1-1 中未画出）组成。虽然 TMP1 和 TMP2 对用户并不开放，但可用来为累加器和布尔处理器暂存两个 8 位二进制操作数。8051 时钟频率可达 12MHz。

2．定时控制部件

定时控制部件起着控制器的作用，由定时控制逻辑、指令寄存器和振荡器（OSC）等电路组成。指令寄存器用于存放从程序存储器中取出的指令（操作码），定时控制逻辑用于对指令寄存器中的操作码进行译码，并在 OSC 的配合下产生执行该指令的时序脉冲，以完成相应指令的执行。

OSC 是控制器的心脏，能为控制器提供时钟脉冲。图 3-1-4 所示为 HMOS 型单片机内部的 OSC 电路。图 3-1-4 中，引脚 XTAL1 为反相放大管 Q4 的输入端，XTAL2 为 Q4 的输出端。只要在引脚 XTAL1 和 XTAL2 上外接定时反馈回路，OSC 就能自激振荡。定时反馈回路常由石英晶振和电容组成。OSC 产生矩形时钟脉冲序列，其频率是单片机的重要性能指标之一。时钟频率越高，单片机控制器的控制节拍就越快，运行速度也就越快。因此，不同型号的单片机所需要的时钟频率也是不相同的。

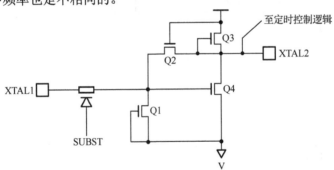

图 3-1-4　HMOS 型单片机内部的 OSC 电路

3．专用寄存器组

专用寄存器组主要用来指示当前要执行指令的内存地址、存放操作数和指令执行后的状态等。它是计算机 CPU 不可缺少的组成部件，其寄存器的多少因机器型号的不同而异。专用寄存器组主要包括程序计数器、累加器、程序状态字、堆栈指针、数据指针和通用寄存器等。

1）程序计数器（PC）

程序计数器是一个二进制 16 位的程序地址寄存器，专门用来存放下一条将要执行指令的内存地址，能自动加 1。CPU 执行指令时，先根据程序计数器中的地址从存储器中取出当前需要执行的指令码，并把它送给控制器分析执行，随后程序计数器中的地址码自动加 1，以便为 CPU 取下一个需要执行的指令码做准备。当下一个指令码取出执行后，程序计数器又自动加 1。这样，程序计数器一次次加 1，指令就被一条条地执行。所以，需要执行的程序的机器码必须在程序执行前预先一条条地按顺序存放到程序存储器中，且将程序计数器内存放的地址设置成该程序的第一条指令的内存地址。

8051 的程序计数器由 16 个触发器构成，故它的编码范围为 0000H～FFFFH。这就是说，8051 对程序存储器的寻址范围为 64KB。如果想为 8051 配置大于 64KB 的程序存储器，就必须在制造 8051 器件时加长程序计数器的位数。但在实际应用中，64KB 的程序存储器通常已经足够了。

2）累加器（A 或 ACC）

累加器是一个具有特殊用途的二进制 8 位寄存器，专门用来存放操作数或运算结果。在 CPU 执行某种运算前，两个操作数中的一个通常应放在累加器中，运算完成后在累加器中便可得到运算结果。

3）通用寄存器（B）

通用寄存器（B）是专门为乘法和除法设置的寄存器，也是一个二进制 8 位寄存器。该寄存器在做乘法或除法前，用来存放乘数或除数，在乘法或除法完成后用于存放乘积的高 8 位或除法的余数。

4）程序状态字（PSW）

PSW 是一个 8 位标志寄存器，用来存放指令执行后的有关状态。PSW 中各位状态通常是在指令执行过程中自动形成的，但也可以由用户根据需要采用传送指令加以改变。

PSW 的各标志位定义如图 3-1-5 所示。

PSW7	PSW6	PSW5	PSW4	PSW3	PSW2	PSW1	PSW0
Cy	AC	F0	RS1	RS0	OV	—	P

图 3-1-5　PSW 的各标志位定义

其中，PSW7 为最高位，PSW0 为最低位。

① 进位标志位 Cy：用于表示加减运算过程中最高位 A7（累加器最高位）有无进位或借位。在加法运算时，若累加器中最高位 A7 有进位，则 Cy=1；否则 Cy=0。在减法运算时，若 A7 有了借位，则 Cy=1；否则 Cy=0。此外，CPU 在进行移位操作时也会影响这个标志位。

② 辅助进位标志位 AC：用于表示加减运算时低 4 位（A3）有无向高 1 位（A4）进位或借位。若 AC=0，则表示加减过程中 A3 没有向 A4 进位或借位；若 AC=1，则表示加减过程中 A3 向 A4 有了进位或借位。

③ 用户标志位 F0：F0 标志位的状态通常不是机器在执行指令过程中自动形成的，而是由用户根据程序执行的需要通过传送指令确定的。该标志位状态一经设定，便由用户程序直接检测，以决定用户程序的流向。

④ 寄存器选择位 RS1 和 RS0：8051 共有 8 个 8 位工作寄存器，分别命名为 R0～R7。工作寄存器 R0～R7 常常被用户用来进行程序设计，但它在 RAM 中的实际物理地址是可以根据需要选定的。RS1 和 RS0 就是为了这个目的提供给用户使用的，用户通过改变 RS1 和 RS0 的状态可以方便地决定 R0～R7 的实际物理地址。RS1、RS0 对工作寄存器的选择如表 3-1-3 所示。

表 3-1-3　RS1、RS0 对工作寄存器的选择

RS1、RS0	R0~R7 的组号	R0~R7 的物理地址
00	0	00H~07H
01	1	08H~0FH
10	2	10H~17H
11	3	18H~1FH

采用 8051 或 8031 做成的单片机控制系统，开机后的 RS1 和 RS0 总是为零状态，故 R0~R7 的物理地址为 00H~07H，即 R0 的地址为 00H，R1 的地址为 01H，…，R7 的地址为 07H。

⑤ 溢出标志位 OV：可以指示运算过程中是否发生了溢出，由机器执行指令过程中自动形成。若机器在执行运算指令过程中，累加器中运算结果超出了 8 位数能表示的范围，即 −128~127，则 OV 标志自动置 1；否则 OV=0。因此，人们根据执行运算指令后的 OV 状态就可判断累加器中的结果是否正确。

⑥ 奇偶标志位 P：PSW1 为无定义位，用户也可不使用。PSW0 为奇偶标志位 P，用于指示运算结果中 1 的个数的奇偶性。若 P=1，则累加器中 1 的个数为奇数；若 P=0，则累加器中 1 的个数为偶数。

5）堆栈指针（SP）

SP 是一个 8 位寄存器，能自动加 1 或减 1，专门用来存放堆栈的栈顶地址。

计算机中的堆栈是一种能按"先进后出"或"后进先出"规律存取数据的 RAM 区域。这个区域是可大可小的，常称为堆栈区。8051 片内 RAM 共有 128 字节，地址范围为 00H~7FH，故这个区域中的任何子域都可以用作堆栈区，即作为堆栈来使用。

堆栈有两种类型，向上生长型和向下生长型。8051 的堆栈属于向上生长型，在数据压入堆栈时，SP 的内容自动加 1，作为本次进栈的地址指针，然后存入信息。所以随着信息的存入，SP 的值越来越大。在信息从堆栈弹出之后，SP 的值随着减少。向上生长型堆栈则相反，如图 3-1-6 所示。

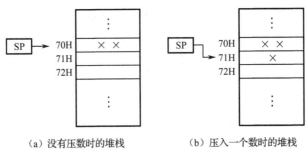

（a）没有压数时的堆栈　　　　（b）压入一个数时的堆栈

图 3-1-6　向上生长型堆栈示意图

堆栈有栈顶和栈底之分，栈底由栈底地址标识，栈顶由栈顶地址指示。栈底地址是固定不变的，它决定了堆栈在 RAM 中的物理位置；栈顶地址始终在 SP 中，即由 SP 指示，是可以改变的，它决定堆栈中是否存放有数据。因此，当堆栈为空（无数据）时，栈顶地址必定与栈底地址重合。对向上生长型的堆栈来说，堆栈中存放的数据越多，SP 中的栈顶地址比栈底地址就越大，也就是说，SP 就好像是一个地址指针，始终指示着堆栈中最上面的那个数据。

8051 单片机复位后，SP 总是初始化到内部 RAM 地址 07H。从 08H 开始就是 8051 的堆栈。当然，用户也可以根据需要通过指令改变 SP 的值，从而改变堆栈的位置。

6）数据指针（DPTR）

DPTR 是一个 16 位的寄存器，由两个 8 位寄存器 DPH 和 DPL 组成。其中，DPH 为 DPTR 的高 8 位，DPL 为 DPTR 的低 8 位。DPTR 可以用来存放片内 ROM 的地址，也可用来存放片外 ROM 和片外 RAM 的地址。

3.1.3　I/O 端口

I/O 端口又叫作 I/O 通道或 I/O 通路。I/O 端口是 MCS-51 单片机对外部实现控制和信息交换的必经之路，是一个过渡的集成电路，用于信息传送过程中的速度匹配和增强它的负载能力。I/O 端口有串行和并行之分，串行 I/O 端口一次只能传送 1 位二进制信息，并行 I/O 端口一次可以传送一组（8 位）二进制信息。

1. 并行 I/O 端口

8051 有 4 个并行 I/O 端口，分别命名为 P0、P1、P2 和 P3，在这 4 个并行 I/O 端口中，每个端口都有双向 I/O 功能，即 CPU 既可以从 4 个并行 I/O 端口中的任何一个输出数据，又可以从它们那里输入数据。每个 I/O 端口内部都有一个 8 位数据输出锁存器和一个 8 位数据输入缓冲器，4 个数据输出锁存器和端口号 P0、P1、P2 和 P3 同名，皆为特殊功能寄存器中的一个。因此，CPU 数据从并行 I/O 端口输出时可以得到锁存，数据输入时可以得到缓冲。

4 个端口在进行 I/O 方式时，特性基本相同，共有写端口、读端口和读引脚三种操作方式：

- 作为输出口用时，内部带锁存器，故可以直接和外部设备相连，不必外加锁存器。写端口实际上就是输出数据，是把累加器或其他寄存器中的数据传送到端口锁存器中，然后由端口自动从端口引脚线上输出。
- 作为输入口用时，都有两种工作方式，即"读端口"和"读引脚"。
- 读端口时实际上并不是从外部读入数据，而只是把端口锁存器中的内容读入内部总线，经过某种运算和变换后，再写回到端口锁存器。属于这种方式的指令称为"读-改-写"指令。
- 读引脚时才真正地把从外部加到引脚上的输入数据读入内部总线。

注意，在从外部读入数据时，也就是读引脚时，要先通过指令，将端口锁存器置 1，然后进行读引脚操作，否则就可能读入出错。

这 4 个并行 I/O 端口在结构上不同，导致它们在功能和用途上也不同。P0 口、P2 口和 P3 口除可用作通用的 I/O 外，还具有特殊的功能。例如，当向外部存储器读/写信号时，P0 口就分时地作为低 8 位地址线和数据总线使用，P2 口可用作高 8 位地址线使用。P3 口除可以作为通用 I/O 端口使用外，每位都有各自的第二功能，详见表 3-1-4。P1 口只能用作 I/O 端口，为 CPU 传送用户数据。

表 3-1-4　P3 口各位的第二功能

P3 口的位	第 二 功 能	注　　释
P3.0	RXD	串行数据接收端口

续表

P3 口的位	第 二 功 能	注　　释
P3.1	TXD	串行数据发送端口
P3.2	$\overline{INT0}$	外中断 0 输入
P3.3	$\overline{INT1}$	外中断 1 输入
P3.4	T0	计数器 0 计数输入
P3.5	T1	计数器 1 计数输入
P3.6	$\overline{WR}$	外部 RAM 写选通信号
P3.7	$\overline{RD}$	外部 RAM 读选通信号

2．串行 I/O 端口

8051 内部有一个全双工的可编程串行 I/O 端口。这个串行 I/O 端口既可以在程序控制下把 CPU 的 8 位并行数据变成串行数据逐位从发送数据线 TXD 发送出去，也可以把 RXD 线上串行接收到的数据变成 8 位并行数据送给 CPU，而且这种串行发送和串行接收可以单独进行，也可以同时进行。

8051 串行发送和串行接收利用了 P3 口的第二功能，即它利用 P3.1 引脚作为串行数据的发送线 TXD 和 P3.0 引脚作为串行数据的接收线 RXD。串行 I/O 端口的电路结构还包括串行控制寄存器（SCON）、电源及波特率选择寄存器（PCON）和串行数据缓冲器（SBUF）等，它们都属于特殊功能寄存器。其中，SCON 和 PCON 用于设置串行端口工作方式和确定数据的发送和接收波特率；SBUF 实际上由两个 8 位寄存器组成，一个用于存放欲发送数据，另一个用于存放接收到的数据，起着数据的缓冲作用，因此，可以同时保留收/发数据，进行收/发操作，而 SBUF 占用内部 RAM 地址 99H，所以收/发操作都是对同一个地址 99H 进行的。

3.1.4　定时/计数器

8051 内部有两个 16 位可编程定时/计数器，记为 T0 和 T1。T0 由两个 8 位寄存器 TH0 和 TL0 拼装而成，其中 TH0 为高 8 位，TL0 为低 8 位。和 T0 类同，T1 也由 TH1 和 TL1 拼装而成，其中 TH1 为高 8 位，TL1 为低 8 位。TH0、TL0、TH1 和 TL1 均为特殊功能寄存器中的一个，用户可以通过指令对它们存取数据。

16 位是指 T0 和 T1 都由 16 个触发器构成，故其最大计数模值为 $2^{16}-1$，即需要 65 535 个脉冲才能把它们从全"0"变为全"1"。可编程是指 T0 和 T1 的工作方式可以由指令来设定：或者当计数器用，或者当定时器用，并且计数（定时）的范围也可以由指令来设置。对 T0 和 T1 的控制由两个 8 位特殊功能寄存器完成：一个为定时器方式选择寄存器（TMOD），用于确定是定时器还是计数器工作模式；另一个为定时器控制寄存器（TCON），可以决定定时器或计数器的启动、停止及进行中断控制。TMOD 和 TCON 也是 21 个特殊功能寄存器中的两个，用户也可以通过指令确定它们的状态，在后面章节中将详细介绍。

如果需要，定时器在到达规定的定时值时可以向 CPU 发出中断申请，从而完成某种定时的控制功能。在计数状态下同样也可以申请中断。

在定时工作时，时钟由单片机内部提供，即系统时钟经过 12 分频后作为定时器的时钟。

在计数工作时，时钟脉冲（计数脉冲）在 T0 和 T1（P3.4 和 P3.5）引脚上输入，如表 3-1-4 所示。

3.1.5　中断系统

计算机中的中断是指 CPU 暂停原程序执行转而为外部设备服务（执行中断服务程序），并在服务完后回到原程序执行的过程。中断系统是指能够处理上述中断过程所需要的那部分电路。

中断源是指能产生中断请求信号的源泉。8051 的中断系统允许接受 5 个独立的中断源：外部中断源有 2 个，通常指外部设备；内部中断源有 3 个，2 个定时/计数器中断源和 1 个串行端口中断源。

外部中断源产生的中断请求信号可以从 P3.2 和 P3.3（$\overline{INT0}$ 和 $\overline{INT1}$）引脚上输入，有电平（低电平有效）或边沿（下降沿有效）两种引起中断的触发方式。内部中断源 T0 和 T1 的两个中断是在它们从全 "1" 变为全 "0" 溢出时自动向中断系统提出的。内部串行端口中断源的中断请求是在串行端口每发送完一个 8 位二进制数据或接收完一个 8 位二进制数据自动向中断系统提出的。

8051 的中断系统主要由中断允许控制寄存器（Interrupt Enable，IE）和中断优先级控制寄存器（IP）等电路组成。IE 用于控制 5 个中断源中哪些中断请求被允许向 CPU 提出，哪些中断源的中断请求被禁止。MCS-51 单片机可以设置两个中断优先级，即高优先级和低优先级，由 IP 来控制，用于控制 5 个中断源的中断请求的优先权，哪个优先权高，就可以被 CPU 最先处理。IE 和 IP 也属于特殊功能寄存器，其状态也可以由用户通过指令设定。这些将在后续章节中加以详细介绍。

在实际使用中，外部的中断源可能不止两个，要求的中断优先级别可能也不止两级。这些都要另外采取措施来解决。详细的讨论见后续章节。

3.2　MCS-51 单片机的引脚及其功能

在 MCS-51 系列中，各类单片机是相互兼容的，只是引脚功能略有差异。在器件引脚的封装上，MCS-51 系列机通常有两种封装：一种是双列直插式封装，常为 HMOS 型器件所用；另一种是方形封装，大多数在 CHMOS 器件中使用，如图 3-2-1 所示。

8051 有 40 条引脚，共分为端口线、电源线和控制线 3 类。

1.　端口线（4×8=32 条）

8051 共有 4 个并行 I/O 端口，每个端口都有 8 条端口线，用于传送数据/地址。由于每个端口的结构各不相同，因此它们在功能和用途上的差别颇大。现对它们综述如下。

① P0.7～P0.0：这组引脚共有 8 条，为 P0 口所专用，其中 P0.7 为最高位，P0.0 为最低位。这 8 条引脚共有两种不同的功能，分别使用于两种不同情况。第一种情况是 8051 不带片外存储器，P0 口可以作为通用 I/O 端口使用，P0.7～P0.0 用于传送 CPU 的 I/O 数据，这时，输出数据可以得到锁存，不需外接专用锁存器，输入数据可以得到缓冲，增加了数据输入的可靠性。第二种情况是 8051 带片外存储器，P0.7～P0.0 在 CPU 访问片外存储器时先传送片外

存储器的低 8 位地址，然后传送 CPU 对片外存储器的读写数据。

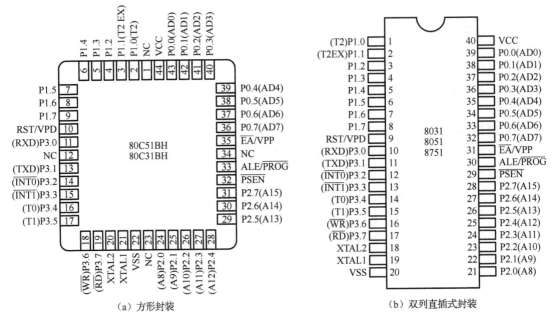

图 3-2-1　MCS-51 封装和引脚分配

8751 的 P0 口还有第三种功能，即它可以用来给 8751 片内 EPROM 编程或进行编程后的读出校验。这时，P0.7～P0.0 用于传送 EPROM 的编程机器码或读出校验码。

② P1.7～P1.0：这 8 条引脚和 P0 口的 8 条引脚类似，P1.7 为最高位，P1.0 为最低位。当 P1 口作为通用 I/O 使用时，P1.7～P1.0 的功能和 P0 口的第一功能相同，也用于传送用户的 I/O 数据。

8751 的 P1 口还有第二功能，即它在 8751 编程/校验时用于输入片内 EPROM 的低 8 位地址。

③ P2.7～P2.0：这组引脚的第一功能和上述两组引脚的第一功能相同，即它可以作为通用 I/O 使用。它的第二功能和 P0 口引脚的第二功能相配合，用于输出片外存储器的高 8 位地址，共同选中片外存储器单元，但并不能像 P0 口那样还可以传送存储器的读写数据。

8751 的 P2.7～P2.0 还具有第二功能，即它可以配合 P1.7～P1.0 传送片内 EPROM 12 位地址中的高 4 位地址。

④ P3.7～P3.0：这组引脚的第一功能和其余三个端口的第一功能相同。第二功能作控制用，每个引脚并不完全相同，如表 3-1-4 所示。

2. 电源线（2 条）

VCC 为+5V 电源线，VSS 为接地线。

3. 控制线（6 条）

① ALE/$\overline{\text{PROG}}$：地址锁存允许/编程线，配合 P0 口引脚的第二功能使用。在访问片外存储器时，8051 在 P0.7～P0.0 引脚线上输出片外存储器低 8 位地址的同时还在 ALE/$\overline{\text{PROG}}$ 线上输出一个高电位脉冲，其下降沿用于把这个片外存储器低 8 位地址锁存到外部专用地址锁

存器，以便空出 P0.7～P0.0 引脚线去传送随后而来的片外存储器读写数据。在不访问片外存储器时，ALE 也以振荡频率的 1/6 的固定速率输出，此时，它可用作外部时钟源或作为定时脉冲源使用。

对于 8751，ALE/$\overline{PROG}$ 线还具有第二功能。它可以在对 8751 片内 EPROM 编程/校验时传送 52ms 宽的负脉冲。

② $\overline{EA}$/VPP：允许访问片外存储器/编程电源线。它可以控制 8051 使用片内 ROM 还是使用片外 ROM。若 $\overline{EA}$=1，则允许使用片内 ROM；若 $\overline{EA}$=0，则允许使用片外 ROM。

对于 8751，$\overline{EA}$/VPP 用于在片内 EPROM 编程/校验时输入 21V 编程电源。

③ $\overline{PSEN}$：片外 ROM 选通线。在执行访问片外 ROM 的指令 MOVC 时，8051 自动在 $\overline{PSEN}$ 线上产生一个负脉冲，用于为片外 ROM 芯片的选通。其他情况下，$\overline{PSEN}$ 线均为高电平封锁状态。

④ RST/VPD：复位/备用电源线，可以使 8051 处于复位（初始化）工作状态。通常，8051 的复位有上电复位和开关复位两种。MCS-51 的复位电路如图 3-2-2 所示。

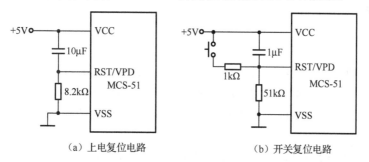

（a）上电复位电路　　　　（b）开关复位电路

图 3-2-2　MCS-51 的复位电路

在单片机应用系统中，除单片机本身需要复位外，外部扩展 I/O 接口电路等也需要复位，因此需要一个包括上电复位和开关复位在内的系统同步复位电路，如图 3-2-3 所示。

RST/VPD 的第二功能是作为备用电源输入端。当主电源 VCC 发生故障而降低到规定低电平时，RST/VPD 线上的备用电源自动投入，以保证片内 RAM 中信息不丢失。

⑤ XTAL1 和 XTAL2：在使用单片机内部振荡电路时，这两个端口用来外接石英晶体和微调电容，如图 3-2-4 所示。在使用外部时钟时，则用来输入时钟脉冲。MCS-51 外部时钟的连接方法如图 3-2-5 所示。

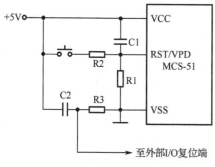

图 3-2-3　系统同步复位电路

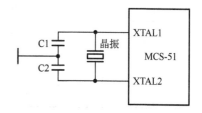

图 3-2-4　MCS-51 OSC 的晶振连接图

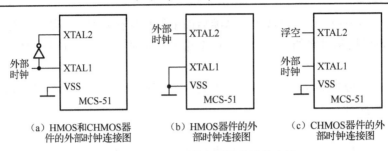

（a）HMOS和CHMOS器　　　（b）HMOS器件的外　　　（c）CHMOS器件的外
件的外部时钟连接图　　　　　部时钟连接图　　　　　　　部时钟连接图

图 3-2-5　MCS-51 外部时钟的连接方法

3.3　MCS-51 单片机的工作方式

　　单片机的工作方式是进行系统设计的基础，也是单片机应用工作者必须熟悉的问题。通常，MCS-51 单片机的工作方式包括复位方式、程序执行方式、节电方式，以及 EPROM 编程和校验方式 4 种。

3.3.1　复位方式

　　单片机在开机时都需要复位，以便 CPU 及其他功能部件都处于一个确定的初始状态，并从这个状态开始工作。MCS-51 的 RST 引脚是复位信号的输入端，复位信号是高电平有效，持续时间要有 24 个时钟周期以上。例如，若 MCS-51 单片机时钟频率为 12MHz，则复位脉冲宽度至少应为 2μs。

　　单片机复位后内部寄存器的状态如表 3-3-1 所示。复位不影响片内 RAM 中的内容。

表 3-3-1　单片机复位后内部寄存器的状态

寄 存 器 名	内　　　容	寄 存 器 名	内　　　容
PC	0000H	TCON	00H
ACC	00H	TH0	00H
B	00H	TL0	00H
PSW	00H	TH1	00H
SP	07H	TL1	00H
DPTR	0000H	TH2（8052）	00H
P0～P3	FFH	TL2（8052）	00H
IP（8051）	×××00000B	RCAP2H（8052）	00H
IP（8052）	××000000B	RCAP2L（8052）	00H
IE（8051）	0××00000B	SCON	00H
IE（8052）	0×000000B	PCON（HMOS）	0×××××××B
SBUF	不定	PCON（CHMOS）	0×××0000B
TMOD	00H	—	—

3.3.2　程序执行方式

程序执行方式是单片机的基本工作方式，通常可以分为单步执行和连续执行两种工作方式。

1．单步执行方式

单步执行方式是指单片机在控制面板上的某个按钮（单步执行键）控制下逐条执行用户程序中指令的方式，即按一次键，执行一条指令。单步执行方式常常用于用户程序的调试。

单步执行方式是利用 MCS-51 外部中断功能实现的。其中断系统规定：从中断服务程序返回以后至少要再执行一条指令后才能重新进入中断。

单步执行键相当于外部中断的中断源，当它被按下时，相应电路就产生一个负脉冲（中断请求信号）送到单片机的 $\overline{INT0}$（或 $\overline{INT1}$）引脚。MCS-51 单片机在 $\overline{INT0}$ 上的负脉冲的作用下，便能自动执行预先安排在中断服务程序中的如下两条指令：

```
LOOP1:JNB P3.2,LOOP1          ;若 INT0 =0，则不往下执行
LOOP2:JB  P3.2,LOOP2          ;若 INT0 =1，则不往下执行
      RETI
```

并返回用户程序中执行一条用户指令，这条用户指令执行完后，单片机又自动回到上述中断服务程序执行，并等待用户再次按下单步执行键。

2．连续执行方式

连续执行方式是所有单片机都需要的一种工作方式，被执行程序可以存放在片内 ROM、片外 ROM 或者同时存放在片内、片外 ROM。由于单片机复位后 PC=0000H，因此机器在加电或按钮复位后总是转到 0000H 处执行程序，这就可以预先在 0000H 处放一条转移指令，以便跳转到真正的程序入口地址处。

3.3.3　节电方式

节电方式是一种能减少单片机功耗的工作方式，通常可以分为空闲（等待）方式和掉电（停机）方式两种，只有 CHMOS 型器件才有这种工作方式。CHMOS 型单片机是一种低功耗器件，正常工作时消耗 11～20mA 电流，空闲状态时消耗 1.7～5mA 电流，掉电方式时消耗 5～50μA 电流。因此，CHMOS 型单片机特别适用于低功耗的应用场合。

CHMOS 型单片机的节电方式是由特殊功能寄存器 PCON 控制的，PCON 各位定义如图 3-3-1 所示。

PCON.7	PCON.6	PCON.5	PCON.4	PCON.3	PCON.2	PCON.1	PCON.0
SMOD	—	—	—	GF1	GF0	PD	IDL

图 3-3-1　PCON 各位定义

图 3-3-1 中，SMOD 为串行端口波特率倍率控制位，若 SMOD=1，则串行端口波特率加倍率；PCON.6～PCON.4 无定义，用户不可使用；GF1 和 GF0 为通用标志位，用户可通过指令改变它们的状态；PD 为掉电控制位；IDL 为空闲控制位。PD 和 IDL 的片内控制电路如图 3-3-2 所示。

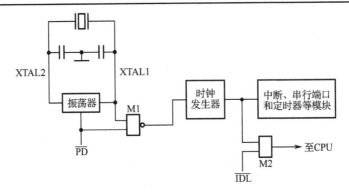

图 3-3-2 PD 和 IDL 的片内控制电路

1．掉电方式

80C31 执行如下指令便可进入掉电方式：

MOV PCON,#02H ;PD←1

由图 3-3-2 可见，上述指令执行后，$\overline{PD}$ 端变为低电平（与门 M1 关闭），时钟发生器因此停振，片内所有功能部件停止工作，但片内 RAM 和特殊功能寄存器中的内容保持不变，ALE 和 $\overline{PSEN}$ 的输出为逻辑低电平。在掉电期间，VCC 电源可以降为 2V（可以由干电池供电），但必须等待 VCC 恢复+5V 电压并经过一段时间后，才能允许 80C31 退出掉电方式。

80C31 从掉电状态退出的唯一方法是硬件复位，即需要给 RST 引脚上外加一个足够宽的复位正脉冲。80C31 复位以后特殊功能寄存器被重新初始化，但 RAM 中的内容保持不变。因此，若要使得 80C31 在市电恢复正常后继续执行掉电前的程序，那就必须在掉电前预先把特殊功能寄存器中的内容保存到片内 RAM，并在市电恢复正常后先恢复特殊功能寄存器在掉电前的状态。

2．空闲方式

80C31 执行如下指令可以进入空闲方式：

MOV PCON,#01H   ;IDL←1

由图 3-3-2 可见，上述指令执行后，$\overline{IDL}$ 端变为低电平，与门 M2 无输出，CPU 停止工作，但中断、串行端口和定时/计数器可以继续工作。此时，CPU 现场（SP、PC、PSW 和 ACC 等）、片内 RAM 和特殊功能寄存器中其他寄存器内容均维持不变，ALE 和 $\overline{PSEN}$ 变为高电平。

总之，CPU 进入空闲状态后是不工作的，但各功能部件保持进入空闲状态前的内容，且消耗功耗很少。因此，在程序执行过程中，用户在 CPU 无事可做或不希望它执行有用程序时，应先让它进入空闲状态，一旦需要继续工作就让它退出空闲状态。

CHMOS 型器件退出空闲状态有两种方法：一种是让被允许中断的中断源发出中断请求（如定时器 T0 定时 1ms 时间已到），中断系统收到这个中断请求后，片内硬件电路会自动使 IDL=0，致使图 3-3-2 中与门 M2 重新打开，CPU 便可从激活空闲方式指令的下一条指令开始继续执行程序。另一种使 CPU 退出空闲状态的方法是硬件复位，即在 80C31 的 RST 引脚上送一个脉宽大于 24 个时钟周期的脉冲。此时，PCON 中的 IDL 被硬件自动清零（M2 重新打开），CPU 便可继续执行进入空闲方式前的用户程序。

现在，以图 3-3-3 为例来说明空闲方式的应用。我们希望 80C31 在市电正常时执行用户程序，停电时依靠备用电池处于空闲方式，并在市电恢复后继续执行停电前的用户程序。

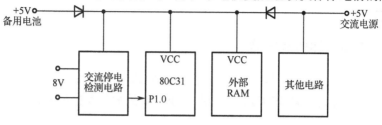

图 3-3-3　80C31 系统供电框图

图 3-3-3 中，硬件电路十分简单。两只二极管用于对两种电源起隔离作用，即市电正常时备用电池不工作，反之亦然。"交流停电检测电路"既可以由市电电源+5V 供电，也可以由备用干电池供电。"交流停电检测电路"的作用是：若市电未停，则它使 P1.0 引脚变为低电平"0"；若市电停，则它使 P1.0 引脚变为高电平"1"。

其实，空闲方式的进入和退出是由程序控制的，图 3-3-3 只是它的硬件支持电路。通常，能完成上述切换的程序由主程序和定时器 T0 的中断服务程序组成，程序流程图如图 3-3-4 所示。

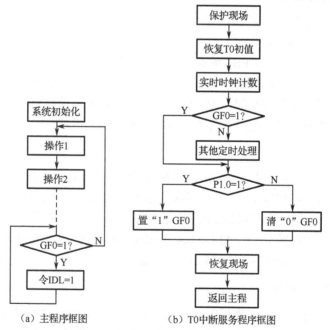

（a）主程序框图　　（b）T0 中断服务程序框图

图 3-3-4　80C31 系统供电程序流程图

在主程序中，80C31 利用了通用标志位 GF0（开机后 GF0=0）作为检测标志。当 80C31 检测到 GF0=0 时，它就执行用户程序，只要 GF0 始终为 0，80C31 就一直执行用户程序。定时器 T0 的中断服务程序是一个每隔 1ms 就能自动使 80C31 进入并执行一次的程序，也就是 80C31 在"交流停电检测电路"检测到市电停电时的 1ms 内便会自动执行一次 T0 中断服务程序。在 T0 中断服务程序中，80C31 检测到 P1.0 引脚为高电平"1"（"停电"）时使 GF0=1，然后恢复现场并返回主程序。80C31 返回主程序后，因 GF0=1 而激励空闲方式，CPU 停止工作并等待市电恢复正常。当市电恢复供电后，定时器 T0 在 1ms 内自动向 CPU 发出溢出中断请求，80C31 在该中断作用下将 PCON 中的 IDL 硬件清零，并进入 T0 中断服务程序。在 T0 中断服务程序中，80C31 因 P1.0=0（市电已恢复正常）而使 GF0=0，故它返回主程序后便可继续执行用户程序。

3.3.4　EPROM 编程和校验方式

这里的编程是指利用特殊手段对单片机片内 EPROM 进行写操作的过程，校验则是对刚刚写入的程序代码进行读出验证的过程。因此，单片机的编程和校验方式只有 EPROM 型器件才有，如 8751 器件。

8751 和 8051 类似，只是 8751 片内的 4KB 程序存储器是 EPROM 型的，不像 8051 那样是 ROM 型的。8751 片内 EPROM 有编程、校验和保密编程 3 种工作方式。

1．EPROM 编程

内部 EPROM 编程时，时钟频率应定在 3～6MHz 的范围内，其余各有关引脚的接法和用法如下：

- P1 口和 P2 口的 P2.0～P2.3 为 EPROM 的 12 位地址（12 条地址线）输入，P1 口为低 8 位地址；
- P2.4～P2.6 及 $\overline{\text{PSEN}}$ 应为低电平；
- P0 口为编程数据输入；
- P2.7 和 RST 应为高电平，RST 的高电平可为 2.5V，其余的都以 TTL 的高、低电平为准；
- $\overline{\text{EA}}$/VPP 端加+21V 的编程脉冲，此电压要求稳定，不能大于 21.5V，否则会损坏 EPROM。
- 在 $\overline{\text{EA}}$/VPP 出现正脉冲期间，ALE/$\overline{\text{PROG}}$ 端上加 50ms 的负脉冲，完成一次写入。

8751 的 EPROM 编程一般要用专门的单片机开发系统来进行。

2．EPROM 程序检验

在程序的保险位尚未设置时，无论在写入的当时还是写入之后，均可将片内程序存储器的内容读出进行检验。在读出时，除 P2.7 引脚保持为 TTL 低电平之外，其他引脚与写入 EPROM 的连接方式相同。要读出的程序存储器单元地址由 P1 口和 P2 口的 P2.0～P2.3 引脚送入。P2 口的其他引脚及 $\overline{\text{PSEN}}$ 保持低电平。ALE、$\overline{\text{EA}}$ 和 RST 接高电平。检验的单元内容由 P0 口送出。

在检验操作时，需在 P0 的各位外部加上 10kΩ 电阻。

3．程序存储器的保险位

8751 内部有一个保险位，亦称保密位，一旦将该位写入便建立了保险，就可禁止任何外部方法对片内程序存储器进行读/写。将保险位写入以建立保险的过程与正常写入的过程类似，仅只 P2.6 引脚要加 TTL 高电平而不是像正常写入时加低电平，而 P0 口、P1 口和 P2 口的 P2.0～P2.3 引脚的状态随意，加上编程脉冲后就可使保险位写入。保险位一旦写入，内部程序存储器便不能再被写入和读出检验，而且也不能执行外部存储器的程序。只有将 EPROM 全部擦除时，保险位才能被一起擦除，才可以再次写入。

3.4　MCS-51 单片机的时序

单片机时序就是 CPU 在执行指令时所需控制信号的时间顺序。因此，微型计算机中的

CPU 实质上就是一个复杂的同步时序电路，这个时序电路是在时钟脉冲推动下工作的。

在执行指令时，CPU 首先要到程序存储器中取出需要执行指令的指令码，然后对指令码进行译码，并由时序部件产生一系列控制信号去完成指令的执行。这些控制信号在时间上的相互关系就是 CPU 时序。

CPU 发出的时序信号有两类：一类用于片内各功能部件的控制，这类信号很多，但对于用户是没有意义的，故通常不做专门介绍；另一类用于片外存储器或 I/O 端口的控制，需要通过器件的控制引脚送到片外，这部分时序对于分析硬件电路原理至关重要，也是每个计算机工作者普遍关心的问题。

3.4.1　机器周期和指令周期

为了对 CPU 时序进行分析，首先要为它定义一种能够度量各时序信号出现时间的尺度。最常用的尺度包括时钟周期、机器周期和指令周期。

1. 时钟周期

时钟周期又称为振荡周期，由单片机片内振荡电路 OSC 产生，常定义为时钟脉冲频率的倒数，是时序中最小的时间单位。例如，若某单片机时钟频率为 1MHz，则它的时钟周期应为 1μs。因此，时钟周期的时间尺度不是绝对的，而是一个随时钟脉冲频率而变化的参量。但时钟脉冲毕竟是计算机的基本工作脉冲，它控制着计算机的工作节奏，使计算机的每一步工作都统一到它的步调上来。因此，采用时钟周期作为时序中的最小时间单位是必然的。

2. 机器周期

机器周期定义为实现特定功能所需的时间，通常由若干时钟周期构成。因此，微型计算机的机器周期常常按其功能来命名，且不同机器周期所包含的时钟周期的个数也不相同。例如，Z80 CPU 中的取指令机器周期由 4 个时钟周期构成，而存储器读写机器周期所需的时钟周期数是不固定（最少有 4 个时钟周期）的，由 $\overline{\text{WAIT}}$ 引脚上的电平决定。

MCS-51 的机器周期没有采用上述方案，它的机器周期时间是固定不变的，均由 12 个时钟周期组成，分为 6 个状态（S1～S6），每个状态又分为 P1 和 P2 两拍。因此，一个机器周期中的 12 个振荡周期可以表示为 S1P1, S1P2, S2P1, S2P2, …, S6P2。

3. 指令周期

指令周期是时序中的最大时间单位，定义为执行一条指令所需的时间。由于机器执行不同指令所需的时间不同，因此不同指令所包含的机器周期数也不相同。通常，包含一个机器周期的指令称为单周期指令，包含两个机器周期的指令称为双周期指令。

指令的运算速度与指令所包含的机器周期数有关，机器周期数越少的指令执行速度越快。MCS-51 单片机通常可以分为单周期指令、双周期指令和四周期指令 3 种。四周期指令只有乘法和除法指令两条，其余均为单周期和双周期指令。

3.4.2　MCS-51 指令的取指/执行时序

单片机执行任何一条指令时都可以分为取指令阶段和执行指令阶段。取指令阶段简称取指阶段，单片机在这个阶段里可以把程序计数器中的地址送到程序存储器，并从中取出需要执行指令的操作码和操作数。执行指令阶段可以对指令操作码进行译码，以产生一系列控制信号完成指令的执行。图 3-4-1 给出了 MCS-51 指令的取指/执行时序。

由图 3-4-1 可见，ALE 引脚上出现的信号是周期性的，每个机器周期内出现两次高电平，出现时刻为 S1P2 和 S4P2，持续时间为一个状态 S。ALE 信号每出现一次，CPU 就进行一次取指令操作，由于不同指令的字节数和机器周期数不同，因此取指令操作也随指令不同而有小的差异。

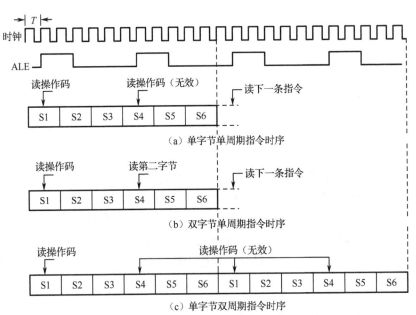

图 3-4-1   MCS-51 指令的取指/执行时序

按照指令字节数和机器周期数，MCS-51 的 111 条指令可分为 6 类，分别对应于 6 种基本时序。这 6 类指令是：单字节单周期指令、单字节双周期指令、单字节四周期指令、双字节单周期指令、双字节双周期指令和三字节双周期指令。为了弄清楚这些基本时序的特点，现将几种主要时序作一简述。

1. 单字节单周期指令时序

单字节单周期指令的指令码只有 1 字节（如 INC A 指令），存放在程序存储器 ROM 中，机器从取出指令码到完成指令的执行仅需一个机器周期，如图 3-4-1（a）所示。

图 3-4-1（a）中，机器在 ALE 第一次有效（S1P2）时从 ROM 中读出指令码，把它送到 IR，接着开始执行。在执行期间，CPU 一方面在 ALE 第二次有效（S4P2）时封锁程序计数器加"1"，使第二次读操作无效；另一方面在 S6P2 时完成指令的执行。

2. 双字节单周期指令时序

双字节单周期指令时序如图 3-4-1（b）所示，MCS-51 在执行这类指令时需要分两次从 ROM 中读出指令码。在 ALE 第一次有效时读出指令操作码，CPU 对它译码后便知道是双字节指令，故使程序计数器加"1"，并在 ALE 第二次有效时读出指令的第二字节（也使程序计数器加"1"），最后在 S6P2 时完成指令的执行。

3. 单字节双周期指令时序

单字节双周期指令时序如图 3-4-1（c）所示。这类指令执行时，CPU 在第一机器周期 S1 期间从程序存储器 ROM 中读出指令操作码，经译码后便知道是单字节双周期指令，故控制器自动封锁后面的连续三次读操作，并在第二机器周期的 S6P2 时完成指令的执行。

3.4.3　访问片外 ROM/RAM 的指令时序

MCS-51 专门有两类可以访问片外存储器的指令：一类是读片外 ROM 指令，另一类是读片外 RAM 指令。这两类指令执行时所产生的时序除涉及 ALE 引脚外，还和 $\overline{PSEN}$、P0 口、P2 口和 $\overline{RD}$ 等引脚上的信号有关。

1. 读片外 ROM 指令时序

MCS-51 执行如下指令时：

MOVC　A,@A+DPTR　　　　　　　　　;A←(A+DPTR)

首先把累加器中的地址偏移量和 DPTR 中的地址相加，然后把 16 位"和地址"作为片外 ROM 地址，并从中读出该地址单元中的数据，送到累加器。因此，累加器在指令执行前为地址偏移量，指令执行后为片外 ROM 中的读出数据。读片外 ROM 指令时序如图 3-4-2 所示。

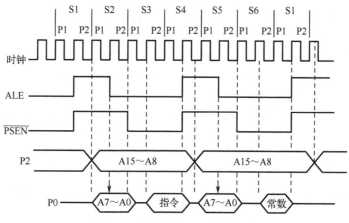

图 3-4-2　读片外 ROM 指令时序

指令的详细执行过程如下。

① 若 ALE 信号在 S1P2 有效，则 $\overline{PSEN}$ 继续保持高电平或从低电平变为高电平无效状态。

② MCS-51 在 S2P1 时，把程序计数器中高 8 位地址送到 P2 口引脚线上，把程序计数器中低 8 位地址送到 P0 口引脚线上，P0 口地址 A7～A0 在 ALE 下降沿被锁存到片外地址锁存器（如 74LS373），P2 口地址 A15～A8 一直保持到 S4P2，故 MCS-51 不必外接锁存器。

③ $\overline{PSEN}$ 在 S3 到 S4P1 期间有效，选中片外 ROM 工作，并根据 P2 口和地址锁存器（74LS373）输出地址读出 MOVC 指令的指令码，经 P0 口送到 CPU 的 IR。

④ MCS-51 对 IR 中的 MOVC 指令码译码，产生执行该指令所需的一系列控制信号。

⑤ 在 S4P2 时，CPU 先把累加器中的地址偏移量和 DPTR 中的地址相加，然后把"和地址"的高 8 位送到 P2 口并把低 8 位送到 P0 口，其中 P0 口地址由 ALE 的第二个下降沿锁存到片外地址锁存器（74LS373）。

⑥ $\overline{\text{PSEN}}$ 在 S6 到下个机器周期的 S1P1 期间第二次有效，并在 S6P2 时从片外 ROM 中读出由 P2 口和片外地址锁存器（74LS373）输出地址所对应 ROM 单元中的常数，该常数经 P0 口送到 CPU 的累加器。

上述指令执行过程表明，MOVC 指令执行时分两个阶段：第一阶段是取指阶段，即根据程序计数器中的地址到片外 ROM 中取指令码；第二阶段是执行阶段，即对累加器和 DPTR 中的 16 位地址进行运算，并按运算所得到的和地址去片外 ROM 取出所需的常数送到累加器。也就是说：MCS-51 执行"MOVC A,@A+DPTR"指令时需要两次访问片外 ROM，第 1 次访问是从中读取"MOVC A,@A+DPTR"的指令码；第 2 次访问片外 ROM 是要从中读出 A+DPTR 所指相应存储单元中的常数。

2. 读片外 RAM 指令时序

设片外 RAM 的 2000H 单元中有一数 x，且 DPTR 中已存放有该数地址 2000H，则 CPU 执行如下指令便可从片外 RAM 中取出 x 送到累加器中。

```
MOVX    A, @DPTR          ;A←x
```

读片外 RAM 指令时序如图 3-4-3 所示。

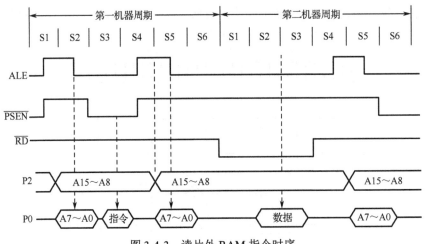

图 3-4-3 读片外 RAM 指令时序

指令的详细执行过程如下。

① ALE 在第一次有效期间，用于从片外 ROM 中读取 MOVX 指令的指令码，即程序计数器中高 8 位地址送到 P2 口，程序计数器中低 8 位地址送到 P0 口，并在 ALE 第一个下降沿将 P0 口低 8 位地址锁存于片外地址锁存器（74LS373）。

② CPU 在 $\overline{\text{PSEN}}$ 有效低电平（S3 和 S4Pl 时）作用下，把从片外 ROM 读得的指令码经 P0 口送入 IR，译码后产生一系列控制信号，控制以下各步骤的完成。

③ CPU 在 S5Pl 把 DPTR 中高 8 位地址 20H 送到 P2 口，并把低 8 位地址 00H 送到 P0 口，且 ALE 在它的第 2 个下降沿时锁存 P0 口上的地址。

④ CPU 在第二机器周期的 S1～S3 期间使 $\overline{\text{RD}}$ 有效，选中片外 RAM 工作，以读出 3000H 单元中数 x。

⑤ CPU 把外部 RAM 中读出的数 x 经 P0 口送到 CPU 的累加器中，以终止指令的执行。

上述过程表明，执行"MOVX A,@DPTR"指令也可以分为两个阶段。第一阶段是根据程序计数器中的地址读片外 ROM 中的指令码 EOH，第二阶段是根据 DPTR 中的地址读片外 RAM，并把读出的数 x 送往累加器。在读片外 RAM 时，$\overline{\text{PSEN}}$ 被封锁为高电平，$\overline{\text{RD}}$ 有效，用作片外 RAM 的选通信号。这就是说：MCS-51 执行"MOVX A,@DPTR"指令时也需要两次访问片外存储器，第一次访问的是片外 ROM，以便从中凑取"MOVX A, @DPTR"指令的指令码 EOH；第二次访问的是片外 RAM，以便从中读出由 DPTR 的地址所指片外 RAM 单元中的操作数。

3.5　MCS-51 单片机外部存储器的扩展

MCS-51 的程序存储器和数据存储器都有 64KB 寻址范围，而片内存储器容量远小于此，因此扩展外部存储器是经常会遇到的问题。另外，有时也需要扩展 I/O 端口，以便连接更多的外部设备。本节将介绍存储器的扩展，而 I/O 端口的扩展将在后续章节中详细介绍。

对 MCS-51 系统的存储器扩展，有以下几点是需要首先注意的。

（1）存储器芯片。不论是 ROM 还是 RAM，都有独立的数据线、地址线和若干条控制线，而 MCS-51 芯片没有独立的数据总线、地址总线和控制总线。它们用 P0 口送出低 8 位地址和兼作数据线，用 P2 口送出高 8 位地址。而控制线有的则是借用 P3 口的第二功能。因此，形成独立三总线的关键是：在 P0 口送出低 8 位地址时后面要加锁存器，用锁存器的输出作为存储器的低 8 位地址。而锁存器的选通信号为 ALE。MCS-51 的外部扩展如图 3-5-1 所示。

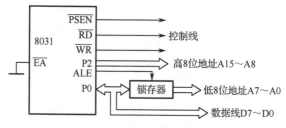

图 3-5-1　MCS-51 的外部扩展

（2）扩展片外 ROM 和 RAM 时，地址线和数据线都借用 P0 口和 P2 口。而 MCS-51 的 ROM 及 RAM 的地址范围是重叠的，都是 0000H～FFFFH。为了区分是扩展片外 ROM 还是扩展片外 RAM，只有采用不同的控制信号。在扩展片外 ROM 时，用控制信号 $\overline{\text{PSEN}}$，而在扩展片外 RAM 时，用控制信号 $\overline{\text{RD}}$ 和 $\overline{\text{WR}}$。

（3）根据存储器的读/写时序可知，在 ALE 下降沿 P0 口的地址输出是有效的。因此，在选用外部锁存器时，应注意 ALE 信号与锁存器的选通信号的配合，即应选择锁存器是高电平触发或下降沿触发，否则，还需加反相器。例如，在使用 D 锁存器 74LS373 时，就可以直接用 ALE 信号加到使能端 G，因为 74LS373 为高电位触发。若使用 D 触发器 74LS273 或 74LS377，由于是正边沿触发，因此 ALE 信号要经过一个反相器才能加到时钟输入端。

3.5.1　程序存储器的扩展

外部程序存储器现在常用 EPROM，通常用的芯片有 2716（2KB）、2732（4KB）、2764

（8KB）等，扩展时，先根据所需扩展容量选定芯片及芯片的数量，然后进行连接。

- 将单片机的 $\overline{\text{EA}}$ 引脚接地，使单片机处于使用片外 ROM 的状态。
- P0 口的 8 条线作为数据线直接接到片外 ROM 的数据线 O7～O0。
- P0 口的 8 条线也接到锁存器输入端，并用 ALE 选通锁存器，锁存器的输出再接到片外 ROM 的 A7～A0，作为低 8 位地址输入。
- 根据所选片外 ROM 的容量，选用若干条 P2 口线接到片外 ROM 的高位地址输入端。例如，2716 为 2KB，需要 11 条地址线，将 P2.2～P2.0 接到片外 ROM 的 A10～A8，作为高 3 位地址输入。
- P2 口多余的地址线，用来产生片外 ROM 的片选信号 $\overline{\text{CE}}$。产生的方法有两种，即片选法和译码法。前者是直接把多余的高位地址线（或通过反相器）连接到 $\overline{\text{CE}}$ 端。其优点是连接简单，缺点是占有地址资源多，地址重叠区多。译码法则需要专门的译码器，但可以较充分的利用地址资源，以至于扩展到整个 64KB 范围。
- 将 $\overline{\text{PSEN}}$ 信号接到片外 ROM 的输出选通端 $\overline{\text{OE}}$ 上，当 $\overline{\text{PSEN}}$ 信号有效时，就可以读出片外 ROM 的内容。

图 3-5-2 是外扩 1 片 2716 芯片的连接图，$\overline{\text{CE}}$ 信号用线选法来获得，连接到 P2.7。所以，这片 2716 芯片的基本地址范围为 0000H～07FFH（用不着的高位地址线可设为 0 状态），重叠地址范围为 0000H～07FFH，共 32KB。也就是说，只要 8031 在 P2.7 上发出低电平"0"，其余地址线无论怎样变化均可选中 2716 工作。

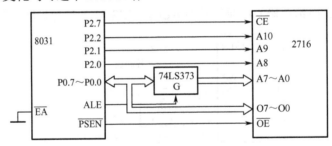

图 3-5-2　外扩 1 片 2716 芯片的连接图

需要注意的是，在扩展片外 ROM 时，片外 ROM 地址的分配应包含 0000H，因为这个地址是 8051 系列单片机的程序起始地址。

例如，将图 3-5-2 中连接到 P2.7 的地址通过一个反相器后再连接，则这片 2716 芯片的基本地址范围就变为 8000H～87FFH。从扩展片外 ROM 来说没有问题，但如果要用在 8051 系列单片机中就不正确。因为这个地址区中不包括 0000H 这个必须包括的地址。

另外，若只需扩展 1 片 ROM 芯片，设置可以连片选都不用，只要 $\overline{\text{EA}}$ 引脚已经接地，外部扩展的 ROM 就可使用。当然，必须将片外 ROM 上的片选端 $\overline{\text{CE}}$ 固定接地，使它处于可以随时使用的状态。

3.5.2　数据存储器的扩展

在扩展片外 RAM 时，其地址线和数据线的连接和扩展片外 ROM 时相同，并且两者是公用的，只是读写选通信号不同。现在应采用控制线 $\overline{\text{RD}}$ 和 $\overline{\text{WR}}$，而不是扩展片外 ROM 时的 $\overline{\text{PSEN}}$。

RAM 芯片有静态和动态之分，在一般微机控制系统中，由于容量不大，常用静态 RAM。

RAM 的输入控制，一般包括片选端 $\overline{CS}$ 和读写控制端。读写控制有双输入的，则使用单片机的 $\overline{RD}$ 和 $\overline{WR}$ 分别与片外 RAM 的两个读写输入端相接即可；有的只用一个输入作读写控制，则选用 $\overline{RD}$ 或 $\overline{WR}$ 之一与片外 RAM 的读写输入端相接即可。例如，对 2128 RAM，读写控制端为 $\overline{WE}$，当 $\overline{WE}=1$ 时，为读操作，当 $\overline{WE}=0$ 时，为写操作，则可用 $\overline{WE}$ 线与之相连即可完成读写控制。

图 3-5-3 是外扩 1 片 6116 静态 RAM 芯片的连接图。6116 芯片的容量是 2KB。片选信号 $\overline{CS}$ 用译码法产生，二-四译码器尚有 3 个输出端没有用，需要时还可以再外扩 3 片 6116 芯片，使外扩的容量达到 8KB。图 3-5-3 所示 6116 芯片的基本地址范围为 8000H～87FFH，重叠地址范围为 8000H～BFFFH。6116 芯片的 $\overline{DE}$ 为读选通端，$\overline{WE}$ 为写选通端。

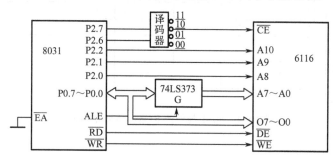

图 3-5-3　外扩 1 片 6116 静态 RAM 芯片的连接图

当 $\overline{CS}=0$，$\overline{WE}=1$，$\overline{DE}=0$ 时，为 RAM 读操作。

当 $\overline{CS}=0$，$\overline{WE}=0$，$\overline{DE}=1$ 时，为 RAM 写操作。

故用单片机的 $\overline{RD}$、$\overline{WR}$ 分别和存储器芯片的 $\overline{DE}$、$\overline{WE}$ 相连即可完成读写控制。

8051 系统对于外部 RAM 地址没有什么特别的要求，即不要求必须包含什么特别的地址，完全可以由系统设计人员来安排。一个 MCS-51 单片机系统，也可以经过适当的连接，使得外部程序存储器及数据存储器合并为一个公共的外部存储器，既存放程序也存放数据，现在有些单片机开发系统就是这样处理的。但这样连接后，寻址范围就只有 64KB，而不是 $2×64KB$ 了。

8031 与外部 ROM/RAM 的连接如图 3-5-4 所示。由图 3-5-4 可见，8031 的地址采用全译码方式，片选线 P2.7 用于控制二-四译码器工作，片选线 P2.6 和 P2.5 参加译码，且无悬空的片选线，因此存储器的所有地址对于 8031 都是唯一的，地址无重叠。地址译码器的 $\overline{Y0}$、$\overline{Y1}$ 和 $\overline{Y2}$ 输出端分别与 1#、2# 和 3# 存储器的 $\overline{CE}$ 相连，故各存储器芯片的基本地址范围为：

1# 2764	0000H～1FFFH	8KB
2# 6264	2000H～3FFFH	8KB
3# 6264	4000H～5FFFH	8KB

应当指出，由于 8031 的 $\overline{PSEN}$ 和 $\overline{RD}$ 经过低电位或门（高电位与门）后接到 2# 和 3# 存储器位置上的 $\overline{OE}$ 引脚，$\overline{WR}$ 则直接与相应的 $\overline{WE}$ 相接，因此 2# 和 3# 存储器位置上的芯片插座既可以安装 6264，也可以插上 2764。如果安装 6264，那么 6264 既可以作为 8031 的外部 RAM，也可以作为外部 ROM 来存放数据和程序。

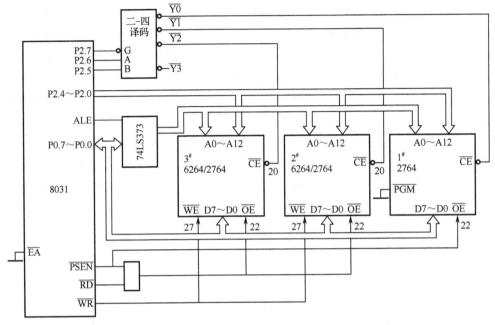

图 3-5-4　8031 与外部 ROM/RAM 的连接

本章小结

本章主要以 8051 为主线叙述 MCS-51 单片机的内部结构、引脚功能、工作方式和时序，这些对后续章节的学习是十分重要的。通过本章的学习，掌握 MCS-51 系列单片机的内部结构与外部引脚功能，了解单片机的工作方式、单片机的工作时序，掌握使用 MCS-51 单片机扩展存储器的方法。

练习题

1．MCS-51 单片机由哪几部分组成？各组成部分的作用是什么？

2．8051 单片机有多少个特殊功能寄存器？它们有什么共同特点？各完成什么主要功能？

3．决定程序执行顺序的寄存器是哪个？它是几位寄存器？它是不是特殊功能寄存器？

4．DPTR 是什么寄存器？它的作用是什么？它由哪几个特殊功能寄存器组成？

5．什么是堆栈？堆栈指针 SP 的作用是什么？8051 单片机堆栈的最大容量不能超过多少字节？

6．8051 单片机的内部数据存储器可以分为几个不同的区域？各有什么特点？

7．MCS-51 单片机寻址范围有多少？8051 最多可以配置多大容量的 ROM 和 RAM？用户可以使用的容量有多少？

8．复位方式下，程序计数器中的内容是什么？这意味着什么？

9．什么是空闲方式？怎样进入和退出空闲方式？

10．什么是掉电方式？怎样进入和退出掉电方式？

11. 什么是指令周期？什么是机器周期？什么是时钟周期？MCS-51 的一个机器周期包括多少时钟周期？

12. 根据题 19 图简述读片外 ROM 指令的执行过程。

13. 根据题 19 图简述读片外 RAM 指令的执行过程。

14. 8051 和片外 RAM/ROM 连接时，P0 口和 P2 口各用来传送什么信号？为什么 P0 口需要采用片外地址锁存器？

15. 8051 的 ALE 线的作用是什么？8051 不和片外 RAM/ROM 相连时 ALE 线上输出的脉冲频率是多少？可以作什么用？

16. 8051 的 $\overline{PSEN}$ 线的作用是什么？$\overline{RD}$ 和 $\overline{WR}$ 的作用是什么？

17. 程序存储器和数据存储器的扩展有什么相同点和不同点？试将 8031 芯片外接 1 片 2716 EPROM 芯片（2×2^{10}、$2 \times 2^{10} \times 8$）和 1 片 2128 RAM 芯片（$2^{10} \times 8$）组成一个扩展后的系统，画出连接的逻辑图。EPROM 的地址自己确定。RAM 的地址为 2000H～27FFH。

18. 试画出 8031 和 2716 的连接图，要求采用三-八译码器，8031 的 P2.5、P2.4 和 P2.3 参加译码，基本地址范围为 3000H～3FFFH。该 2716 芯片有没有重叠地址？根据是什么？若有，则写出每片 2716 芯片的重叠地址范围。

19. 下图中的 8031 与 2114（$1 \times 2^{10} \times 4$）的连接采用分级全译码方式。试问下图中 $1^{\#}$ 2114 和 $2^{\#}$ 2114 的基本地址范围分别是多少？若要装满 64KB，请问共需 2114 芯片多少片？二-四译码器多少个？

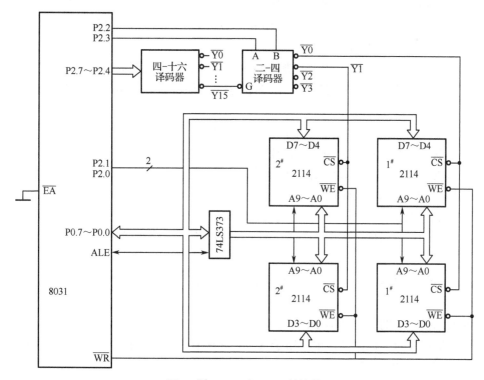

题 19 图　8031 与 2114 的连接

第4章 指令系统与程序设计

指令是让计算机完成某种操作的命令。指令的集合称为指令系统，不同系列的计算机有不同的指令系统。指令可用英文单词的缩写表示，称为助记符。本章重点介绍 MCS-51 系列单片机的指令系统，以及相应的程序设计方法。

4.1 指令的格式与寻址方式

4.1.1 指令的格式

任何一种汇编语言的指令语句都是与机器指令一一对应的，通过汇编程序将其翻译成机器指令代码（目标代码），然后让机器执行。汇编语言的指令格式如下：

标号:指令助记符　目的操作数　源操作数;注释

标号是指该指令所在地址取的名字，必须后跟冒号 ":"，标号可以省略。

（1）指令助记符是相应操作的英文缩写，它是指令语句中的关键字，不能省略。

（2）操作数是参加运算的数据，有的指令需要两个操作数，有的指令需要一个操作数，有的指令不需要操作数，根据具体的指令而异。

（3）注释用来对当前行的指令功能加以说明。详细有效的说明能够给阅读程序带来方便，尤其是修改很长时间以前编制的程序。汇编程序不对注释做任何处理，注释不影响程序的执行。

在后面的叙述中有一些约定的符号，其含义如下：

r/m 表示操作数指定的是通用寄存器或存储器；

reg 表示操作数指定的是 8 位或 16 位寄存器；

ACC 表示 AX 或 AL 累加器；

imm 表示立即数；

addrl6 表示 16 位地址，用于 LCALL 和 LJMP 指令，能调用或转移 64KB 存储器的任何地方；

addr11 表示 11 位地址，用于 ACALL 和 AJMP 指令，可在下条指令所在的 2KB 范围内调用或转移；

#data 表示指令中的 8 位立即数；

rel 表示带符号的 8 位偏移地址，用于 SJMP 和所有条件转移指令，其范围是相对于下一条指令第一字节的-127～128B；

bit 表示特殊功能寄存器的可寻址位；

direct 表示直接地址，其范围为片内 RAM 单元（00H～7FH）和 80H～0FFH 中的特殊功能寄存器。

4.1.2 寻址方式

指令的一个重要的组成部分是操作数，操作数有时表示参加运算的数据本身，有时表示存储数据的地址，地址有许多表示方式。我们可以通过相应的方式找到参加指令运算所需的数据，其中"相应的方式"也称为寻址方式。简单地说，寻找数据本身或数据所在地址的方式就是寻址方式。基本的寻址方式有六种：立即数寻址、直接寻址、寄存器寻址、寄存器间接寻址、变址寻址、基址加变址寻址。在 MCS-51 单片机中，还有一种特有的寻址方式——位寻址。

1. 立即数寻址

所需数据在指令中直接给出，这种方式叫作立即数寻址。

例 4.1

```
MOV   AX, #03FFH        ;AX←3FFH，将立即数 03FFH 送到累加器 AX 中
```

在 MCS-51 系统中，将"#"符号放在立即数前面，以表示该方式为立即数寻址方式。由于 MCS-51 系列单片机是 8 位单片机，"#"符号后一般跟 8 位立即数。例如：

```
MOV   A, #3AH          ;A←3AH，将立即数 3AH 送到累加器 A 中
```

在 MCS-51 系统中，只有一类 16 位立即数指令，即：

```
MOV   DPTR, 立即数
```

例 4.2

```
MOV   DPTR, #12ABH     ;DPTR←12ABH，将 16 位立即数 12ABH 送数据指针寄存器 DPTR 中
```

采用立即数寻址方式主要用来给寄存器或存储器赋初值。

2. 直接寻址

在指令中直接给出操作数的地址，这种寻址方式就叫作直接寻址。

例 4.3

```
MOV   A, 30H           ;A←(30H)，将 30H 单元的内容送到累加器 A
```

如果指令中没有指明段，则默认为数据段。若要对其他段的存储区进行直接寻址，必须用相应的段寄存器指明。

3. 寄存器寻址

操作数在寄存器中，这种寻址方式就是寄存器寻址。

例 4.4

```
MOV   A, R0            ;A←R0，将 R0 寄存器的内容送到累加器 A
ADD   A, R6            ;将 A＋R6 的和送到累加器 A
```

4. 寄存器间接寻址

在指令中，将某一个寄存器的内容作为操作数的地址，这种寻找操作数的方式称为寄存

器间接寻址。

例 4.5

```
MOV   A, @R0        ;A←(R0)
MOVX  A, @R1        ;A←(R1)
MOVX  A, @DPTR      ;A←(DPTR)
```

第一条指令中 R0 存储的是内部 RAM 单元的地址；第二条指令中 R1 存储的是外部 RAM 的低 256 字节单元的地址；第三条指令中 DPTR 则表示全部 64KB 的外部 RAM 单元的地址。MOVX 表示与外部 RAM 传送数据。

5. 变址寻址

变址寻址：以源变址寄存器或目的变址寄存器的内容为地址偏移量（变址），然后将变址加上基本地址才是最终的操作数地址。基本地址默认为数据段段地址，也可在指令中指明为其他段。这实际是寄存器间接寻址的一种情况。

6. 基址加变址寻址

通常把 BX 和 SP 当作基址寄存器，把 SI 和 DI 当作变址寄存器。若把一个基址寄存器（BX 或 BP）的内容加上一个变址寄存器（SI 或 DI）的内容，再加上指令中给定的偏移量（8 位或 16 位）作为操作数的地址，这种寻找操作数地址的方式称为基址加变址寻址方式。这种方式仍然需要一个段寄存器作为基本地址。以 BX 作为基址寄存器时，默认段为数据段 DS；以 BP 作为基址寄存器时，默认段为堆栈段 SS。

7. 位寻址

位寻址是 MCS-51 系统持有的寻址方式。内部数据 RAM 有两个可以按位寻址的区域。其一是 20H～2FH 16 字节中的每一位，共 128 位（对应的位地址是 00H～7FH），均可以单独作为操作数；其二是某些特殊功能寄存器。凡是单元地址能被 8 整除的那些特殊功能寄存器，都可以进行位寻址，其位地址为 80H～0FFH 中的一部分。

在 MCS-51 系统中，位地址的表示可以采用以下几种方式。

（1）直接使用 00H～0FFH 范围的某一位的位地址来表示。

（2）采用第几单元的第几位的方法，如 25H.5 表示 25H 单元的第 5 位。这种方法可以避免查表或计算，比较方便。

（3）对于特殊功能寄存器，可直接使用寄存器名加位数的表示法，如 TCON.3 及 P1.0 等。

4.2   MCS-51 的指令系统

4.2.1 数据传送类指令

1. 基本传送指令（MOV）

MOV 指令是形式最简单、用得最多的指令，它可以实现 CPU 内部数据之间的数据传送、寄存器和内存之间的数据传送，还可以把一个立即数送给 CPU 的寄存器或者内存单元。

例 4.6

```
MOV   A, @R0              ;A←(R0)
MOV   A, #20H             ;A←20H
```

使用 MOV 指令时需注意：

（1）目的操作数不允许为 CS 寄存器或立即数；

（2）除源操作数为立即数的情况外，两个操作数中必须有一个是寄存器；

（3）不允许在两个内存单元之间或者两个段寄存器之间直接传送数据；

（4）MOV 指令不影响标志寄存器中的标志位。

在 MCS-51 系统中，CPU 与外部 RAM 间传送数据时用 MOVX 指令，且只能与累加器 A 传送数据。

例 4.7

```
MOV    R1, 72H           ;将地址为 72H 的内部 RAM 单元的数据送到寄存器 R1
MOV    DPTR, #1526H      ;将 16 位立即数 1526H 送到数据指针寄存器 DPTR
MOVX   A, @DPTR          ;将外部 RAM 单元的数据传送到累加器 A
MOVX   @R1, A            ;将累加器 A 中的数据传送到外部 RAM 单元
```

例 4.8 设计一段程序把外部 RAM 的 0E8H 单元的内容传送到 0700H 单元。

```
MOV    DPTR, #0700H      ;DPTR←0700H，设置地址指针
MOV    R0, #0E8H         ;R0←0E8H，设置地址指针
MOVX   A, @R0            ;A←(R0)，取出外部数据存储器 0E8H 单元的数据
MOVX   @DPTR, A          ;(DPTR)←A，将数据传送到外部数据存储器 0700H 单元
```

2．堆栈操作指令

堆栈是以"先进后出"方式工作的一个存储区。在程序调用和中断处理过程时，分别要保存返回地址和断点地址；在进入子程序和中断处理后，还需要保留通用寄存器的值；子程序返回和中断处理返回时，则要恢复通用寄存器的值，并分别将返回地址或断点地址恢复到指令指针寄存器中。这些功能都要通过堆栈来实现，其中寄存器的保存和恢复需要由堆栈指令来完成。堆栈段的段地址存储在 SS 中。

堆栈操作指令为 PUSH 和 POP，其中 PUSH 是把字压入堆栈，POP 是把字弹出堆栈。SP（栈顶指针寄存器）的内容在任何时候都指向当前的栈顶。PUSH 和 POP 指令根据当前 SP 的内容来确定进栈或出栈的存储单元，并且自动修改 SP 的内容以使 SP 指向新的栈顶。

例 4.9

```
PUSH   DPL              ;SP←SP+1, (SP)←DPL
PUSH   PSW              ;SP←SP+1, (SP)←PSW
POP    A                ;A←(SP), SP←SP-1
POP    DPH              ;DPH←(SP), SP←SP-1
```

3．交换指令

在 MCS-51 系统中，只能和累加器 A 进行字节交换。

字节交换指令：

XCH	A, Rn	;A ⇔ Rn
XCH	A, direct	;A ⇔ direct
XCH	A, @Ri	;A ⇔ (Ri)
XCHD	A, @Ri	;A 的低 4 位与(Ri)的低 4 位交换

例 4.10

XCH	A, R4	;A ⇔ R4
XCH	A, @R1	;A ⇔ (R1)
XCHD	A, @R0	;A 的低 4 位与(R0)的低 4 位交换

4.2.2　算术运算类指令

MCS-51 系统中的算术运算类指令中若有两个操作数，则目的操作数均为累加器 A。

1．加法指令

1）普通加法指令

在 MCS-51 系统中，以下 4 类指令使得累加器 A 可以和内部 RAM 的任何单元的内容进行相加，也可以和一个 8 位立即数相加，相加结果存放在累加器 A 中。

ADD	A, Rn	;A←A + Rn
ADD	A, direct	;A←A + (direct)
ADD	A, @Ri	;A←A + (Ri)
ADD	A, #data	;A←A + data

例 4.11

ADD	A, @R0	;A←A + (R0)
ADD	A, #70H	;A←A + 70H
ADD	A, 70H	;A←A + (70H)

2）带进位加法指令

在 MCS-51 系统中，带进位加法指令的助记符为 ADDC。

ADDC	A, Rn	;A←A + Rn + Cy
ADDC	A, direct	;A←A + (direct) + Cy
ADDC	A, @Ri	;A←A + (Ri) + Cy
ADD	A, #data	;A←A + data + Cy

需要注意的是，Cy 是指令开始执行时的进位标志位，而不是相加过程中产生的进位标志。

3）加 1 指令

| NC | 操作数 | ;操作数+ 1→操作数 |

这条指令的功能是对指定的操作数加 1，然后返回此操作数，可使用该指令在循环程序中修改地址指针和循环次数等。执行结果影响（除进位标志以外的）条件标志位。

例 4.12

| INC | A | ;A←A + 1 |

```
INC   R0          ;R0←R0+1
INC   70H         ;(70H)←(70H)+1
INC   @R0         ;(R0)←(R0)+1
```

加 1 指令可以使所指定单元的内容加 1，加法按无符号二进制数进行。除 INC A 会影响奇偶标志 P 外，其余三条加 1 指令均不影响各个标志位。

```
INC   DPTR        ;DPTR←DPTR+1
```

这是 MCS-51 系统中唯一的一条 16 位算术运算指令。这条指令也不影响任何标志位。

2. 减法指令

1）借位减法指令

在 MCS-51 指令系统中，只有带借位减法指令，没有不带借位的减法指令。指令助记符为 SUBB。

例 4.13

```
SUBB   A,R7        ;A←A-R7-Cy
SUBB   A,60H       ;A←A-(60H)-Cy
SUBB   A,@R1       ;A←A-(R1)-Cy
SUBB   A,#100      ;A←A-100-Cy
```

减法指令 SUBB 是带借位减的，它要考虑前一次运算操作对 Cy 的影响，因此做多字节减法运算时，在第一次使用 SUBB 之前，要先将 Cy 清零，若要进行不带借位的减法操作，则在做减法之前也要先将 Cy 清零。方法是使用布尔操作指令：

```
CLR   C
```

对于减法操作，计算机亦是对两个操作数直接求差，并取得借位 Cy 的值。但在判断是否溢出时，则按有符号数处理，判断的规则为：

① 正数减正数或负数减负数都不可能溢出，故一定有 OV=0；

② 若为正数减负数，差值为负数（符号位为 1），则一定溢出；

③ 若为负数减正数，差值为正数（符号位为 0），则一定溢出。

此指令也会影响 AC 标志。

2）减 1 指令

```
DEC   操作数   ;操作数←操作数-1
```

这条指令的功能是对操作数减 1，然后返回此操作数。

MCS-51 系统中，减 1 指令有四类。

例 4.14

```
DEC   A           ;A←A-1
DEC   R7          ;R7←R7-1
DEC   100H        ;(100H)←(100H)-1
DEC   @R1         ;(R1)←(R1)-1
```

与加 1 指令一样，MCS-51 系统的减 1 指令不影响各个标志，唯有 DEC A 指令影响 P 标志位。

3．乘法指令

1）无符号乘法指令（MUL）

MCS-51 提供了一条 8 位乘 8 位的无符号乘法指令，产生一个 16 位的积，指令形式为：

```
MUL  AB      ;A×t3
```

本指令将累加器 A 和寄存器 B 中两个 8 位无符号数相乘，16 位积的低 8 位存于 A 中，高 8 位存于 B 中。如果乘积大于 255（0FFH），且 B 的内容不为零，则溢出标志 OV = 1，否则将溢出标志清零。进位标志 Cy 总是清零。

例 4.15　A = 50H（80），B = 0A0H（160），执行指令：

```
MUL  AB
```

得到乘积为 3300H（12800）。它的低 8 位放在 A 中，高 8 位放在 B 中，所以 B=32，A = 00H，由于乘积的高 8 位不为零，故 OV = 1，且 Cy=0。

4．除法指令

MCS-51 系统只提供了一条 8 位除 8 位的无符号数除法指令。指令的格式为：

```
DIV  AB      ; A/B
```

使用本指令时，被除数存于累加器 A，除数存于寄存器 B。相除之后，商存于累加器 A，余数存于寄存器 B，清零 Cy 和 OV 标志位（只有在除数为零时，才会置位 OV 标志）。

例 4.16　A = 0FBH（251），B = 12H（18），执行指令：

```
DIV  AB
```

结果为：A = 0DH = 13（商）；B = 11H = 17（余数）。标志 OV = 0，Cy = 0。

由于 MCS-51 系统中乘、除指令只能进行两个 8 位数的乘、除运算，如果要进行多字节的乘、除运算，必须另外编写相应的程序。

5．十进制调整指令（BCD 码调整）

前面提到的所有算术运算指令都是二进制数的运算指令，但是人们最常用的是十进制数，为了便于十进制数计算，计算机提供了一组十进制调整指令，这组指令在二进制计算的基础上，给予十进制调整，可以直接得到十进制的结果。

在 MCS-51 系统中，BCD 码加法的调整指令为：

```
DA  A
```

本指令是对累加器 A 中的 BCD 码相加结果进行调整。

本指令的操作为：若累加器 A 的低 4 位数值大于 9，或第 3 位向第 4 位有进位（AC = 1），则需将累加器 A 的低 4 位内容加 6 调整，以产生正确的低 4 位 BCD 码值。如果加 6 调整后，低 4 位产生进位，且高 4 位在进位之前均为 1，则内部加将置位 Cy。在十进制数加法中，若 Cy=1，则表示相加后的和等于或大于十进制数 100。

若累加器 A 的高 4 位数值大于 9 或 Cy = 1，则高 4 位需加 6 调整，以产生正确的高 4 位 BCD 码值。同样，加 6 调整后若产生最高进位，则置位 Cy。

由此可见，本指令是根据累加器 A 的原始数值和 PSW 的状态，对累加器 A 进行加 06H、60H、66H 的操作。

例 4.17　设累加器 A 的内容为 01010110B，即 56 的 BCD 码，寄存器 R3 的内容为 01100111B，即 67 的 BCD 码，Cy 内容为 1，执行下列指令：

```
ADDC    A, R3
DA      A
```

相加过程见下述算式：

$$
\begin{aligned}
A ={}& 01010110 \\
R3 ={}& 01100111 \\
+ Cy ={}& \underline{00000001} \\
和 ={}& 10111110 \\
调整 +{}& \underline{01100110}
\end{aligned}
$$

1　　　　00100100　　　　　　BCD：124

第一条执行带进位的二进制数加法，相加后累加器 A 的内存为 10111110B，且 Cy= 0，AC = 0，显然，累加器 A 中的高 4 位值和低 4 位值均大于 9，所以需由第二条指令执行加 66H 的调整操作，结果得到 124 的 BCD 码值。

减法调整采用类似的减 6 修正。

4.2.3　逻辑操作类指令

1. 逻辑与

指令格式: ANL　目的操作数, 源操作数　　;目的操作数←目的操作数×源操作数

这条指令的功能是对目的操作数和源操作数进行按位逻辑"与"运算。相"与"的两位全为 1，结果为 1，否则结果为 0。"与"后的结果送回目的操作数。

[例 4.18]

```
ANL   A, R5        ;A←A∧R5
ANL   A, direct    ;A←A∧(direct)
ANL   A, @R0       ;A←A∧(R0)
ANL   A, #60H      ;A←A∧60H
```

2. 逻辑或

指令格式:　ORL　目的操作数,源操作数

这条指令的功能是对指定的两个操作数进行逻辑"或"运算，即进行"或"运算的两位中任一位为 1（或两位都为 1），则"或"的结果为 1，否则为 0。"或"的结果送回目的操作数。

例 4.19

```
ORL   A, R5        ;A←A∨R5
```

```
ORL   A, direct    ;A←A∨(direct)
ORL   A, @R0       ;A←A∨(R0)
ORL   A, #60H      ;A←A∨60H
```

3. 逻辑异或

指令格式:XRL　目的操作数,源操作数

这条指令是对两个指定的操作数进行"异或"运算，即进行"异或"运算的两位不同时为1（一位为1，另一位为0），"异或"运算的结果为1，否则为0。或者说任何数与"0"异或，值不变；与"1"异或，相当于求反。"异或"运算的结果送回目的操作数。

```
XRL   A, R7        ;A←A⊕R7
XRL   A, 70H       ;A←A⊕(70H)
XRL   A, @R0       ;A←A⊕(R0)
XRL   A, #50H      ;A←A⊕50H
XRL   70H, A       ;(70H)←(70H)⊕A
XRL   70H, #80H    ;(70H)←(70H)⊕80H
```

4. 逻辑求反

在 MCS-51 指令系统中，只有累加器取反指令：

CPL A ;A←将 A 逐位取反

另外还有一条累加器清零指令：

CLR A ;A←0

执行这两条指令不影响标志位 Cy、AC、OV。

5. 移位指令

在 MCS-51 中，移位只能对累加器进行。

1）循环左移指令

RL A ;各位依次左移，并将最高位移动至最低位

执行本指令不影响标志位 Cy、AC、OV。

2）带进位循环左移指令

RLC A   ;Cy 作为最高位参与了移位

3）循环右移指令

RR A   ;各位依次右移，并将最低位移动至最高位

执行本指令不影响标志位 Cy、AC、OV。

4）带进位循环右移指令

RRC A   ;Cy 作为最高位参与了移位

4.2.4　程序控制类指令

程序控制类指令也叫作程序计数器控制指令，这类指令包括转移指令、调用和返回指令、中断指令等。它们无条件地改变程序计数器的内容。

1．转移指令

1）无条件转移指令

MCS-51 有四类无条件转移指令，分别提供了不同的转移范围和转移方式。

```
LJMP  addr16        ;PC←addr16
AJMP  addr11        ;PC←PC+2, PC10-PC0←addr11
SJMP  rel           ;PC←PC+2, PC←PC+rel
JMP   @A+DPTR       ;PC←A+DPTR
```

（1）第一类是 3 字节的长转移指令（LJMP），执行这条指令后，PC 的值就等于指令中规定的地址，即 addr16，所以用这条指令可转移到 64KB 程序存储器的任何地方。

（2）第二类称为短跳转移指令（AJMP），这是一条 2 字节指令。

该指令在执行时，先将 PC 的内容加 2，然后由加 2 后的 PC 值的高 5 位与 11 位地址 addr11 拼装成 16 位绝对地址：PC15-PC11+addr11，并将它存放入 PC 中。

11 位地址的范围为 2×2^{10}，因此可转移的范围是 2×2^{10}，转移可以向前，也可以向后，但要注意，转移到的地址必须和 PC 的内容加 2 后的地址处在同一个 2×2^{10} 区域。例如，AJMP 指令的地址为 1FFFH，加 2 后为 2001H，因此可以转移的区域为 2×××H。

（3）第三类称为短转移指令（SJMP），是一条 2 字节指令，转移的目的地址为：

目的地址=源地址+2+rel

源地址是短转移指令第一字节所在的地址，rel 是一个 8 位带符号数，因此可向前或向后转移，转移的范围为 256 个单元，即从(PC-126)→(PC+129)。其中，PC 是源地址，因为本指令给出的是相对转移地址，因此在修改程序时，只要相对地址不变，就不需要做任何修改，用起来很方便。

（4）最后一类为间接转移指令（JMP），转移的地址由 A 的内容和 DPTR 的内容之和来决定，且两者都是无符号数。这是一条极其有用的多分支选择指令，它由 DPTR 决定多分支转移程序的首地址，由 A 的不同值实现多分支转移。

2）条件转移指令

在 MCS-51 指令系统中，有以下条件转移指令。

（1）累加器判零条件转移指令。

```
JZ   rel    ;若 A 全 0，则转移，PC←PC+2+rel
            若 A 不是全 0，则执行下一条指令，PC←PC+2
JNZ  rel    ;若 A 不是全 0，则转移，PC←PC+2+rel
            若 A 全 0，则执行下一条指令，PC←PC+2
```

这是一组以累加器的内容是否为零作为条件的转移指令，在 MCS-51 的标志中没有零标志，因此这组指令不是以标志作为条件的，只要前面的指令能使累加器的内容为零或非零，就可以使用本组指令。

（2）比较条件转移指令。

这组指令是先对两个指定的操作数进行比较，然后根据比较的结果来决定是否转移到目的地址，若两个操作数相等，则不转移；若两个操作数不相等，则转移。值得注意的是，这种比较还影响 Cy 标志：若目的操作数大于源操作数，则清除 Cy；若目的操作数小于源操作数，则将 Cy 置位。因此，如果再选用以 Cy 作为条件的转移指令，就可以实现进一步的分支转移。

比较条件转移指令共有四条，它们之间除操作数的寻址方式不同外，指令的操作都是相同的，而且它们都为 3 字节指令。

CJNE　A, #data, rel	;累加器内容与立即数不等就转移
CJNE　A, direct, rel	;累加器内容与内部 RAM（包括特殊功能寄存器）内容不等就转移
CJNE　Rn, #data, rel	;工作寄存器内容与立即数不等就转移
CJNE　@Ri, #dala, rel	;内部 RAM 单元内容与立即数不等就转移

以上四条指令都执行以下操作：

若目的操作数=源操作数，则 PC←PC+3；

若目的操作数>源操作数，则 Cy←0，PC←PC+3+rel；

若目的操作数<源操作数，则 Cy←1，PC←PC+3+rel。

（3）减 1 条件转移指令。

在 MCS-51 系统中，加 1 或减 1 指令都不影响标志，然而有一组把减 1 功能和条件转移结合在一起的减 1 条件转移指令，这组指令共两条：

DJNZ　Rn, rel	;Rn←Rn−1，若 Rn≠0，则 PC←PC + 2 + rel
DJNZ　direct, rel	;(direct)←(direct)−1，若(direct)≠0，则 PC←PC+3+rel

这组指令的操作是先将操作数减 1，并保存结果。若减 1 后操作数不为零，则转移到规定的地址单元；若操作数减 1 后为零，则继续向下执行。前者是工作寄存器减 1 条件转移指令，为 2 字节指令；后者是直接地址单元内容减 1 条件转移指令，为 3 字节指令。

2．调用和返回指令

1）调用指令

在 MCS-51 系统中，子程序调用指令有两条：

（1）短调用指令。

ACALL　addr11

执行的操作：

(PC)+2

SP ← SP+1, (SP) ← PC7-PC0

SP ← SP+1, (SP) ← PC15-PC8

PC10-PC0 ← addr11

PC15-PC11 保持不变

（2）长调用指令。

```
LCALL   addr16
```

执行的操作：

PC ← PC + 3

SP ← SP+1, (SP)← PC7-PC0

SP ← SP+1, (SP)← PC15-PC8

PC ← addr16

短调用指令的转移范围与 AJMP 指令的转移范围相同；长调用指令的转移范围与 LJMP 指令的转移范围相同。

2）返回指令（RET）

例 4.20　在 MCS-51 系统中根据累加器命令键值，设计命令键操作程序入口跳转表。

程序如下：

```
        CLR   C              ;清零进位
        RLC   A              ;键值乘2
        MOV   DPTR, #JPTAB    ;指向命令键跳转表首
        JMP   @A+DPTR         ;跳转入命令键入口
JPTAB:  AJMP  CCS0
        AJMP  CCS1
        AJMP  CCS0
        ...
```

从程序中可以看出，当 A = 00H 时，跳转到 CCS0；当 A = 01H 时，跳转到 CCS1。由于 AJMP 指令是 2 字节指令，因此在跳转前 A 中的键值应先乘 2。程序中还应先借用布尔变量操作指令 CLR　C。

4.2.5　布尔位操作指令

MCS-51 系统在硬件上有一个布尔处理器。它实际上是一个 1 位处理器，有自己的累加器（借用进位标志 Cy）、存储器（位寻址区中的各位），以及完成位操作的运算器等。布尔处理器设有 17 条按位处理指令。

由于 MCS-51 系统中的布尔处理子系统，程序设计变得更加方便和灵活。例如，在许多情况下可以避免不必要的大范围的数据传送、屏蔽字节、测试和转移，提供了最佳的代码和速度。利用位逻辑运算指令可以实现对各种组合逻辑电路的模拟，即用软件的方法来获得组合电路的逻辑功能。

1. 位传送指令

```
MOV   C, bit          ;C ←(bit)
MOV   bit, C          ;(bit)← C
```

在指令中，Cy 直接用 C 表示。如果要进行两个可寻址位之间的位传送，则要通过 Cy 作为中介才能实现。

例 4.21

MOV	C, 60H	;C ←(60H)，位地址为 60H 的二进制位送 Cy
MOV	52H, C	;(52H)← C

2. 位清零及位置位指令

CLR	bit	;将指定位清零
SETB	bit	;将指定位置 1

例 4.22

CLR	C	;C ← 0
CLR	P1.0	;将 P1 的第 0 位清零
SETB	C	;C ← 1
SETB	P1.1	;将 P1 的第 1 位置 1

3. 位运算指令

位运算是逻辑运算，有与、或、非三种。与、或运算时，以 Cy 为目的操作数。

ANL	C, P1.0	;C ← C×P1.0
ANL	C, /OV	;C ← 将 OV 的内容取反后和 C 相与
ORL	C, P1.1	;C ← C+P1.1
ORL	C, /ACC.7	;C ← 将 ACC.7 的内容取反后和 C 相或
CPL	C	;将 C 的内容取反
CPL	P2.1	;将 P2.1 的内容取反

指令中的"/"表示将其后位单元内容取反后（不改变原内容）再进行逻辑操作。

4. 位控制转移指令

位控制转移指令都是条件转移指令。

1）以 Cy 内容为条件的转移指令

JC	rel	;若 C = 1，则 PC = PC + 2 + rel
JNC	rel	;若 C = 0，则 PC = PC + 2 + rel

这两条指令均为 2 字节指令。

2）以位地址内容为条件的转移指令

JB	bit, rel	;若 bit = 1，则 PC←PC + 3 + rel
		若 bit = 0，则 PC←PC + 3
JNB	bit, rel	;若 bit = 0，则 PC←PC + 3 + rel
		若 bit = 1，则 PC←PC + 3
JBC	bit, rel	;若 bit = 1，则 PC←PC + 3 + rel，bit←0
		若 bit = 0，则 PC←PC + 3

以上三条指令均为 3 字节指令。

需要注意的是，JBC 指令在执行转移操作后还会将被检测位清零。

4.3　MCS-51 的伪指令

由汇编语言编写的源程序要经过汇编程序汇编生成目标文件（.OBJ 文件），再经过链接生成可执行文件（.EXE 文件），才能运行程序。汇编语言程序的语句除指令外还有专供汇编的伪指令和宏指令。伪指令不是在程序运行期间由计算机来执行的，它是在汇编程序对源程序汇编期间由汇编程序处理的操作，可以完成数据定义、分配存储区、指示程序结束等功能。

MCS-51 的伪指令在形式上与指令相似，但它并不立即被翻译成机器代码，对汇编程序来说仅是一种命令，以便在汇编时产生必要的控制信息，从而执行一些特殊操作。例如，为主程序或子程序指定一个起始地址或一个存储区域，把一些表格或数据存入存储区等，在 MCS-51 指令系统中常用的伪指令有 8 条，现介绍如下。

1）ORG（起始汇编）伪指令

ORG 伪指令称为起始汇编伪指令，常用于汇编语言源程序或数据块开头，用来指示汇编程序对源程序开始进行汇编。其格式为：

[标号:] ORG　16 位地址或标号

在上述格式中，标号段为任选项，通常省略。在机器汇编时，当汇编程序检测到该语句时，它就把该语句下一条指令或数据的首字节按 ORG 后面的 16 位地址或标号存入相应存储单元，其他字节和后续指令字节（或数据）便连续存放在后面的存储单元。例如，在如下程序中：

```
        ORG   2000H
START:  MOV A, #64H
        ...
        END
```

ORG 伪指令规定了 START 为 2000H，第一条伪指令及其后续指令汇编后的机器码便从 2000H 开始依次存放。因此，ORG 伪指令可以为其后的程序在 64KB 程序存储器中定位。

2）END（结束汇编）伪指令

END 伪指令称为结束汇编伪指令，常用于汇编语言源程序末尾，用来指示汇编语言源程序到此全部结束。其格式为：

[标号:] END

在上述格式中，标号段通常省略。在机器汇编时，当汇编程序检测到该语句时，它就确认汇编语言源程序已经结束，对 END 后面的指令都不予汇编。因此，一个汇编语言源程序只能有一个 END 语句，而且必须放在整个程序的末尾。

3）EQU（赋值）伪指令

EQU 称为赋值（Equate）伪指令，用于给它左边的"字符名称"赋值。EQU 伪指令格式为：

字符名称　　EQU　　数据或者汇编符

在机器汇编时，EQU 伪指令被汇编程序识别后，汇编程序自动把 EQU 右边的数据或汇编符赋给左边的字符名称。这里，字符名称不是标号，故它和 EQU 之间不能用冒号 ":" 来作分界符。一旦字符名称被赋值，它就可以在程序中作为一个数据或地址来使用。因此字符名称所赋的值可以是一个 8 位二进制数或地址，也可以是一个 16 位二进制数或地址。例如，如下程序中的语句都是合法的。

```
            ORG    5000H
AA          EQU    R1
A10         EQU    10H
DELAY       EQU    07E6H
            MOV    R0, A10
            MOV    A, AA
            …
            LCALL  DELAY
            …
            END
```

其中，AA 赋值后当作寄存器 R1 来使用，A10 为 8 位直接地址，DELAY 被赋值为 16 位地址 07E6H。

EQU 伪指令中的字符名称必须先赋值后使用，故该语句通常放在源程序的开头。在有些 MCS-51 汇编程序中，EQU 定义的字符名称不能在表达式中运算。例如，如下语句是错误的：

```
MOV    A, A10+1
```

4）DATA（数据地址赋值）伪指令

DATA 伪指令称为数据地址赋值伪指令，也用来给它左侧的 "字符名称" 赋值。它的格式为：

字符名称　　DATA　　表达式

DATA 伪指令一般用来定义程序中所用的 8 位或 16 位数据或地址，但也有些汇编程序只允许 DATA 语句定义 8 位的数据或地址，16 位地址需用 XDATA 伪指令加以定义。例如：

```
            ORG     0200H
 AA         DATA    35H
DELAY       XDATA   0A7E6H
            MOV     A, AA
            …
            LCALL   DELAY
            …
            END
```

在程序中，DATA 语句可以放在程序的其他位置，EQU 则没有这种灵活性。

5）DB 伪指令

DB（Define Byte）伪指令称为定义字节伪指令，可用来为汇编程序在内存的某个区域中定义一个或一串字节，格式为：

[标号:] DB　表达式或字符串

其功能是将表达式或字符串以字节形式存放在以本语句标号为首址的存储单元中。例如：

ORG　2000H
DATA: DB　10, 88, 40

源程序的这两条伪指令经过汇编后，内存单元 2000H、2001H、2002H 的内容分别为 10、88、40。

6) DW 伪指令

DW（Define Word）伪指令称为定义字伪指令，用来为汇编程序在内存的某个区域中定义一个或一串字，格式为：

[标号:] DW　表达式或字符串

DW 的作用与 DB 基本相同，不同之处是 DW 的表达式计算出的是 16 位字长的值，它的低 8 位存储在标号指示的地址单元中，高 8 位存储在标号加 1 的地址单元中，如果操作数段中有多个项目，则各项用逗号分开，而每个项的 16 位字长，其低 8 位和高 8 位存储地址依上述顺序排列。

例如：

```
          ORG   1500H
START:    MOV   A, #20H
          …
          ORG   1520H
HETAB:    DW    1234H, 8AH, 10
          END
```

上述程序汇编后，结果为：

(1520H)= 12H　　　　(1523H)= 8AH
(1521H)= 34H　　　　(1524H)= 00H
(1522H)= 00H　　　　(1525H)= 0AH

7) DS 伪指令

DS（Define Storage）伪指令称为定义存储空间伪指令，格式为：

[标号:]　DS 表达式

DS 语句可以指示汇编程序从它的标号地址（或实际物理地址）开始预留一定数量的内存单元，以备源程序执行过程中使用。这个预留单元的数量由 DS 语句中表达式的值决定。例如：

```
          ORG   0400H
START:    MOV   A, #32H
          …
SPC:      DS    08H
```

```
        DB    25H
        END
```

汇编程序对上述源程序汇编时，遇到 DS 语句会自动从 SPC 地址开始预留 8 个连续的内存单元，在第 9 个存储单元（SPC＋8）存放 25H。

8）BIT 伪指令

BIT（位地址赋值）伪指令称为位地址赋值伪指令，用于给以符号形式的位地址赋值，格式为：

```
字符名称    BIT    位地址
```

BIT 语句的功能是把 BIT 右边的位地址赋给它左边的"字符名称"。因此，BIT 语句定义过的字符名称是一个符号位地址。例如：

```
        ORG    0300H
A1      BIT    00H
A2      BIT    P1.0
        MOV    C, A1
        MOV    A2, C
        …
        END
```

显然，A1 和 A2 经 BIT 语句定义后作为位地址使用，其中 A1 的物理位地址是 00H，A2 的物理位地址是 90H。

4.4　汇编语言程序设计步骤与结构

4.4.1　程序设计步骤

程序是为解决某个问题由指令或语句构成的有序集合。使用某种计算机语言或指令系统编写解决某一问题的程序的过程称为程序设计。汇编语言程序设计是用计算机的指令系统的指令助记符和伪指令编写解决某一问题的程序的过程。

汇编语言程序的设计有以下几个步骤：建立模型、确定算法、编制流程、分配内存、编写程序和上机调试。

1）分析问题、建立解决问题的数学模型

根据题目给出的已知条件、原始数据和要求，在分析问题内在联系和规律的基础上归纳得出数学模型。数学模型是问题的抽象和概括，它放弃了一些次要因素，抓住了问题的核心，使问题更加清晰和易于解决。有了数学模型许多现成的算法可以直接使用。

2）确定解决问题的算法

解决问题的具体步骤就是算法。有了数学模型之后，就可以根据问题的要求，确定解决问题的基本步骤，以及使用哪些基本指令解决问题。

3）画出程序流程图

流程图是编写程序的重要步骤，它以图形的方式表达程序设计的思路和解决问题的先后顺序。流程图如同一篇文章的提纲，提纲越准确，文章越容易写。通过对流程图的逐步细化和求精，有利于程序的编写。

4）分配内存工作单元和寄存器

程序中的代码、数据和堆栈放在内存的什么位置；原始数据、中间及最终结果放入寄存器还是内存；若放在内存需要占用多大的存储空间等，都需要在编程之前加以规划，以避免发生冲突并提高资源的使用效率。

5）编写程序

有了以上的准备之后，就可以编写程序了。程序的编写就是用具体的语句实现流程图所指示的功能。要求编写的程序要清晰易读，选用的指令尽量少，执行速度快。

6）上机调试

程序编写完后，输入计算机进行汇编、链接和调试。在这个过程中检查结果，调整顺序，修改错误，直到获得满意的结果。

4.4.2　程序流程图

流程图是由逻辑框、判断框和流程线等一些基本图形组成的，如图 4-4-1 所示。

（1）起始框和终止框：表示程序段的起始和终止。

（2）执行框：表示某一段程序或某一模块，框内标有程序或模块应实现的功能。它只能有一个入口和一个出口。

（3）判断框：表示分支判断，用菱形框表示，框内写有判断的条件，它有一个入口，两个出口分别表示条件成立或不成立时的出口。

（4）流程线：它是一些带箭头的线段，表示程序进行的顺序。

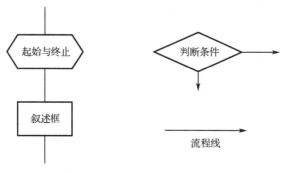

图 4-4-1　流程图的基本图形

4.4.3　程序的基本结构

程序的基本结构有三种：顺序程序结构、分支（选择）程序结构和循环（重复）程序结构。

顺序程序结构就是各种非转移类指令的顺序摆放，其摆放顺序为执行顺序。

分支程序结构是指包含条件转移或无条件跳转指令的程序，又可分为单分支程序、双分支程序和多分支程序。

循环程序结构是指包含循环执行某一段指令序列的程序，又可分为当循环（先判断后执行）和直到循环（先执行后判断）。

另外，还有子程序调用，包含自定义过程的调用（CALL）和中断调用（INT）。当然，这其中会涉及子程序的设计，其结构参看"子程序设计"一节。

4.5　顺序程序设计

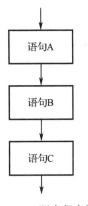

图 4-5-1　顺序程序结构流程图

没有分支、循环等转移指令的程序会按指令书写的前后顺利依次执行，这就是顺序程序。顺序程序结构是最基本的程序结构。完全采用顺序程序结构编写的程序并不多见，这类程序往往用于解决一些简单的算术逻辑运算，不需要进行任何判断，所用的指令主要是传送类、运算类和移位类指令，顺序程序结构是程序结构中最简单的一种。顺序程序结构流程图如图 4-5-1 所示。

例 4.23　请编写能把 20H 单元内两个 BCD 数变换成相应的 ASCII 码并放在 21H（高位 BCD 数的 ASCII 码）和 22H（低位 BCD 数的 ASCII 码）单元的程序。

解：根据 ASCII 字符表，0～9 的 BCD 数和它们的 ASCII 码值相差 30H，因此，本题仅需把 20H 单元中的两个 BCD 数拆开，分别与 30H 相加即可。

相应程序如下：

```
ORG    0500H
MOV    R0, #22H        ;R0←22H
MOV    @R0, #00H       ;将 22H 单元清零
MOV    A, 20H          ;将 20H 单元中的 BCD 数送至 A
XCHD   A, @R0          ;将低位 BCD 数送至 22H
ORL    22H, #30H       ;完成低位 BCD 数转换
SWAP   A               ;将高位 BCD 数送至低 4 位
ORL    A, #30H         ;完成高位 BCD 数转换
MOV    21H, A          ;存入 21H 单元
SJMP   $               ;结束
END
```

例 4.24　已知一个补码形式的 16 位二进制数（低 8 位在 NUM 单元，高 8 位在 NUM+1 单元），试编写能求该 16 位二进制数原码的绝对值的程序。

解：先对 NUM 单元中的低 8 位取反加 1，再把由此产生的进位位加到 NUM+1 单元内容的反码上，最后去掉它的最高位（符号位）。

相应程序如下：

```
ORG       0300H
```

```
NUM      DATA    20H
         MOV    R0, #NUM              ;R0←NUM
         MOV    A, @R0                ;将低 8 位送至 A
         CPL    A
         ADD    A, #01H               ;将 A 中内容取补，进位位留 Cy
         MOV    R0, A                 ;存数
         INC    R0
         MOV    A, @R0                ;将高 8 位送至 A
         CPL    A                     ;将高 8 位取反
         ADDC   A, #00H               ;加进位位
         ANL    A, #7FH               ;去掉符号位
         MOV    @R0, A                ;存数
         SJMP   $                     ;结束
         END
```

例 4.25　已知 20H 单元中有一个二进制数，请编程把它转换为 3 位 BCD 数，把百位 BCD 数送入 FIRST 单元的低 4 位，十位和个位 BCD 数送入 SECOND 单元，十位 BCD 数在 SECOND 单元的高 4 位。

解： 实现这类转换的方法有很多。MCS-51 单片机有除法指令，因此本题的求解变得十分容易。只要将 20H 单元中的内容除以 100（64H），得到的商就是百位 BCD 数，然后把余数除 10（0AH）就可以得到十位和个位 BCD 数。

相应程序为：

```
         ORG     0200H
FIRST    DATA    30H
SECOND   DATA    31H
         MOV    A, 20H                ;将被除数送入 A
         MOV    B, #64H               ;将除数 100 送入 B
         DIV    AB                    ;A÷B=A…B
         MOV    FIRST, A              ;将百位 BCD 数送入 FIRST 单元
         MOV    A, B                  ;将余数送入 A
         MOV    B, #0AH               ;将除数 10 送入 B
         DIV    AB                    ;A÷B=A…B
         SWAP   A                     ;将十位 BCD 数送入 A 的高 4 位
         ORL    A, B                  ;完成十位和个位 BCD 数装配
         MOV    SECOND, A             ;存入 SECOND 单元
         SJMP   $                     ;结束
         END
```

4.6　分支程序设计

分支程序的特点是程序中含有转移指令，转移指令包括无条件转移指令和条件转移指令。分支程序又可分为单分支程序、双分支程序和多分支程序。单分支程序和双分支程序比较简单，其流程图分别如图 4-6-1 和图 4-6-2 所示。多分支程序相对复杂，其流程图如图 4-6-3 所示。

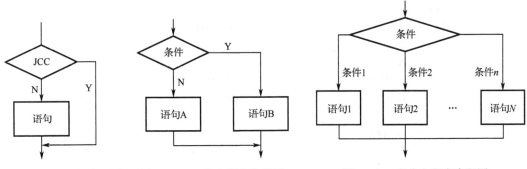

图 4-6-1　单分支程序流程图　　图 4-6-2　双分支程序流程图　　图 4-6-3　多分支程序流程图

下面是一些分支程序设计的例子。

例 4.26　已知 VAR 单元内有一个自变量 X，请按照如下条件编出求函数值 Y 并将它存入 FUNC 单元的程序。

$$Y = \begin{cases} 1 & X>0 \\ 0 & X=0 \\ -1 & X<0 \end{cases}$$

解： 这是一个三分支归一的条件转移问题，通常有"先分支后赋值"和"先赋值后分支"两种方法。

方法一：先分支后赋值。

自变量 X 是带符号数，故可以采用条件转移指令来做，程序流程图如图 4-6-4（a）所示。相应程序为：

```
            ORG    0100H
VAR         DATA   30H
FUNC        DATA   31H
            MOV    A, VAR          ;A←X
            JZ     DONE            ;若 X 为 0，则转 DONE
            JNB    ACC.7, POSI     ;若 X 大于 0，则转 POSI
            MOV    A, #0FFH        ;若 X 小于 0，则 A←−1
            SJMP   DONE            ;转 DONE
POSI:       MOV    A, #01H         ;A←1
DONE:       MOV    FUNC, A         ;存 Y 值
            SJMP   $
            END
```

方法二：先赋值后分支。

先把 X 调入累加器 A，并判断是否为 0：如果是 0，则将 A 的内容送入 FUNC 单元；如果不为 0，则先给 R0 赋值（如−1），然后判断 A 是大于 0 还是小于 0，若 A 小于 0，则将 R0 的内容送入 FUNC 单元；若大于 0，则将 R0 的内容修改为 1 后送入 FUNC 单元，流程图如图 4-6-4（b）所示。

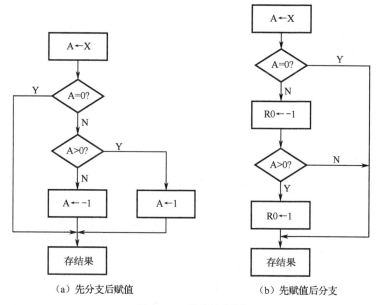

（a）先分支后赋值　　　　　　　（b）先赋值后分支

图 4-6-4　程序流程图

相应程序为：

	OGR	0100H	
VAR	DATA	30H	
FUNC	DATA	31H	
	MOV	A, VAR	;A←X
	JZ	DONE	;若 X 为 0，则转 DONE
	MOV	R0, #0FFH	;若 X 不为 0，则 R0←-1
	JNB	ACC.7, NEG	;若 X 小于 0，则转 NEG
	MOV	R0, #01H	;若 X 大于 0，则 R0←1
POSI:	MOV	A, R0H	;A←R0
DONE:	MOV	FUNC, A	;存 Y 值
	SJMP	$	
	END		

例 4.27　*N*=128 的分支程序。已知 R3 的值为 00H～7FH 中的一个，请编出将 R3 的值转移到相应分支程序的程序。

解：先在外部 ROM 内安排一张起始地址为 BRTAB 的绝对转移指令表，要求 BRTAB 的低 8 位地址为 00H，表中连续存放 128 条 2 字节绝对转移指令的指令码，其中操作码字节在偶地址单元，且地址偏移量正好是 R3 中相应值的两倍。每条绝对转移指令的目标转移地址 ROUT*mn* 是第 *mn* 分支程序的入口地址。

相应程序为：

ORG	2100H	
MOV	A, R3	;将 R3 中的值送入 A
RL	A	;A←2×A
MOV	DPTR, #BRTAB	;将绝对转移指令表起始地址送入 DPTR
JMP	@A+DPTR	;PC←A+DPTR

```
              ...
BRTAB:        AJMP  ROUT00
              AJMP  ROUT01
              AJMP  ROUT02
              ...
ROUT00:       ...
              ...
ROUT127:      ...
              END
```

例 4.28 已知两个带符号数分别存放于 ONE 单元和 TWO 单元，比较它们的大小，并将大数存于 MAX 单元。

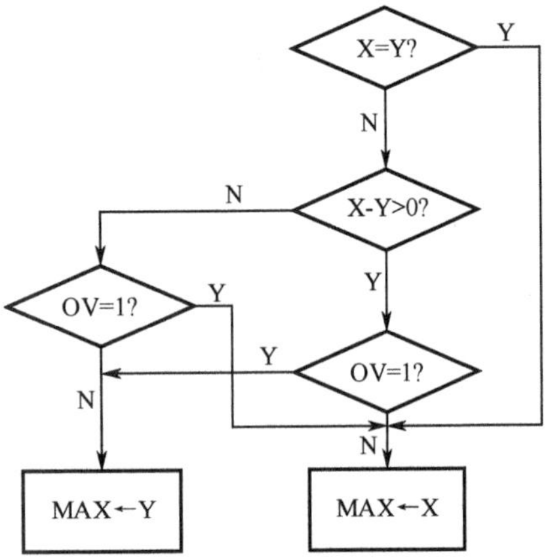

解： 判断两个带符号数大小的方法有很多，这里介绍通过溢出标志位 OV 的状态来判断两个带符号数大小的方法。

算法：

若 X-Y 为正数，则当 OV = 0 时，X > Y，当 OV = 1 时，X < Y。

若 X-Y 为负数，则当 OV = 1 时，X > Y，当 OV = 0 时，X < Y。

这一算法是可以证明的，只要分 4 种情况设定 X 和 Y 的值即可，程序流程图如图 4-6-5 所示。

相应程序为：

图 4-6-5　程序流程图

```
          ORG    0400H
ONE       DATA   30H
TWO       DATA   31H
MAX       DATA   32H
          CLR    C              ;Cy 清零
          MOV    A, ONE         ;将 X 送入 A
          SUBB   A, TWO         ;X-Y，形成 OV 标志
          JZ     DONE           ;若 X = Y，则转 DONE
          JB     ACC.7, NEG     ;若 X-Y 为负，则转 NEG
          JB     OV, YMAX       ;若 OV = 1，则执行 YMAX
          SJMP   XMAX           ;若 OV = 0，则执行 XMAX
NEG:      JB     OV, XMAX       ;若 OV = 1，则执行 XMAX
YMAX:     MOV    A, TWO         ;Y > X
          SJMP   DONE           ;转 DONE
XMAX:     MOV    A, ONE         ;X > Y
DONE:     MOV    MAX, A         ;将大数送入 MAX 单元
          SJMP   $
          END
```

例 4.29 某系有 200 名学生参加外语考试，若成绩已经存放在外部 RAM 起始地址为 ENGLISH 的连续存储单元，现决定给成绩在 95～100 的同学发放 A 类合格证书，给成绩在 90～94 的同学发放 B 类合格证书。要求编程统计获得 A 类证书和 B 类证书的学生人数，统计

结果存入内部 RAM 的 GRADA 单元和 GRADB 单元。

　　解：这是一个循环和分支结合的程序，流程图如图 4-6-6 所示。

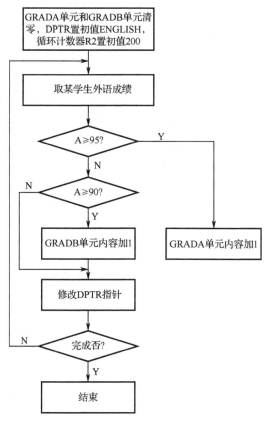

图 4-6-6　程序流程图

相应程序为：

```
                ORG    0600H
ENGLISH         XDATA  1000H
GRADA           DATA   20H
GRADB           DATA   21H
                MOV    GRADA, #00H           ;GRADA 单元清零
                MOV    GRADB, #00H           ;GRADB 单元清零
                MOV    R2, #0C8H             ;将参数总人数送 R2
                MOV    DPTR, #ENGLISH        ;将学生成绩起始地址送入 DPTR
LOOP:           MOVX   A, DPTR               ;取学生成绩到 A
                CJNE   A, #5FH, LOOP1        ;与 95 做比较，形成 Cy
LOOP1:          JNC    NEXT1                 ;若不小于 95，则执行 NEXT1
                CJNE   A, #5AH, LOOP2        ;与 90 做比较
LOOP2:          JC     NEXT                  ;若小于 90，则执行 NEXT
                INC    GRADB                 ;若为 B 类，则 GRADB 单元内容加 1
                SJMP   NEXT
NEXT1:          INC    GRADA                 ;若 A 不小于 95，则 GRADA 单元内容加 1
NEXT:           INC    DPTR                  ;修改学生成绩指针
```

```
        DJNZ   R2, LOOP                    ;若未完，则转 LOOP
        SJMP   $                           ;结束
        END
```

4.7　循环程序设计

　　循环程序设计在已知循环次数或最多循环次数的情况下来实现编程，否则一般采用条件转移指令实现循环。一个循环程序结构框架一般由 4 个部分构成：循环初值设置、循环操作、循环参数改变和循环条件控制，最主要是要找准循环操作，第一次进行循环操作前的状态为循环初值，下次操作时参数如何变化为参数改变，什么情况下结束循环为循环条件控制。汇编编程主要采用直到循环，特点是先执行后判断，直到循环程序结构的框架如图 4-7-1 所示，直到循环次数至少为 1 次，所以也叫作非零次循环。有时也使用当循环程序结构，其特点是先判断后执行，循环次数可能为零次的只能使用当循环程序结构，如图 4-7-2 所示，所以当循环有时也叫作零次循环。

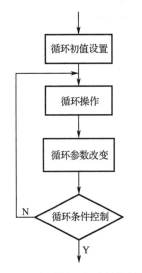

图 4-7-1　直到循环程序结构的框架

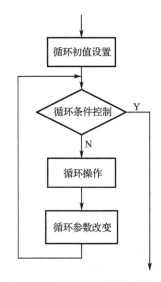

图 4-7-2　当循环程序结构的框架

　　例 4.30　已知内部 RAM 的 BLOCK 单元开始有一无符号数据块，块长在 LEN 单元。请编写求数据块中各数累加和并存入 SUM 单元的程序。

　　解：为了使读者对两种循环结构有一个全面了解，以便进行分析比较，现给出两种设计方案。

　　（1）采用当循环编程，流程图如图 4-7-3（a）所示。

　　参考程序为：

```
                ORG    0200H
        LEN     DATA   20H
        SUM     DATA   21H
        BLOCK   DATA   22H
                CLR    A                   ;A 清零
                MOV    R2, LEN             ;将块长送入 R2
```

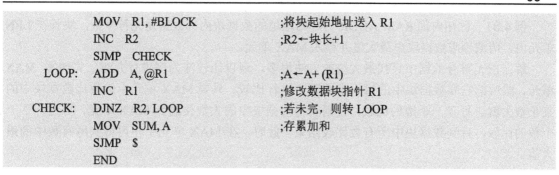

```
          MOV   R1, #BLOCK        ;将块起始地址送入 R1
          INC   R2                ;R2←块长+1
          SJMP  CHECK
   LOOP:  ADD   A, @R1            ;A←A+(R1)
          INC   R1                ;修改数据块指针 R1
   CHECK: DJNZ  R2, LOOP          ;若未完, 则转 LOOP
          MOV   SUM, A            ;存累加和
          SJMP  $
          END
```

（2）采用直到循环编程，流程图如图 4-7-3（b）所示。

参考程序为：

```
          ORG    0200H
   LEN    DATA  20H
   SUM    DATA  21H
   BLOCK  DATA  22H
          CLR    A                ;A 清零
          MOV   R2, LEN           ;将块长送入 R2
          MOV   R1, #BLOCK        ;将块起始地址送入 R1
   NEXT   ADD   A, @R1            ;A←A+(R1)
          INC   R1                ;修改数据块指针 R1
          DJNZ  R2, NEXT          ;若未完, 则转 NEXT
          MOV   SUM, A            ;存累加和
          SJMP  $
          END
```

应当注意的是，上述两个程序是有区别的。当块长不为 0 时，两个程序的执行结果相同；当块长为 0 时，采用直到循环程序的执行结果是错误的。也就是说，直到循环程序至少执行一次循环体内的程序。

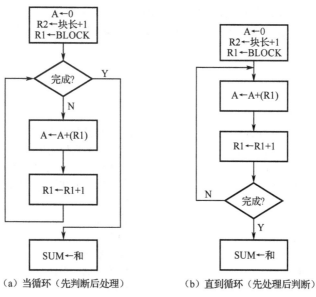

（a）当循环（先判断后处理）　　　　（b）直到循环（先处理后判断）

图 4-7-3　程序流程图

例 4.31　已知内部 RAM ADDR 为起始地址的数据块内部数据是无符号数，块长在 LEN 单元内。请编程求数据块中最大值并存入 MAX 单元。

解： 在无符号数据中寻找最大值的方法很多，现以比较法为例进行介绍。先清零 MAX 单元，然后把它和数据块中的每一个数逐一进行比较，只要 MAX 单元中的数比数据块中的某个数大就进行下一个数的比较，否则就将数据块中的大数传送到 MAX 单元，再进行下一个数的比较，直到数据块中所有数比较结束。此时，在 MAX 单元中便可得到所有数中的最大值。

相应程序为：

```
        ORG     0300H
LEN     DATA  20H
MAX     DATA  22H
ADDR    DATA  23H
        MOV   MAX, #00H           ;MAX 单元清零
        MOV   R0, ADDR            ;将 ADDR 送入 R0
  LOOP: MOV   A, @R0              ;将数据块中的某数送入 A
        CJNE  A, MAX, NEXT1       ;A 和(MAX)比较
NEXT1:  JC    NEXT                ;若 A <(NEXT)，则执行 NEXT
        MOV   MAX, A              ;否则，将大数送入 A
NEXT:   INC   R0                  ;修改数据块指针 R0
        DJNZ  LEN, LOOP           ;若未完，则转 LOOP
        SJMP  $
        END
```

例 4.32　设有 10 组 3 字节被加数和加数，分别存放在以 BLOCK1 和 BLOCK2 为起始地址的两个数据块中。请编程求 10 组数的和（设和仍为 3 字节），并把和送回以 BLOCK1 为起始地址的数据块中。

解： 这是一个双重循环问题。内循环用于完成 3 字节被加数和加数的求和，外循环用于控制 10 组 3 字节数的求和是否完成，程序流程图如图 4-7-4 所示。

在程序中，外循环次数由 R2 控制，内循环次数由 R3 控制，求和由 ADDC 指令完成。相应程序为：

```
        ORG    0500H
BLOCK1  DATA  20H
BLOCK2  DATA  40H
        MOV   R0, #BLOCK1         ;将被加数数据块起始地址送入 R0
        MOV   R1, #BLOCK2         ;将加数数据块起始地址送入 R1
        MOV   R2, 0AH             ;将加法组数 10 送入 R2
LOOP:   MOV   R3, 03H             ;将被加数或加数字节数送入 R3
        CLR   C                   ;Cy 清零
LOOP1:  MOV   A, @R0              ;将被加数送入 A
        ADDC  A, @R1              ;加 1 字节
        MOV   @R0, A              ;存和数字节
        INC   R0                  ;修改被加数指针
        INC   R1                  ;修改加数指针
        DJNZ  R3, LOOP1           ;若一组加法未完，则转 LOOP1
```

```
        DJNZ    R2, LOOP              ;若 10 组加法未完，则转 LOOP
        SJMP    $
        END
```

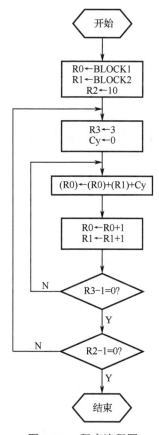

图 4-7-4　程序流程图

例 4.33　设单片机内部 RAM 的起始地址为 30H 的数据块中有 64 个无符号数。编程使它们按照从小到大的顺序排列。

解： 这是对多个数按照从小到大进行排列的典型问题，可用的方法较多，这里采用冒泡法设计程序。

参考程序为：

```
            ORG    1000H
BUBBLE:     MOV    R0, #30H              ;设定数据块长度
            MOV    R2, #64H              ;将块长送入 R2
            CLR    7FH
            DEC    R2                    ;块长–1 为比较次数
BULOOP:     MOV    20H, @R0              ;将 R0 地址中的内容送入(20H)
            MOV    A, @R0
            INC    R0
            MOV    21H, @R0              ;将 R0 地址中的内容送入(21H)
            CJNE   A, 21H, LOOP          ;二者比较大小
LOOP:       JC     BUNEXT               ;若(20H)小，则执行 BUNEXT
```

```
                    MOV    @R0, 20H              ;否则，两者交换
                    DEC    R0
                    MOV    @R0, 21H
                    INC    R0
                    SETB   7FH
        BUNEXT:     DJNZ   R2, BULOOP            ;若一次冒泡未完，则转 BULOOP
                    JB     7FH, BUBBLE           ;若交换标志位为 1，则转 BUBBLE
                    SJMP   $                     ;结束
                    END
```

4.8　子程序与运算程序设计

子程序和运算程序是实用程序的两大支柱程序，在汇编语言程序设计中占有极其重要的地位。

4.8.1　子程序设计

模块化是程序设计的基本方法，子程序设计是模块化设计的基础。子程序是功能相对独立并具有一定通用性的程序段，有时还将它作为一个独立的模块供多个程序使用。将常用功能编成通用的子程序是一个经常采用的程序设计方法。这种方法不仅可以简化主程序、实现模块化，还可以重复利用已有的子程序，提高编程效率。

子程序需要调用才能被执行，所以也被称为被调用程序；与之相对应，使用子程序的程序就是主程序，称为调用程序。

在工程上，几乎所有实用程序均由许多子程序构成。子程序常常可以构成子程序库，集中放到某一存储空间，任凭主程序随时调用。因此，采用子程序能使整个程序结构简单，缩短程序设计时间，减少对存储空间的占用。例如，采用某一实用程序需要调用某子程序 10 次，那么只要在主程序的相应地方安排 10 条调用指令，就可以避免把同一子程序编写 10 遍，几乎可以减少 9 倍于子程序长度的内存空间。主程序和子程序是相对的，没有主程序就没有子程序。同一程序既可以作为另一程序的子程序，也可以有自己的子程序。这就是说，子程序是允许嵌套的，嵌套深度和堆栈区的大小有关。

1．子程序设计需要注意的问题

子程序也是一段程序，其编写方法与主程序一样，可以采用顺序、分支作为相对独立和通用的一段程序，它具有一定的特殊性，需要留意以下几个问题。

（1）子程序要利用过程定义伪指令声明，获得子程序名和调用属性。

（2）子程序最后利用 RET 指令返回主程序，主程序执行 CALL 指令调用子程序。

（3）子程序中对堆栈的压入和弹出操作要成对使用，保持堆栈的平衡。

主程序 CALL 指令将返回地址压入堆栈，子程序 RET 指令将返回地址弹出堆栈。只有堆栈平衡，才能保证执行 RET 指令时当前栈顶的内容刚好返回地址，即相应 CALL 指令压栈的内容才能返回正确的位置。

（4）子程序开始应该保护用到的寄存器内容，子程序返回前进行相应恢复。

因为处理器内的通用寄存器数量有限，同一个寄存器主程序和子程序可能都会使用。为了不影响主程序调用子程序后的指令执行，子程序应该把用到的寄存器内容保护好。常用的方法是在子程序开始时，将要修改内容的寄存器顺序压栈；而在子程序返回时，再将这些寄存器内容逆序弹出恢复到原来的寄存器中。

（5）子程序应安排在代码段的主程序之外，最好放在主程序执行终止后的位置，也可以放在主程序开始执行之前的位置。

（6）子程序允许嵌套和递归。子程序内包含子程序的调用，这就是子程序嵌套。嵌套深度（层次）在逻辑上没有限制，但受限于堆栈空间。相对于没有嵌套的子程序，设计嵌套子程序并没有什么特殊要求；只是有些问题更要小心，如正确地调用和返回、寄存器的保护与恢复等。

当子程序直接或间接地嵌套调用自身时称为递归调用，含有递归调用的子程序称为递归子程序。递归子程序的设计有一定难度，但往往能设计出效率较高的程序。

（7）子程序可以与主程序共用一个数据段，也可以使用不同的数据段。如果子程序使用的数据或变量不需要与其他程序共享，可以在子程序最后设置数据区，定义局部变量。

（8）子程序的编写可以很灵活。例如，具有多个出口（多个 RET 指令）和入口，但一定要保证堆栈操作的正确性。

（9）处理好子程序与主程序之间的参数传递问题。主程序在调用子程序时，通常需要向子程序提供一些数据，对于子程序来说就是入口参数（输入参数）；同样，子程序执行结束也要返回给主程序必要的数据，这就是子程序的出口参数（输出参数）。主程序与子程序之间通过参数传递建立联系，相互配合共同完成处理工作。

传递参数的多少反映程序模块间的相关程度。根据实际情况，子程序可以只有入口参数或只有出口参数，也可以入口参数和出口参数都有。汇编语言中参数传递可通过寄存器、变量或堆栈来实现，参数的具体内容可以是数据本身（传数值），也可以是数据的存储地址（传地址）。

参数传递是子程序设计的难点，也是决定子程序是否通用的关键，将在后面详细讨论。

（10）提供必要的子程序说明信息。为了使子程序调用更加方便，编写子程序时很有必要提供适当的注释。完整的注释应该包括子程序名、子程序功能、入口参数和出口参数、调用注意事项和其他说明等。这样，程序员只要阅读了子程序的说明就可以调用该子程序，而不必关心子程序是如何编程实现该功能的。

2. 传递子程序参数的方法

1）采用寄存器传递参数

最简单和常用的参数传递方法是采用寄存器，只要把参数存于约定的寄存器中就可以了。由于通用寄存器个数有限，这种方法对少量数据可以直接传递数值。采用寄存器传递参数，带有出口参数的寄存器不能保护和恢复，带有入口参数的寄存器可以保护也可以不保护，但最好能够保持一致。例如，CPU 可以预先在主程序中把乘数和被乘数送入 R0～R7，转入乘法子程序执行后得到的乘积也可通过 R0～R7 传送给主程序。

2）利用寄存器传送子程序参数的地址

如果上述方法不太方便，CPU 也可以在主程序中把子程序入口参数地址通过 R0～R7 传送给子程序，子程序根据 R0～R7 中的入口参数地址就可以找到入口参数，并对它们进行相应操作，操作得到的出口参数也可把它们的地址通过寄存器 R0～R7 传送给主程序。

3）利用堆栈传送子程序参数

参数传递还可以通过堆栈这个临时存储区。任何符合先进后出或后进先出原则的片内 RAM 区域都可以称为堆栈。堆栈中数据的存取是由堆栈指针（SP）指示的。因此，堆栈可以用来传送子程序参数。主程序将入口参数压入堆栈，子程序从堆栈中取出参数；子程序将出口参数压入堆栈，主程序弹出堆栈取得它们。采用堆栈传递参数是程式化的，它是编译程序处理参数传递及汇编语言与高级语言混合编程时的常规方法。

4）利用位地址传送子程序参数

如果子程序的入口参数是字节中的某些位，那么利用本方法传送入口参数和出口参数也有方便之处，具体过程与上述方法类似。

子程序参数的上述传递方法也适用于中断服务程序的编址。

例 4.34　设 MDA 和 MDB 内有两个数 a 和 b，请编写求 $c = a^2 + b^2$ 并把 c 送入 MDC 的程序。设 a 和 b 均为小于 10 的整数。

解：本程序由两部分组成：主程序和子程序。主程序通过累加器 A 传送子程序的入口参数 a 和 b，子程序通过累加器 A 传送出口参数 a^2 和 b^2 给主程序，该子程序为求平方的通用子程序。相应程序为：

```
        ORG    1000H
MDA     DATA   20H
MDB     DATA   21H
MDC     DATA   22H
        MOV  A, MDA          ;将入口参数 a 送入 A
        ACALL  SQR           ;求 a²
        MOV  R1, A           ;将 a² 送入 R1
        MOV  A, MDB          ;将入口参数 b 送入 A
        ACALL  SQR           ;求 b²
        ADD  A, R1           ;将 a²+b² 送入 A
        MOV  MDC, A          ;存入 MDC
        SJMP  $              ;结束
SQR:    ADD  A, #01H         ;地址调整
        MOVC  A, @A+PC       ;查平方表
        RET                  ;返回
SQRAB:  DB     0, 1, 4, 9, 16
        DB     25, 36, 49, 64, 81
        END
```

例 4.35　在 HEX 单元中存有两个十六进制数，试通过编程分别把它们转换成 ASCII 码并存入 ASC 和 ASC+1。

解：本题子程序采用查表方式完成十六进制数的 ASCII 码转换，主程序完成入口参数的

传递和子程序的两次调用。相应程序为:

```
            ORG     1200H
            PUSH    HEX                 ;入口参数压栈
            ACALL   HASC                ;求十六进制数低位的 ASCII 码
            POP     ASC                 ;将出口参数存入 ASC
            MOV     A, HEX              ;将十六进制数送入 A
            SWAP    A                   ;将十六进制数高位送入 A 的低 4 位
            PUSH    ACC                 ;入口参数压栈
            ACALL   HASC                ;求十六进制数高位的 ASCII 码
            POP     ASC+1               ;将出口参数存入 ASC+1
            SJMP    $                   ;结束
HASC:       SP
            DEC     SP                  ;将入口参数地址送入 SP
            POP     ACC                 ;将入口参数送入 A
            ANL     A, #0FH             ;取出入口参数低 4 位
            ADD     A, #07H             ;地址调整
            MOVC    A, @A+PC            ;查表得相应 ASCII 码
            PUSH    ACC                 ;出口参数压栈
            INC     SP
            INC     SP                  ;SP 指向断点地址高 8 位
            RET                         ;返回主程序
ASCTAB:     DB      '0', '1', '2', '3', '4', '5', '6', '7'
            DB      '8', '9', 'A', 'B', 'C', 'D', 'E', 'F'
            END
```

在上述程序中,参数是通过堆栈完成传送的,堆栈传送子程序参数时要注意 SP 的指向。为简便起见,本程序中字符名称 HEX 和 ASC 的定义省略,此后程序实例中的"字符名称"也将省略对它的定义语句。

例 4.36　已知片内 RAM 中有一个 5 位的 BCD 码(高位在前,低位在后),最大不超过 65 535,起始地址在 R0 中,BCD 码位数减 1(04H)已在 R2 中。试通过编程把 BCD 码转换为二进制整数并存入 R4、R3 中(R4 存高 8 位)。

解:本题只编写子程序,主程序从略。参考程序为:

```
ORG     0800H
BCDB:   PUSH    PSW                 ;保护现场
        PUSH    ACC
        PUSH    B
        MOV     R4, #00H            ;R4 清零
        MOV     A, @R0
        MOV     R3, A               ;将 5 位 BCD 码送入 R3
LOOP:   MOV     A, R3               ;将 R3 中的内容送入 A
        MOV     B, #10
        MUL     AB                  ;A×10 送 BA
        MOV     R3, A
        MOV     A, #10
        XCH     A, B
```

```
        XCH   A, R4                    ;B 中的内容暂存于 R4
        MUL   AB
        ADD   A, R4                    ;完成 R4R3×10 送 AR3
        XCH   A, R3                    ;交换 R3 与 A 的内容
        INC   R0
        ADD   A, @R0
        XCH   A, R3
        ADDC A, #00H
        MOV   R4, A                    ;完成 R4R3←R4R3+(R0)
        DJNZ  R2, LOOP                 ;若未完，则转 LOOP
        POP   B                        ;恢复现场
        POP   ACC
        POP   PSW
        RET                            ;返回
```

在程序中，R2 的初值为位数 n 减 1。对于 5 位 BCD 码来说，R2 的初值为 4。

为了使子程序得到复用，我们可以将子程序单独编写成一个源程序文件，经过汇编之后形成目标模块 OBJ 文件，这就是子程序模块。如果进一步将这些子程序模块让库管理程序 LIB.EXE 统一管理，作为库中的一部分，就形成了子程序库。这样，若某个程序使用该子程序，则只要在连接时输入子程序模块文件名或库文件名就可以了。

将子程序汇编成独立的模块，编写源程序文件时，需要注意以下几个问题。

（1）子程序文件中的子程序名、定义的共享变量名要声明以便为其他程序所使用。子程序使用了其他模块或主程序中定义的子程序或共享变量，也要声明是在其他模块中。主程序文件同样也要进行声明，即本程序定义的共享变量、过程等需要声明为共用。

（2）子程序必须在代码段中，但没有主程序那样的开始执行点和结束执行点。

子程序文件允许具有局部变量，局部变量可以定义在代码段也可以定义在数据段。当各个程序段使用不同的数据段时，要正确设置数据段寄存器的段基地址。

（3）如果采用简化段源程序格式，子程序文件的存储模式要与主程序文件保持一致。

如果采用完整段源程序格式，子程序定义时的类型和实际调用时的类型要一致。为了实现段内近调用，各个源程序定义的代码段名、类别必须相同，因为这是多个逻辑段能够组合成一个物理段的条件。如果不易实现段同名或类别相同，可以索性定义成远调用。定义数据段时，也要注意逻辑段的属性问题，以实现正确的逻辑段组合。

（4）子程序与主程序之间的参数传递仍然是个难点。参数可以是数据本身或数据缓冲区地址，可以采用寄存器、共享变量或堆栈等传递方法。

实际上，进行连接的目标模块文件可以用汇编程序产生，也可以用其他编译程序产生。所以，利用这种方法还可实现汇编语言程序模块和高级语言程序模块的连接，即实现汇编语言和高级语言的混合编程。

当子程序模块很多时，记住各个模块文件名就是件麻烦事，有时还会把没有用的子程序也连接到可执行程序中。但是，我们可以把它们统一管理起来，存入一个或多个子程序库中。子程序库文件（.LIB）就是子程序模块的集合，存放着各子程序的名称、目标代码及有关定位信息等。

存入库的子程序的编写与子程序模块中的要求一样，只是为方便调用，最好遵循一致的

规则。例如，参数传递方法、子程序调用类型、存储模式、寄存器保护措施和堆栈平衡措施等都最好相同。子程序文件编写完成、汇编形成目标模块；然后库管理工具程序 LIB.EXE，把子程序模块逐个加入库中，连接时就可以使用了。

4.8.2 运算程序设计

运算程序可以分为浮点数运算程序和定点数运算程序。浮点数就是小数点不固定的数，其运算通常比较麻烦，常由阶码运算和数值运算两部分组成；定点数就是小数点固定的数，通常包括整数、小数和混合小数等，其运算比较简单。但在数位相同时定点数表示的范围比浮点数的小。这里只介绍定点数运算程序设计问题，若无特殊说明，则所有程序均指定点数运算。

MCS-51 单片机提供了单字节运算指令，但在实际应用中经常要编写一些多字节的运算程序。

1. 加减运算程序设计

加减运算程序可以分为无符号多字节数加减运算程序和带符号单字节数加减运算程序两种，现分述如下。

1）无符号多字节数加减运算程序

无符号多字节数加减运算程序的编制已在前面做过介绍，现以无符号多字节数减法程序为例加以介绍。

例 4.37 已知以内部 RAM 的 BLOCK1 和 BLOCK2 为起始地址的存储区中分别有 5 字节无符号被减数和减数（低位之前，高位在后）。请编写减法子程序令它们相减，并把差放入以 BLOCK1 为起始地址的存储单元。

解：本程序算法比较简单，只需要用减法指令从低字节开始相减即可。具体程序表示如下：

```
            ORG    0A00H
SBYTESUB:   MOV    R0, #BLOCK1      ;将被减数起始地址送入 R0
            MOV    R1, #BLOCK2      ;将减数起始地址送入 R1
            MOV    R2, #05H         ;将字长送入 R2
            CLR    C                ;Cy 清零
LOOP:       MOV    A, @R0           ;将被减数送入 A
            SUBB   A, @R1           ;相减，形成 Cy
            MOV    @R0, A           ;存差
            INC    R0               ;修改被减数地址指针
            INC    R1               ;修改减数地址指针
            DJNZ   R2, LOOP         ;若未完，则转 LOOP
            RET
            END
```

2）带符号单字节数加减运算程序

带符号单字节数加减运算程序和无符号单字节数的加减运算程序类似，只是在符号位处理上有所差别。

例 4.38 设在 BLOCK 和 BLOCK+1 单元中有两个补码形式的带符号数。请编写子程序求解两数之和，并把两数之和存放在 SUM 单元和 SUM+1 单元，其中低 8 位存放在 SUM 单元中。

解：在两个 8 位二进制带符号数相加时，其和很可能会超过 8 位数所能表示的范围，从而需要采用 16 位数的形式来表示，因此，在进行加法运算的时候，可以预先把这两个加数扩展成 16 位二进制补码的形式，然后进行双字节相加。

因此，将一个 8 位二进制正数扩展成 16 位时，需要把它的高 8 位变成全 "0"，将一个 8 位二进制负数扩展成 16 位时，需要把它的高 8 位变成全 "1"。据此，在编程时应在加减运算前先对加数和被加数进行扩展，然后求和。设 R2 和 R3 分别用来存放被加数和加数的高 8 位，则相应程序为：

```
           ORG    0100H
SBADD:     PUSH   ACC
           PUSH   PSW
           MOV    PSW, #08H            ;保护现场
           MOV    R0, #BLOCK           ;R0 指向一个加数
           MOV    R1, #SUM             ;R1 指向和单元
           MOV    R2, #00H             ;先令高位为 0
           MOV    R3, #00H
           MOV    A, R0                ;将一个加数送入 A
           JNB    ACC.7, POS1          ;若为正数，则转 POS1
           MOV    R2, #0FFH            ;若为负数，则将 R2 的全部二进制位置 1
POS1：     INC    R0                   ;R0 指向下一个数
           MOV    B, @R0               ;取第二加数到 B
           JNB    B.7, POS2            ;若为正数，则转 POS2
           MOV    R3, #0FFH            ;若为负数，则将 R3 的全部二进制位置 1
POS2：     ADD    A, B                 ;低 8 位相加
           MOV    @R1, A               ;存 8 位和
           INC    R1                   ;R1 指向 SUM+1 单元
           MOV    A, R2
           ADDC   A, R3                ;完成高 8 位求和
           MOV    @R1, A               ;存高 8 位和
           POP    PSW                  ;恢复现场
           POP    ACC
           RET
           END
```

上述程序中，参数传递是通过 BLOCK 单元、BLOCK+1 单元、SUM 单元和 SUM+1 单元实现的。根据本程序，读者编写带符号 8 位数减法子程序并不困难。

2. 乘除运算程序设计

1）无符号多字节数乘除运算程序

这类程序并不难，但关键是要理解和掌握它们的算法，下面分别举例介绍。

例 **4.39**　16 位无符号数乘法程序。已知以内部 RAM 的 BLOCK1 和 BLOCK2 开始的存储单元中存放有 16 位乘数和被乘数（低字节在前，高字节在后）。试编程求积并把积存入以内部 RAM 的 BLOCK3 开始的连续 4 个存储单元（低字节在前，高字节在后）。

解： MCS-51 乘法指令只能完成两个 8 位无符号数的相乘，因此 2 个 16 位无符号数相乘就必须把它们分解成 4 个 8 位数相乘来实现。相应的参考程序为：

主程序：

```
ORG    0A00H
MOV    R4, BLOCK1
MOV    R5, BLOCK1+1                    ;将乘数送入 R5R4
MOV    R6, BLOCK2
MOV    R7, BLOCK2+1                    ;将被乘数送入 R7R6
MOV    R0, #BLOCK3                     ;R0 指向积单元起始地址
ACALL  MLTY                           ;转入乘法子程序
...
```

乘法子程序：

入口参数：R7R6 存放被乘数
　　　　　R5R4 存放乘数,R0 存放积单元起始地址

```
MLTY:   MOV   A, R6
        MOV   B, R4
        MUL   AB                      ;b×d=BA
        MOV   @R0, A                  ;bdL 送(R0)
        MOV   R3, B                   ;bdH 送 R3
        MOV   A, R7
        MOV   B, R4
        MUL   AB                      ;a×d=BA
        ADD   A, R3                   ;加法形成 Cy
        MOV   R3, A                   ;bdH+adL 送 R3
        MOV   A, B
        ADDC  A, #00H
        MOV   R2, A                   ;adH+Cy 送 R2
        MOV   A, R6
        MOV   B, R5
        MUL   AB                      ;b×c=BA
        ADD   A, R3
        INC   R0
        MOV   @R0, A                  ;R3+bcL 送(R0+1)
        MOV   A, R2
        ADDC  A, B                    ;加法，并形成 Cy
        MOV   R2, A                   ;R2+bcH+Cy 送 R2
        MOV   R1, #00H
        JNC   NEXT                    ;若 Cy=0，则执行 NEXT
        INC   R1                      ;若 Cy=1，则存 R1
NEXT:   MOV   A, R7
        MOV   B, R5
        MUL   AB                      ;a×c=BA
```

```
ADD    A, R2              ;加法，形成 Cy
INC    R0
MOV    @R0, A            ;R2+acL 送(R0+2)
MOV    A, B
ADDC   A, R1
INC    R0
MOV    @R0, A            ;R1+acH+Cy 送(R0+3)
RET                      ;返回主程序
END
```

其他多字节无符号乘法程序可以仿照以上程序编写。

例 4.40 设 32 位长的被除数已放在 R5R4R3R2（R5 内为最高字节）中，16 位除数存放在 R7R6 中，请编写使商存于 R3R2 中且余数存于 R5R4 中的除法程序。该程序在判定除数为 0 时，应能转入 ERR 出错处理程序，并且当商超过双字节时，使 PSW 中的 F0=1，否则使 F0=0。

解： 根据题意，除法运算的法则可采用重复减法。

参考程序为：

```
            OGR   0A00H
NSDIV:  MOV   A, R6             ;除数低 8 位送 A
        JNZ   START            ;若除数不为 0，则执行 START
        MOV   A, R7             ;除数高 8 位送 A
        JZ    ERR              ;若除数为 0，则转 ERR
START:  MOV   A, R4             ;R4 送 A
        CLR   C                ;Cy 清零
        SUBB  A, R6             ;R4–R6 送 A，形成 Cy
        MOV   A, R5             ;R5 送 A
        SUBB  A, R7             ;R5–R7–Cy 送 A，形成 Cy
        JNC   LOOP4            ;若 R5R4≥R7R6，则执行 LOOP4（溢出）
        MOV   B, #16            ;否则，准备做除法
LOOP1:  CLR   C                ;Cy 清零
        MOV   A, R2             ;R2 送 A
        RLC   A                ;左移一位，低位补零
        MOV   R2, A             ;送回 R2
        MOV   A, R3             ;R3 送 A
        RLC   A                ;左移一位
        MOV   R3, A             ;送回 R3
        MOV   A, R4             ;R4 送 A
        RLC   A                ;左移一位
        MOV   R4, A             ;送回 R4
        XCH   A, R5             ;R5 进入 A
        RLC   A                ;左移一位
        XCH   A, R5             ;送回 R5
        MOV   PSW.5, C          ;被除数最高位送 F0
        CLR   C                ;Cy 清零
        SUBB  A, R6             ;R4–R6 送 A，形成 Cy
        MOV   R1, A             ;送 R1 保存
        MOV   A, R5             ;R5 送 A
```

```
              SUBB   A, R7              ;R5–R7–Cy 送 A
              JB     PSW.5, LOOP2       ;若够减（F0 = 1），则执行 LOOP2
              JC     LOOP3              ;若不够减，则执行 LOOP3
LOOP2:        MOV    R5, A              ;余数高字节送 R5
              MOV    A, R1              ;余数低字节送 A
              MOV    R4, A              ;存入 R4
              INC    R2                 ;上商 1
LOOP3:        DJNZ   B, LOOP1           ;若除法未完，则执行 LOOP1
              CLR    PSW, 5             ;若除法完成，则 F0 清零
DONE:         RET                       ;返回主程序
LOOP4:        SETB   PSW.5              ;令 F0=1
              SJMP   DONE               ;转入 DONE
ERR:                                    ;出错处理程序
              END
```

上述子程序中，省略了对 A、B 及 PSW 和 R1 中内容的保护和恢复语句，实际编程中，可以根据情况填补。

2）带符号多字节数乘除运算程序

带符号多字节数乘除运算程序和无符号多字节数乘除运算程序类似，只是符号位应单独处理。为了简便起见，下面将以 8 位带符号数的乘法运算程序为例来说明符号处理的相关运算规则。

例 4.41　设 R0 和 R1 中有两个补码形式的带符号数，试编写求两数之积并把积送入 R3R2 中的程序（R3 中存放积的高 8 位）。

解：MCS-51 乘法指令是对两个无符号数求积。若要对两个带符号数求积，则可采用对符号位单独处理的方法，步骤如下。

（1）单独处理被乘数和乘数的符号位。方法是单独取出被乘数符号位并与乘数符号位进行异或操作，因为积的符号位的产生规则是同号相乘为正，异号相乘为负。

（2）求被乘数和乘数的绝对值，使两绝对值相乘并获得积的绝对值。方法是判断被乘数和乘数的符号位：若符号位为正，则其本身就是绝对值；若为负，则对它求补。

（3）对积进行处理。若积为正，则对积不做处理；若积为负，则对积进行求补运算，使之变成相应的补码形式。

参考程序如下：

```
              ORG    0600H
SBIT          BIT    20H.0
SBIT1         BIT    20H.1
SBIT2         BIT    20H.2
              MOV    A, R0
              RLC    A
              MOV    SBIT1, C
              MOV    A, R1
              RLC    A
              MOV    SEIT2, C
              ANL    C, /SBIT1
```

```
                MOV    SBIT, C
                MOV    C, SBIT1
                ANL    C, /SBIT2
                ORL    C, SBIT
                MOV    SBIT, C
                MOV    A, R0
                JNB    SBIT1, NCH1
                CPL    A
                INC    A
    NCH1:       MOV    B, A
                MOV    A, R1
                JNB    SBIT2, NCH2
                CPL    A
                ADD    A, #01H
    NCH2:       MUL    AB
                JNB    SBIT, NCH3
                CPL    A
                ADD    A, #01H
    NCH3:       MOV    R2, A
                MOV    A, B
                JNB    SBIT, NCH4
                CPL    A
                ADDC   A, #00H
    NCH4:       MOV    R3, A
                SJMP   $
                END
```

4.9   宏汇编

宏（Macro）是汇编语言程序设计中颇具特色的一个方面，微软就称其汇编程序为宏汇编程序（Macro Assembler，MASM）。利用宏汇编和经常与宏配合的重复汇编和条件汇编，可以使程序员编写的源程序更加灵活方便，提高工作效率。本节主要介绍利用宏汇编进行程序设计的基本方法。

宏是具有宏名的一段汇编语句序列。宏需要先定义，然后在程序中进行宏调用。由于形式上类似其他指令，所以常称其为宏指令。与伪指令主要指示如何汇编不同，宏指令实际上是一段代码序列的缩写；在汇编时，汇编程序用对应的代码序列替代宏指令。

4.9.1   宏定义

宏定义由一对宏汇编伪指令 MACRO 和 ENDM 来完成，其格式如下：

```
    宏名     MACRO[形参表]
    ……       ;宏定义体
    ENDM
```

其中，宏名是符合语法的标识符，同一源程序中该名字定义唯一。宏定义体中不仅可以是指令序列，还可以是伪指令语句序列。宏可以带显式参数表。可选的形参表给出了宏定义中用到的形式参数，每个形式参数之间用逗号分隔。

4.9.2　宏调用

宏定义之后就可以使用它。宏调用遵循先定义后调用的原则，格式为：

> 宏名 [实参表]

可见，宏调用的格式同一般指令一样，在使用宏指令的位置写下宏名，后跟实体参数；如果有多个参数，应按形参顺序填入实参，也用逗号分隔。

在汇编时，宏指令被汇编程序用对应的代码序列替代，称之为宏展开。汇编后的列表文件中带"+"或"1"等数字的语句为相应的宏定义体。宏展开的具体过程是：当汇编程序扫描源程序遇到已有定义的宏调用时，即用相应的宏定义体取代源程序的宏指令，同时用位置匹配的实参对形参进行取代。实参与形参的个数可以不等，多余的实参不予考虑，缺少的实参对相应的形参做"空"处理（以空格取代）；另外汇编程序不对实参和形参进行类型检查，完全是字符串的替代，至于宏展开后是否有效则由汇编程序在翻译时进行语法检查。

宏像子程序一样可以简化源程序的书写，但注意它们是有本质区别的。

（1）宏调用在汇编时将相应的宏定义语句复制到宏指令的位置，执行时不存在控制的转移与返回。多次宏调用，多次复制宏定义体，并没有减少汇编后的目标代码，因此执行速度也没有改变。

（2）子程序调用在执行时由主程序的调用 CALL 指令实现，控制转移到子程序，子程序需要执行返回 RET 指令，将控制再转移到主程序。多次调用子程序，多次控制转移，子程序被多次执行，但没有被多次复制，所以汇编后的目标代码较短。但是，多次的控制转移及子程序中寄存器保护、恢复等操作，要占用一定的时间，因此会影响程序执行速度。

另外，宏调用的参数通过形参、实参结合实现传递，简洁直观、灵活多变。宏汇编的一大特色是它的参数。宏定义时既可以无参数，也可以有一个或多个参数；宏调用时实参的形式也非常灵活，可以是常数、变量、存储单元、指令（操作码）或它们的一部分，也可以是表达式；只要宏展开后符合汇编语言的语法规则即可。为此，汇编程序还设计了几个宏操作符。例如，将参数与其他字符分开的替换操作符&，用于括起字符串的传递操作符<>等。

相对来说，子程序一般只有利用寄存器、存储单元或堆栈等传递参数，较烦琐。

由此可见，宏与子程序各有特点，程序员应该根据具体问题选择使用哪种方法。通常来说，当程序段较短或要求较快执行时，应选用宏；当程序段较长或为减小目标代码时，应选用子程序。

4.9.3　局部标号

当宏定义体具有分支、循环等程序结构时，需要标号。宏定义体中的标号必须用 LOCAL 伪指令声明为局部标号，否则多次宏调用将出现标号的重复定义语法错误。

局部标号伪指令 LOCAL 只能用在宏定义体内，而且是宏定义 MACRO 语句之后的第一条语句，两者间也不允许有注释和分号，格式如下：

LOCAL 标号列表

其中，标号列表由宏定义体内使用的标号组成，用逗号分隔。这样，每次宏展开时汇编程序将对其中的标号自动产生一个唯一的标识符（其形式为 0000～FFFF），避免宏展开后的标号重复。

宏定义中可以有宏调用，只要遵循先定义后调用的原则；宏定义中还可以具有子程序调用；子程序中也可以进行宏调用，只要事先有宏定义。为了使定义的宏更加通用，可以像子程序一样；对使用的寄存器进行保护和恢复。

4.9.4　文件包含

宏必须先定义后使用，不必在任何逻辑段中，所以宏定义通常书写在源程序的开头。为了使宏定义为多个源程序使用，可以将常用的宏定义单独写成一个宏库文件。使用这些宏的源程序，可运用包含伪指令（INCLUDE）将它们结合成一体。包含伪指令的格式为：

INCLUDE　文件名

文件名的给定要符合规范，可以含有路径，指明文件的存储位置；如果没有路径名，汇编程序将在默认目录、当前目录和指定目录下寻找。汇编程序在对 INCLUDE 伪指令进行汇编时将它指定的文本文件内容插入在该伪指令所在的位置，与其他部分同时汇编。

文件包含方法不限于对宏定义库，实际上可以针对任何文本文件。例如，程序员可以把一些常用的或有价值的宏定义存放在宏库文件中；也可以将各种常量定义、声明语句等组织在包含文件中；还可以将常用的子程序形成.ASM汇编语言源文件。有了这些文件以后，只要在源程序中使用包含伪指令，就能方便地调用它们，同时也利于这些文件内容的重复应用。这是子程序模块和子程序库之外的另一种开发大型程序的模块化方法。

但需要明确的是，利用 INCLUDE 伪指令包含其他文件，其实质仍然是一个源程序，只不过是分在了几个文件书写；被包含的文件不能独立汇编，而是依附主程序而存在的。所以，合并的源程序之间的各种标识符，如标号和名字等，应该统一规定，不能发生冲突。

本章小结

本章重点掌握 MCS-51 系列单片机的指令系统，包括数据传送类指令、算术运算类指令、逻辑操作类指令、程序控制类指令等，以及相应的伪指令。本章学习了汇编语言程序设计的基本内容、程序设计的结构（顺序结构、分支结构和循环结构）及子程序的设计。有关输入/输出程序、中断服务程序及它们的应用将在后续章节展开。

练习题

1. 汇编语言有什么特点？
2. 编写汇编语言源程序时，一般的组成原则是什么？
3. EQU 和 DATA 伪指令分别有什么特点，它们有什么相同点和不同点？
4. 如何规定一个程序执行的开始位置，主程序执行结束应该如何返回，源程序在何处停止汇编过程？

5．MCS-51 指令按功能可以分为哪几类，这些指令的作用各是什么？MCS-51 具有哪几种寻址方式，各有什么特点？

6．已知 SP=70H，SUPER=4060H，请问下列 3 种程序中哪些是正确的？为什么？若 SUPER=2060H，则哪一个程序最好，为什么？

（1）　ORG　2000H

MA:　　ACALL　SUPER

　　　　…

（2）　ORG　2000H

MA:　　ACALL　4000H

　　　　…

4000H: ORG　4000H

　　　　ACALL　SUPER

　　　　…

（3）　ORG　2000H

MA:　　ACALL　SUPER

7．编写一个程序，把键盘输入的一个小写字母用大写字母显示出来。

8．bufX、bufY 和 bufZ 是 3 个有符号 16 进制数，编写一个比较相等关系的程序：

（1）如果这 3 个数都不相等，则显示 0；

（2）如果这 3 个数中有 2 个数相等，则显示 1；

（3）如果这 3 个数都相等，则显示 2。

9．编写程序完成 12H、45H、F3H、6AH、20H、FEH、90H、C8H、57H 和 34H 共 10 个无符号字节数据之和，并将结果存入字节变量 SUM 中（不考虑进位）。

10．编写一个计算字节校验和的子程序。所谓"校验和"，是指不记进位的累加，常用于检查信息的正确性。主程序提供入口参数，有数据个数和数据缓冲区的首地址。子程序回送求和结果作为出口参数（传递参数方法自定）。

11．宏是如何定义、调用和展开的？

12．说明宏汇编和子程序的本质区别，以及程序设计中如何选择。

13．已知 A =7AH，Cy=1，请写出执行下列程序后的结果。

（1）MOV　A, #0FH

　　　CPL　A

　　　MOV　30H, #00H

　　　ORL　30H, 0ABH

　　　RL　A

（2）MOV　A, #0BBH

　　　CPL　A

　　　RR　A

　　　MOV　40H, #AAH

　　　ORL　A, 40H

（3）ANL　A, #0FFH

　　　MOV　30H, A

　　　XRL　A, 30H

　　　RLC　A

　　　SWAP　A

（4）ORL　A, #0FH

　　　SWAP　A

　　　RRC　A

　　　XRL　A, #0FH

　　　ANL　A, #0F0H

14. 指出下列指令中源操作数与目的操作数的寻址方式。

（1）MOV　CL, 40H

（2）ADD　AX, DX

15. 试根据下列各种要求，分别给出 MCS-51 系统相应的指令或指令序列。

（1）清零累加器；

（2）清进位标志；

（3）将累加器内容乘以 2；

（4）将累加器内容除以 3。

16. MCS-51 系统中，设内部 RAM 的 30H 单元的内容为 40H，即(30H)=40H，且(40H) = 10H，(10H)=00H，端口 P1=0CAH。请问执行以下指令后，各有关存储器单元、寄存器及端口的内容是什么。

```
MOV   R0, #30H
MOV   A, @R0
MOV   R1, A
MOV   B, @R1
MOV   @R1, P1
MOV   P2, P1
MOV   10H, # 20H
MOV   30H, 10H
```

第5章 MCS-51 单片机的功能模块原理

5.1 微型计算机的输入/输出

　　组成一个微型计算机系统，除了前面所述的 CPU、存储器外，还必须要有外部设备（外设）。一般来讲，计算机的三条总线并不是直接和外设相连接，而是通过各种接口电路再接到外设。接口电路也叫作输入/输出（I/O）接口电路。I/O 接口电路是 CPU 和外设间信息交换的桥梁，是一个过渡的大规模集成电路，可以和 CPU 集成在同一块芯片上，也可以单独制成芯片出售。本节将对 I/O 接口电路做一般的讨论，从而使读者对于整个计算机系统的建立和工作有更明确的印象。

　　为了弄清 I/O 接口的地位和作用，首先需要介绍 CPU 和外设的连接关系，现结合图 5-1-1 介绍如下。

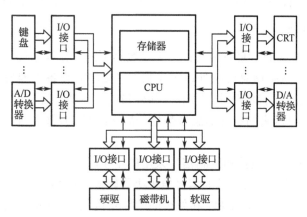

图 5-1-1　微型计算机和外部设备的接口示意图

　　外设分为输入设备和输出设备两种，故又称为输入/输出（I/O）设备。输入设备用于向计算机输入信息。例如，人们只要按动键盘上的按键就可以向 CPU 送入数据或命令。A/D 转换器也可以把模拟电量变成数字量输入计算机。输出设备用于输出程序和运算结果。例如，CRT（阴极射线管）能把输出信息显示在荧光屏上。D/A 转换器把 CPU 处理后的数字信息还原为模拟电量，以便对被控对象进行实时控制。因此，键盘和 A/D 转换器属于输入设备，CRT 和 D/A 转换器属于输出设备。另一类 I/O 设备是磁盘驱动器和磁带机，它们依靠磁介质存储信息，这些磁性载体是微型计算机常用的外存储器。磁盘驱动器和磁带机既可以接收从 CPU 送来的信息，也可以把存储在磁盘和磁带上的程序代码和数据读出来送给 CPU，故它们既可以看作输入设备又可以看作输出设备，是二者兼而有之的 I/O 设备。由于 CPU 与外设间所传递信息的性质、传送方式、传送速度和电平各不相同，因此 CPU 和外设之间不是简单地直接相连，而必须借助于 I/O 接口这个过渡电路才能协调起来。

5.1.1 I/O 接口的作用

1. 实现与不同外设的速度匹配

不同外设的工作速度差别很大，但大多数外设的速度很慢，无法和毫微秒级的 CPU 媲美。CPU 和外设间的数据传送方式有同步、异步、中断和 DMA（Direct Memory Access，直接存储器存取）4 种，不论设计者采用哪种数据传送方式来设计 I/O 接口电路，所设计的接口电路本身必须能实现 CPU 和外设之间工作速度的匹配。通常，I/O 接口采用中断方式传送数据，以提高 CPU 的工作效率。

2. 改变数据传送方式

通常，I/O 数据有并行和串行两种传送方式。对于 8 位机而言，并行传送是指数据在 8 条数据总线上同时传送，一次传送 8 位二进制信息；串行传送是指数据在一条数据总线上分时地传送，一次只传送 1 位二进制信息。通常，数据在 CPU 内部传送是并行的，而有些外设（如盒式磁带机、磁盘机和通信系统）中的数据传送是串行的。因此，CPU 在和采用串行传送数据的外设联机工作时必须采用能够改变数据传送方式的 I/O 接口电路。也就是说，这种 I/O 接口电路必须具有能把串行数据变换成并行传送（或把并行数据变换成串行传送）的本领。

3. 改变信号的性质和电平

CPU 和外设之间交换的信息有两类：一类是数据型的，如程序代码、地址和数据；另一类是状态和命令型的，状态信息反映外设工作状态（如输入设备"准备好"信号和输出设备"忙"信号），命令信息用于控制外设的工作（如外设的"启动"信号和"停止"信号）。因此，I/O 接口必须既能把外设送来的状态信息规整划一后送给 CPU，又能自动根据要求给外设发送控制命令。

通常，CPU 输入/输出的数据和控制信号采用的是 TTL 电平（如小于 0.6V 表示"0"信号，大于 3.4V 表示"1"信号），而外设的信号电平类型较多（如小于 5V 表示"0"信号，大于 24V 表示"1"信号）。为了实现 CPU 和外设间的信号传送，I/O 接口电路也要能具备信号电平的这种自动变换。

5.1.2 外部设备的编址

I/O 接口（Interface）和 I/O 端口（Port）是有区别的，不能混为一谈。I/O 端口简称 I/O 口，常指 I/O 接口中带有端口地址的寄存器或缓冲器，CPU 通过端口地址就可以对端口中的信息进行读/写。I/O 接口是指 CPU 和外设间的 I/O 接口芯片，一个外设通常需要一个 I/O 接口，但一个 I/O 接口中可以有多个 I/O 端口，传送数据字的端口称为数据口，传送命令字的端口称为命令口，传送状态字的端口称为状态口。当然，不是所有外设都需要三端口齐全的 I/O 接口。

因此，外设的编址实际上是给所有 I/O 接口中的端口编址，以便 CPU 通过端口地址和外设交换信息。通常，外设端口有两种编址方式：①对外设端口单独编址；②对外设端口和存储器统一编址。

1．外设端口的单独编址

外设端口单独编址是指外设端口和片外存储器存储单元的地址分别编址，互为独立。例如，片外存储器地址范围为 0000H～FFFFH，外设端口地址范围为 00H～FFH，而片外存储器地址和外设端口地址所使用的地址总线通常是公用的，即地址总线中的低 8 位既可以用来传送片外存储器的低 8 位地址，又可以传送外设端口的地址。这就需要区分 CPU 低 8 位地址总线上的地址究竟是送给存储器的还是送给外设端口的。为了区分这两种地址，制造 CPU 时必须单独集成专用 I/O 指令所需的那部分逻辑电路。例如，Z80 指令系统中就有如下的专用 I/O 指令：

```
IN   A,(n)        ;A←n 端口中的数
OUT  (n),A        ;A→n 端口
```

这两条指令的功能是实现外设端口和累加器 A 交换信息。

外设端口单独编址如图 5-1-2（a）所示。CPU 在执行访问片外存储器指令时自动使 $\overline{\text{MREQ}}$ 信号为低电平（$\overline{\text{IORQ}}$ 信号为高电平），该 $\overline{\text{MREQ}}$ 信号用于为片外存储器从地址总线上选通 16 位地址。CPU 在执行 I/O 指令时自动使 $\overline{\text{IORQ}}$ 信号为低电平（$\overline{\text{MREQ}}$ 信号为高电平），以通知相应外设端口从低 8 位地址总线选通地址。

外设端口单独编址的优点是，它不占用存储器地址，但需要 CPU 指令集中有专用的 I/O 指令，并且也要增加 $\overline{\text{MREQ}}$ 和 $\overline{\text{IORQ}}$ 两条控制线。

2．外设端口和片外存储器统一编址

这种编址方式是把外设端口当作存储单元对待，也就是让外设端口地址占用部分片外存储器单元地址。

图 5-1-2（b）中，存储器地址范围为 0000H～FEFFH，而 FF00H～FFFFH 让给了外设端口，片外存储器不再使用。为使 CPU 对外设端口寻址时不去寻找相同地址的存储单元，使用时必须在硬件连接上加以保证，图 5-1-2（b）中译码器输出端 FFH 经反相后再控制片外存储器的 $\overline{\text{CS}}$ 端就是为了这一目的而使用的。

外设端口和片外存储器统一编址方式的优点如下。

① CPU 访问外部存储器的一切指令均适用于对 I/O 端口的访问，这就大大增强了 CPU 对外设端口信息的处理能力。

② CPU 本身不需要专门为 I/O 端口设置 I/O 指令。

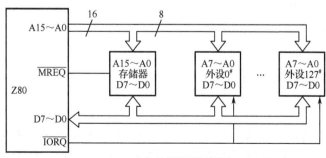

（a）外设端口单独编址

图 5-1-2　外设端口的编址方式示意图

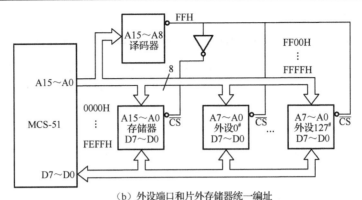

（b）外设端口和片外存储器统一编址

图 5-1-2　外设端口的编址方式示意图（续）

③ 外设端口地址安排灵活，数量不受限制。

外设端口和存储器统一编址方式的缺点是：外设端口占用了部分存储器地址，所用译码电路较为复杂。但由于 CPU 通常有 16 条或 16 条以上的地址线，而外设端口的数量不会太多，因此这种编址方式仍有较为广泛的应用，MCS-51 的外设端口地址就是属于这种编址方式。

5.1.3　I/O 数据的 4 种传送方式

为了实现与不同外设的速度匹配，I/O 接口必须根据不同外设选用恰当的 I/O 数据传送方式。I/O 数据的传送方式有 4 种：同步传送、异步传送、中断传送和 DMA 传送。

1. 同步传送

同步传送又称无条件传送，类似于 CPU 和存储器间的数据传送。同步传送比较简单，常在以下两种情况中使用。

（1）外设工作速度非常快。当外设工作速度能和 CPU 速度比拟时，常常采用同步传送方式。例如，CPU 和 A/D 转换器或 D/A 转换器间传送数据时，CPU 可在任何时候从 A/D 转换器芯片采集经 A/D 变换后的数字量，或者把处理后的信息送到 D/A 转换器芯片，以控制被控对象工作。

（2）外设工作速度非常慢。当外设工作速度非常慢，以致人们任何时候都认为它已处于"准备好"状态时，也可以采用同步传送方式。例如，在图 5-1-3 的 I/O 接口电路中，变压器油开关几天或几星期才改变一次，CPU 采集它的状态是要了解电力线路上的负荷状况。因此 CPU 随时都可以执行如下指令：

```
MOV     DPTR,#FF00H
MOVX    A,@DPTR
```

便可将油开关状态取到累加器 A，供 CPU 分析处理。

2. 异步传送

异步传送又称条件传送，也叫作查询式传送。在不便使用同步传送的场合下，也可采用异步传送来解决 CPU 和外设间的速度匹配问题。在异步传送方式下，CPU 需要 I/O 接口为外设提供状态和数据两个端口，CPU 通过状态口查询外设"准备好"后就进行数据传送。

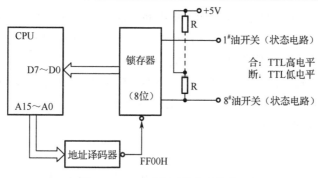

图 5-1-3　CPU 和开关电路的接口

图 5-1-4（a）所示为 CPU 和打印机连接的示意图。图 5-1-4（a）中，数据口地址为 FFH，状态口接到 8031 的 P1 口。CPU 通过查询程序（流程图见图 5-1-4（b））查询 P1.0 上的状态：若 BUSY=1，则表示打印机尚未完成前一数据的打印，要求 CPU 继续等待；若 BUSY=0，则表示 CPU 可给打印机传送下一个打印数据。

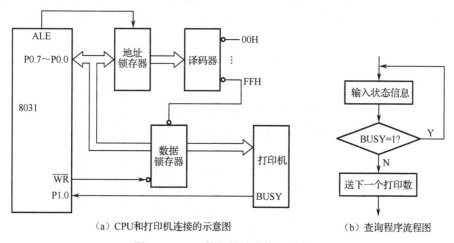

（a）CPU 和打印机连接的示意图　　　　　　　　（b）查询程序流程图

图 5-1-4　I/O 数据的异步传送示意图

异步传送的优点是通用性好，硬件接线和查询程序十分简单，但 CPU 在查询等待中会失去时效。为了提高 CPU 对外设工作的效率，I/O 接口通常采用中断传送 I/O 数据的方式。

3. 中断传送

中断传送是利用 CPU 本身的中断功能和 I/O 接口的中断功能来实现对外设 I/O 数据的传送的，图 5-1-5 所示为 I/O 数据的中断传送示意图。

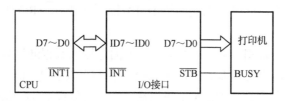

图 5-1-5　I/O 数据的中断传送示意图

由图 5-1-5 可知，打印机的 BUSY 信号是送到 I/O 接口的 $\overline{STB}$ 控制端的，I/O 接口从 $\overline{STB}$

端收到 BUSY 信号后可向 CPU 的 $\overline{INT1}$ 线发出中断请求。CPU 响应 $\overline{INT1}$ 上的中断请求便可进入打印机中断服务程序，并在中断服务程序中完成一个打印数据的传送。当然，打印机的第一个打印数据必须预先在主程序中送给打印机。

显然，采用中断方式可使 CPU 和外设并行工作，CPU 仅需在外设准备好后才中断主程序并进入外设中断服务程序，执行完后又返回主程序继续执行。因此，采用中断方式传送 I/O 数据可以大大提高 CPU 的工作效率。

4．DMA 传送

在上述 3 种数据传送方式中，不论是从外设传送到内存的数据，还是从内存传送到外设的数据，都要转到 CPU 才能实现，因此，在 I/O 数据批量传送时，数据传送效率较低。为了提高数据传送的效率，I/O 数据可否不经过 CPU 而直接在外设和内存之间传送呢？回答是肯定的，数据的这种传送方式称为 DMA 传送。

DMA（Direct Memory Access，直接存储器存取）是一种由硬件执行数据传送的工作方式。DMA 传送必须依靠带有 DMA 功能的 CPU 和专用 DMA 控制器实现，图 5-1-6 所示为 DMA 控制器的工作框图。现以输入数据的情况为例简述 DMA 传送 I/O 数据的工作过程。

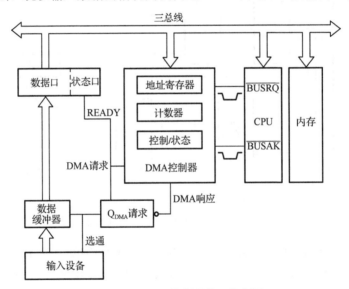

图 5-1-6　DMA 控制器的工作框图

在主程序开头，CPU 预先通过指令把要输入数据的个数送入 DMA 控制器中的计数器，并把这些输入数据在内存存放的起始地址送给 DMA 控制器中的地址寄存器。然后 CPU 便可执行主程序中的其他程序，同时这也是等待 DMA 控制器在 $\overline{BUSRQ}$ 线上发来低电平的 DMA 请求的过程。

当输入设备输入一个数据以后，选通信号一方面把输入数据通过数据缓冲器送入数据口，另一方面又通过 Q_{DMA} 请求触发器的置位向 DMA 控制器发出 DMA 请求，并向状态口输入 READY 信号。DMA 控制器接到 DMA 请求以后，一方面复位 Q_{DMA} 请求触发器，另一方面向 CPU 的 $\overline{BUSRQ}$ 线送一个低电平。若 CPU 在现行机器周期检测到 $\overline{BUSRQ}$ 线的低电平，则它一方面使地址总线、数据总线和控制总线处于高阻并撤出对三总线的控制，另一方面又使

$\overline{\text{BUSAK}}$ 变为低电平有效，以指示 DMA 控制器接管三总线。

DMA 控制器接管三总线后，就会把地址寄存器中的输入数据在内存的起始地址先发送给内存，然后地址自动加 "1"，并控制把数据口中的输入数据存入内存的相应存储单元，然后使计数器减 "1" 并判断它是否等于零。若计数器中的内容不为零（一批数据未输入完），则重复上述过程，直到所有 I/O 数据传送完毕为止。

在所有输入数据均存入内存后（计数器为零），DMA 控制器使得 $\overline{\text{BUSRQ}}$ 线恢复高电平。CPU 在下个机器周期检测到 $\overline{\text{BUSRQ}}$ 线变为高电平后，自动恢复对三总线的控制，并使 $\overline{\text{BUSAK}}$ 线变为高电平。因此，CPU 在 DMA 传送期间是暂停等待的，只有 DMA 传送完成以后才会继续执行输入设备 DMA 请求前的原程序。这样，DMA 请求是一种特殊的中断请求也就不难理解了。

应当指出，MCS-51 不具备 DMA 功能，也没有提供用户 $\overline{\text{BUSRQ}}$（总线请求）和 $\overline{\text{BUSAK}}$（总线响应）两条引脚线，故 MCS-51 无法简单地与 DMA 控制器联机工作。

5.2　中断的基本概念及 MCS-51 的中断系统

微型计算机和外设之间不是直接相连的，而是通过不同的接口电路来达到彼此间的信息传送的，这种信息传送方式有：同步传送、异步传送、中断传送和 DMA 传送 4 种，但中断传送尤为重要。为了建立单片微型计算机的整机概念并弄清它的信息输入/输出过程，就必须要对中断系统进行分析和研究。本节主要介绍中断的基本概念和 MCS-51 的中断系统。

5.2.1　中断的基本概念

中断是现代计算机必须具备的重要功能，也是计算机发展史上的一个重要里程碑。因此，建立准确的中断概念并灵活掌握中断技术是学好本门课程的关键之一。

1．中断的定义和作用

中断是指计算机暂时停止原程序的执行转而为外部设备服务（执行中断服务程序），并在服务完成后自动返回原程序继续执行的过程。

中断由中断源产生，中断源在需要时可以向 CPU 提出 "中断请求"。"中断请求" 通常是一种电信号，CPU 一旦对这个电信号进行检测和响应，便可自动转入该中断源的中断服务程序，并在执行完后自动返回原程序继续执行，而且中断源不同，中断服务程序的功能也不同。

按照这一思想制成的现代计算机有以下优点。

1）可以提高 CPU 的工作效率

CPU 有了中断功能就可以通过分时操作启动多个外设同时工作，并能对它们进行统一管理。CPU 执行人们在主程序中安排的有关指令后，就可以令各外设与它并行工作，而且任何一个外设在工作完成后（如打印完第一个数的打印机）都可以通过中断得到满意服务（如给打印机送第二个需要打印的数）。因此，CPU 在与外设交换信息时，通过中断就可以避免不必要的等待和查询，从而大大提高它的工作效率。

2）可以提高实时数据的处理时效

在实时控制系统中，计算机必须对被控系统的实时参量、越限数据和故障信息及时采集、进行处理和分析判断，以便对系统实施正确的调节和控制。因此，计算机对实时数据的处理时效常常是被控系统的生命，是影响产品质量和系统安全的关键。CPU 有了中断功能，系统的失常和故障就都可以通过中断立刻通知 CPU，CPU 可以迅速采集实时数据和故障信息，并对系统做出应急处理。

2. 中断源

中断源是指引起中断原因的设备或部件，或发出中断请求信号的源泉。中断源有以下几种。

1）外设中断源

外设主要为微型计算机输入和输出数据，故它是最原始和最广泛的中断源。在用作中断源时，通常要求它在输入或输出一个数据时能自动产生一个中断请求信号（TTL 低电平或 TTL 下降沿）送到 CPU 的中断请求输入线 $\overline{\text{INT0}}$ 或 $\overline{\text{INT1}}$ 上，以供 CPU 检测和响应。例如，打印机打印完一个字符时，可以通过打印中断请求 CPU 发送下一个打印字符；人们在键盘上按下一个键符时，也可通过键盘中断请求 CPU 提取输入的键符编码。因此，打印机和键盘都可以用作外设中断源。

2）控制对象中断源

在计算机进行实时控制时，被控对象常常被用作中断源，用于产生中断请求信号，要求 CPU 及时采集系统的控制参量、越限参数，以及要求发送和接收数据等。例如，电压、电流、温度、压力、流量和流速等超越上限和下限，以及开关和继电器的闭合或断开都可以作为中断源来产生中断请求信号，要求 CPU 通过执行中断服务程序加以处理。因此，被控对象常常是用作实时控制的计算机的巨大中断源。

3）故障中断源

故障中断源是产生故障信息的源泉，把它作为中断源是要 CPU 以中断方式对已发生的故障进行分析处理。计算机故障中断源有内部和外部之分：CPU 内部故障源引起内部中断，如被零除中断等；CPU 外部故障源引起外部中断，如掉电中断等。在掉电时，掉电检测电路检测到故障中断源时就自动产生一个掉电中断请求，CPU 检测到后，便在大滤波电容维持正常供电的几秒钟内，通过执行掉电中断服务程序来保护现场和启用备用电池，以便市电恢复正常后继续执行掉电前的用户程序。

和上述 CPU 故障中断源类似，被控对象的故障源也可用作故障中断源，以便对被控对象进行应急处理，从而可以减少系统在发生故障时的损失。

4）定时脉冲中断源

定时脉冲中断源又称为定时器中断源，实际上是一种定时脉冲电路或定时器。定时脉冲中断源用于产生定时器中断，定时器中断有内部和外部之分。内部定时器中断由 CPU 内部的定时器溢出（全"1"变全"0"）时自动产生，故又称为内部定时器溢出中断；外部定时器中断通常由外部定时电路的定时脉冲通过 CPU 的中断请求输入线引起。不论是内部定时器中断还是外部定时器中断都可以使 CPU 进行计时处理，以便达到时间控制的目的。

3．中断的分类

中断按照功能通常可以分为可屏蔽中断、非屏蔽中断和软件中断三类。图 5-2-1 示出了 Z80 CPU 的可屏蔽中断请求输入线 $\overline{\text{INT}}$ 和非屏蔽中断请求输入线 $\overline{\text{NMI}}$ 。

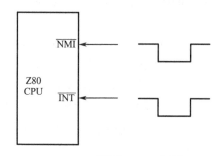

图 5-2-1　Z80 CPU 对 $\overline{\text{NMI}}$ 中断和 $\overline{\text{INT}}$ 中断的输入

1）可屏蔽中断

可屏蔽中断是指 CPU 对 $\overline{\text{INT}}$ 上输入的中断请求是可以控制（或屏蔽）的，这种控制通常可以通过中断控制指令来实现。CPU 可以通过预先执行一条开中断指令来响应来自 $\overline{\text{INT}}$ 上的低电平中断请求，也可以通过预先执行一条关中断指令来禁止来自 $\overline{\text{INT}}$ 上的低电平中断请求。因此，$\overline{\text{INT}}$ 上的可屏蔽中断请求是否被 CPU 响应，最终可以由用户通过指令来控制。MCS-51 就是具有可屏蔽中断功能的一类 CPU。

2）非屏蔽中断

非屏蔽中断是指 CPU 对来自 $\overline{\text{NMI}}$ 上的中断请求是不可屏蔽（或控制）的，也就是说只要 $\overline{\text{NMI}}$ 上输入一个低电平，CPU 就必须响应 $\overline{\text{NMI}}$ 上的这个中断请求。美国 Zilog 公司的 Z80 CPU 就具有这样的非屏蔽中断功能。

3）软件中断

软件中断是指用户可以通过相应的中断指令使 CPU 响应中断，CPU 只要执行这种指令就可以转入相应的中断服务程序执行，以完成相应的中断功能。因此，具有软件中断功能的 CPU 十分灵活，用户只要在编程时有这种需要，就可以通过安排一条中断指令来使 CPU 产生一次中断，以完成一次特定的任务。具有软件中断功能的 CPU 有 Intel 公司的 8088 和 8086 等。

4．中断嵌套

通常，一个 CPU 总会有多个中断源，可以接收多个中断源发出的中断请求。但在同一时刻，CPU 只能响应其中一个中断源的中断请求，CPU 为了避免由于多个中断源在同一时刻的中断请求而带来的混乱，必须给每个中断源的中断请求赋予一个特定的中断优先级，以便 CPU 优先响应中断优先级高的中断请求，然后逐次响应中断优先级次高的中断请求。中断优先级又称为中断优先权，可以直接反映每个中断源的中断请求被 CPU 响应的优先程度，也是分析中断嵌套的基础。

与子程序类似，中断也是允许嵌套的。在某一时刻，CPU 因响应某一中断源的中断请求而正在执行它的中断服务程序时，若 CPU 此时的中断是开放的，那么它必然可以把正在执行的中断服务程序暂停下来，转而去响应和处理中断优先权更高的中断源的中断请求，等到处理完后再转回继续执行原来的中断服务程序，这就是中断嵌套。因此，中断嵌套的先决条件是中断服务程序开头应设置一条开中断指令（因为 CPU 会因响应中断而自动关闭中断），其次才是要有中断优先权更高中断源的中断请求存在。两者都是实现中断嵌套的必要条件，缺一不可。

非屏蔽中断是一种不受屏蔽的中断，故非屏蔽中断并不存在中断嵌套问题。

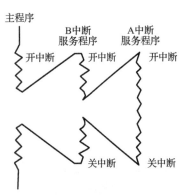

图 5-2-2 中断嵌套示意图

图 5-2-2 所示为中断嵌套示意图。图 5-2-2 中，若假设 A 中断比 B 中断的中断优先级高，则中断嵌套过程可归纳如下。

（1）CPU 执行安排在主程序开头的开中断指令后，若来了一个 B 中断请求，则 CPU 响应 B 中断从而执行 B 中断服务程序。

（2）CPU 执行设置在 B 中断服务程序开头的一条开中断指令后使 CPU 中断再次开放，若此时又来了优先级更高的 A 中断请求，则 CPU 响应 A 中断从而执行 A 中断服务程序。

（3）CPU 执行到 A 中断服务程序末尾的一条中断返回指令（RETI）后自动返回，继续执行 B 中断服务程序。

（4）CPU 执行到 B 中断服务程序末尾的一条中断返回指令（RETI）后，返回继续执行主程序。

至此，CPU 便已完成一次嵌套深度为 2 的中断嵌套。对于嵌套深度更大的中断嵌套，其工作过程也与此类似。

5. 中断系统的功能

中断系统是指能够实现中断功能的硬件电路和软件程序。对于 MCS-51 单片机，大部分中断电路都是集成在芯片内部的，只有 $\overline{INT0}$ 和 $\overline{INT1}$ 中断输入线上的中断请求信号的产生电路才分散在各中断源电路或接口芯片电路中。虽然没有必要去弄清 MCS-51 内部中断电路的细枝末节，但从系统高度论述一下这部分电路的功能却是十分必要的。

中断系统的功能通常有如下几个。

1）进行中断优先权排队

一个 CPU 通常可以与多个中断源相连，故在同一时刻总会发生两个或两个以上中断源同时请求中断的情况，这就要求用户能按轻重缓急给每个中断源的中断请求赋予一个中断优先级。这样，当多个中断源同时向 CPU 请求中断时，CPU 就可以通过中断优先权排队电路率先响应中断优先权高的中断请求，而把中断优先权低的中断请求暂时搁置起来，等到处理完优先权高的中断请求后再来响应优先权低的中断。

2）实现中断嵌套

CPU 的中断嵌套功能可以使它在响应某一中断源中断请求的同时去响应更高中断优先权的中断请求，而把原中断服务程序暂时"束之高阁"，等处理完这个更高中断优先权的中断请求后再来响应。例如，某单片机电台监测系统正在响应打印中断时巧遇敌电台开始发报，若监测系统不能暂时终止打印机的打印中断，而去嵌套响应捕捉敌台信号的中断，那就会贻误战机，造成无法弥补的损失。

3）自动响应中断

中断源产生的中断请求是随机发生且无法预料的。因此，CPU 必须不断检测中断输入线 $\overline{INT}$ 或 $\overline{NMI}$ 上的中断请求信号，而且相邻两次检测时间必须不能相隔太长，否则就会影响响应中断的时效。通常，CPU 总是在每条指令的最后状态对中断请求进行一次检测，因此从中断源产生中断请求到被 CPU 检测到它的存在，一般不会超过一条指令的时间。

CPU 在响应中断时通常要自动做以下三件事：一是自动关闭中断（严防其他中断进来干扰本次中断），并把原执行程序的断点地址（在程序计数器中）压入堆栈，以便中断服务程序末尾的中断返回指令（RETI）可以按照此地址返回原程序继续执行；二是按中断源提供（或预先约定）的中断矢量自动转入相应的中断服务程序；三是自动或通过安排在中断服务程序中的指令来撤除本次中断请求，以避免再次响应本次中断的请求。

4）实现中断返回

通常，要为每个中断源配置一个相应的中断服务程序，中断源不同，相应中断服务程序也不相同。各个中断服务程序由用户根据具体情况编好后放在一定的内存区域（若允许中断嵌套，则中断服务程序开头应安排开中断指令）。CPU 在响应某中断源发出的中断请求后便自动转入相应的中断服务程序，在执行到安排在中断服务程序末尾的中断返回指令时，便自动到堆栈取出断点地址（CPU 在响应中断时自动压入），并返回中断前的原程序继续执行。

上述中断功能对 MCS-51 单片机也不例外，它也是由集成在芯片内部的中断电路完成的，并受到软件程序的配合，这些将在下面做专门的介绍。

5.2.2　MCS-51 的中断系统

本节专门讨论 MCS-51 的中断源和中断标志、MCS-51 对中断请求的控制和响应、中断响应时间、中断撤除和中断系统初始化等问题。这些对掌握 MCS-51 单片机的中断技术至关重要，也是正确编写和阅读中断服务程序的基础。

1. MCS-51 的中断源和中断标志

在 MCS-51 单片机中，单片机类型不同，其中断源个数和中断标志位的定义也有差别。例如，8031、8051 和 8751 有 5 级中断；8032、8052 和 8752 有 6 级中断；80C32、80C252 和 87C252 有 7 级中断。现以 8031、8051 和 8751 的 5 级中断为例加以介绍。

（1）中断源：8031 的 5 级中断分为两个外部中断、两个定时器溢出中断和一个串行口中断。

① 外部中断源：8031 有 $\overline{INT0}$ 和 $\overline{INT1}$ 两条外部中断请求输入线，用于输入两个外部中断源的中断请求信号，并允许外部中断源以低电平或负边沿两种中断触发方式输入中断请求信号。8031 工作于哪种中断触发方式，可由用户通过对定时器控制寄存器（TCON）中 IT0 和 IT1 位状态的设定来选取（见图 5-2-3）。8031 在每个机器周期的 S5P2 时对 $\overline{INT0}/\overline{INT1}$ 上的中断请求信号进行一次检测，检测方式和中断触发方式的选取有关。若 8031 设定为电平触发方式（IT0=0 或 IT1=0），则 CPU 检测到 $\overline{INT0}/\overline{INT1}$ 上低电平时就可认定其中断请求有效；若设

定为边沿触发方式（IT0=1 或 IT1=1），则 CPU 需要两次检测 $\overline{\text{INT0}}/\overline{\text{INT1}}$ 上的电平方能确定其中断请求是否有效，即前一次检测为高电平且后一次检测为低电平时 $\overline{\text{INT0}}/\overline{\text{INT1}}$ 上的中断请求才有效。因此，8031 检测 $\overline{\text{INT0}}/\overline{\text{INT1}}$ 上负边沿中断请求的时刻不一定恰好是其上中断请求信号发生负跳变的时刻，但两者之间最多不会相差一个机器周期时间。

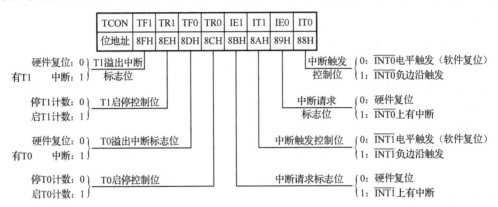

图 5-2-3　TCON 各位定义

　　② 定时器溢出中断源：定时器溢出中断由 8031 内部定时器中断源产生，故它们属于内部中断。8031 内部有两个 16 位定时/计数器，由内部定时脉冲（主脉冲经 12 分频后）或 T0/T1 引脚上输入的外部定时脉冲计数。定时器 T0/T1 在定时脉冲作用下从全"1"变为全"0"时可以自动向 CPU 提出溢出中断请求，以表明定时器 T0 或 T1 的定时时间已到。定时器 T0/T1 的定时时间可由用户通过程序设定，以便 CPU 在定时器溢出中断服务程序内进行计时。定时器溢出中断通常用于需要进行定时控制的场合。

　　③ 串行口中断源：串行口中断由 8031 内部串行口中断源产生，故也是一种内部中断。串行口中断分为串行口发送中断和串行口接收中断两种。在串行口进行发送/接收数据时，每当串行口发送/接收完一组串行数据时，串行口电路自动使串行口控制寄存器（SCON）中的 RI 或 TI 中断标志位置位（见图 5-2-4），并自动向 CPU 发出串行口中断请求，CPU 响应串行口中断后便立即转入串行口中断服务程序。因此，只要在串行口中断服务程序中安排一段对 SCON 中的 RI 和 TI 中断标志位状态的判断程序，便可区分串行口发生了接收中断请求还是发送中断请求。

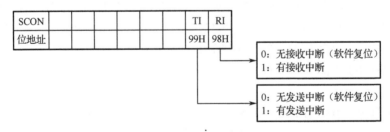

图 5-2-4　SCON 各位定义

　　（2）中断标志：8031 在每个机器周期的 S5P2 时检测（或接收）外部（或内部）中断源发来的中断请求信号后，先使相应中断标志位置位，然后在下个机器周期检测这些中断标志位状态，以决定是否响应该中断。8031 中断标志位集中安排在 TCON 和 SCON 中，由于它们与 8031 中断初始化关系密切，故读者应注意熟悉或记住它们。

① TCON：TCON 各位定义如图 5-2-3 所示。各位含义如下。

IT0 和 IT1：IT0 为 $\overline{INT0}$ 中断触发控制位，位地址是 88H。IT0 状态可由用户通过程序设定，若 IT0=0，则 $\overline{INT0}$ 上中断请求信号的中断触发方式为电平触发（低电平引起中断）；若 IT0=1，则 $\overline{INT0}$ 设定为负边沿中断触发方式（由负边沿引起中断）。IT1 的功能和 IT0 相同，区别仅在于被设定的外部中断触发方式不是 $\overline{INT0}$ 而是 $\overline{INT1}$，位地址为 8AH。

IE0 和 IE1：IE0 为外部中断 $\overline{INT0}$ 中断请求标志位，位地址是 89H。当 CPU 在每个机器周期的 S5P2 时检测到 $\overline{INT0}$ 上的中断请求有效时，IE0 由硬件自动置位；当 CPU 响应 $\overline{INT0}$ 上的中断请求后进入相应中断服务程序时，IE0 被自动复位。IE1 为外部中断 $\overline{INT1}$ 的中断请求标志位，位地址为 8BH，其作用和 IE0 相同。

TR0 和 TR1：TR0 为定时器 T0 的启停控制位，位地址为 8CH。TR0 状态可由用户通过程序设定，若 TR0=1，则定时器 T0 立即开始计数；若 TR0=0，则定时器 T0 停止计数。TR1 为定时器 T1 的启停控制位，位地址为 8EH，其作用和 TR0 相同。

TF0 和 TF1：TF0 为定时器 T0 的溢出中断标志位，位地址为 8DH。当定时器 T0 产生溢出中断（全 "1" 变为全 "0"）时，TF0 由硬件自动置位；当定时器 T0 的溢出中断被 CPU 响应后，TF0 被硬件复位。TF1 为定时器 T1 的溢出中断标志位，位地址为 8FH，其作用和 TF0 相同。

② SCON：SCON 各位定义如图 5-2-4 所示。图 5-2-4 中，TI 和 RI 分别为串行口发送中断标志位和串行口接收中断标志位，其余各位用于串行口方式设定和串行口发送/接收控制。

TI 为串行口发送中断标志位，位地址为 99H。在串行口发送完一组数据时，串行口电路向 CPU 发出串行口中断请求的同时也使 TI 置位，但它在 CPU 响应串行口中断后是不能被硬件复位的，故用户应在串行口中断服务程序中通过指令来使它复位。

RI 为串行口接收中断标志位，位地址为 98H。在串行口接收到一组串行数据时，串行口电路在向 CPU 发出串行口中断请求的同时也使 RI 置位，表示串行口已产生了接收中断 RI，也应由用户在中断服务程序中通过软件复位。

2. MCS-51 对中断请求的控制

1）对中断允许的控制

MCS-51 没有专门的开中断和关中断指令，中断的开放和关闭是通过中断允许寄存器（IE）进行两级控制的。所谓两级控制是指有一个中断允许总控位 EA，配合各中断源的中断允许控制位，共同实现对中断请求的控制。这些中断允许控制位集成在 IE 中，如图 5-2-5 所示。

① EA：EA 为中断允许总控位，位地址为 AFH。EA 的状态可由用户通过程序设定，若 EA=0，则 MCS-51 的所有中断源的中断请求均被关闭；若 EA=1，则 MCS-51 所有中断源的中断请求均被开放，但它们最终是否能为 CPU 所响应还取决于 IE 中相应中断源的中断允许控制位的状态。

② EX0 和 EX1：EX0 为 $\overline{INT0}$ 中断请求控制位，位地址是 A8H。EX0 状态也可由用户通过程序设定，若 EX0=0，则 $\overline{INT0}$ 上的中断请求被关闭；若 EX0=1，则 $\overline{INT0}$ 上的中断请求被允许，但 CPU 最终是否能响应 $\overline{INT0}$ 上的中断请求还要看中断允许总控位 EA 是否为 "1" 状态。

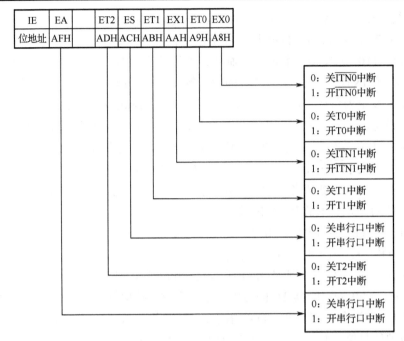

图 5-2-5　IE 各位定义

EX1 为 $\overline{INT1}$ 中断请求允许控制位，位地址为 AAH，其作用和 EX0 同。

③ ET0、ET1 和 ET2：ET0 为定时器 T0 的溢出中断允许控制位，位地址是 A9H。ET0 状态可以由用户通过程序设定，若 ET0=0，则定时器 T0 的溢出中断被关闭；若 ET0=1，则定时器 T0 的溢出中断被开放，但 CPU 最终是否响应该中断请求还要看中断允许总控位 EA 是否处于"1"状态。

ET1 为定时器 T1 的溢出中断允许控制位，位地址是 ABH；ET2 为定时器 T2 的溢出中断允许控制位，位地址是 ADH。ET1、ET2 和 ET0 的作用相同，但只有 8032、8052 和 8752 等芯片才具有 ET2 这一中断功能。

④ ES：ES 为串行口中断允许控制位，位地址是 ACH。ES 状态可由用户通过程序设定，若 ES=0，则串行口中断被禁止；若 ES=1，则串行口中断被允许，但 CPU 最终是否能响应这一中断还取决于中断允许总控位 EA 的状态。

IE 的单元地址是 A8H，各控制位（位地址为 A8H～AFH）也可位寻址，故用户既可以用字节传送指令，也可以用位操作指令来对各个中断请求加以控制。例如，可以采用如下字节传送指令来开放定时器 T0 的溢出中断。

```
MOV IE,#82H
```

若改用位寻址指令，则需采用如下两条指令：

```
SETB   EA
SETB   ET0
```

应当指出，在 MCS-51 复位时，IE 各位被复位成"0"状态，CPU 处于关闭所有中断的状态。所以，在 MCS-51 复位以后，用户必须通过主程序中的指令来开放所需中断，以便相应中断请求能为 CPU 所响应。

2）对中断优先级的控制

MCS-51 对中断优先级的控制比较简单，所有中断都可设定为高、低两个中断优先级，以便 CPU 对所有中断实现两级中断嵌套。在响应中断时，CPU 先响应高优先级中断，然后响应低优先级中断。每个中断的中断优先级都可以通过程序来设定，由中断优先级寄存器（IP）（见图 5-2-6）统一管理。

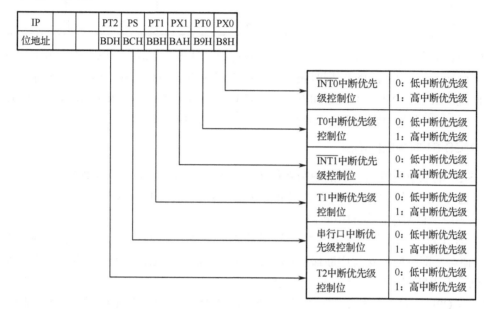

图 5-2-6　IP 各位定义

在 MCS-51 中，IP 是用户对中断优先级控制的基础。现对 IP 各位的定义分析如下。

① PX0 和 PX1：PX0 是 $\overline{INT0}$ 中断优先级控制位，位地址为 B8H。PX0 的状态可由用户通过程序设定，若 PX0=0，则 $\overline{INT0}$ 中断被定义为低中断优先级；若 PX0 =1，则 $\overline{INT0}$ 中断被定义为高中断优先级。PX1 是 $\overline{INT1}$ 中断优先级控制位，位地址是 BAH，其作用和 PX0 相同。

② PT0、PT1 和 PT2：PT0 称为定时器 T0 的中断优先级控制位，位地址是 B9H。PT0 状态可由用户通过程序设定，若 PT0=0，则定时器 T0 被定义为低中断优先级；若 PT0=1，则定时器 T0 被定义为高中断优先级。PT1 为定时器 T1 的中断优先级控制位，位地址是 BBH；PT2 为定时器 T2 的中断优先级控制位，位地址是 BDH。PT1 及 PT2 的功能和 PT0 相同，但只有 8032、8052 和 8752 等芯片才有 PT2。

③ PS：PS 为串行口中断优先级控制位，位地址是 BCH。PS 状态也由用户通过程序设定，若 PS=0，则串行口中断定义为低中断优先级；若 PS=1，则串行口中断定义为高中断优先级。

IP 也是 8031 CPU 的 21 个特殊功能寄存器之一，各位状态均可由用户通过程序设定，以便对各中断优先级进行控制。8031 共有 5 个中断源，但中断优先级只有高、低两级。因此，8031 在工作过程中必然会有 2 个或 2 个以上中断源处于同一中断优先级（或者为高中断优先级，或者为低中断优先级）。若出现这种情况，8031 又该如何响应中断呢？原来，MCS-51 内部中断系统对各中断源的中断优先级有统一规定，在出现同级中断请求时就按这个顺序来响应中断，如表 5-2-1 所示。

表 5-2-1　8031 内部中断源中断优先级的顺序

中　断　源	中　断　标　志	优先级顺序
$\overline{\text{INT0}}$	IE0	高
定时器 T0	TF0	↓
$\overline{\text{INT1}}$	IE1	
定时器 T1	TF1	
串行口中断	T1 或 R1	低

　　MCS-51 有了这个中断优先级的顺序功能就可同时处理 2 个或 2 个以上中断源的中断请求问题了。例如，若 $\overline{\text{INT0}}$ 和 $\overline{\text{INT1}}$ 同时设定为高中断优先级（PX0=1 和 PX1=1），其余中断设定为低中断优先级（PT0=0、PT1=0 和 PS=0），当 $\overline{\text{INT0}}$ 和 $\overline{\text{INT1}}$ 同时请求中断时，MCS-51 就会在先处理完 $\overline{\text{INT0}}$ 上的中断请求后自动转去处理 $\overline{\text{INT1}}$ 上的中断请求。

3. MCS-51 对中断的响应

　　MCS-51 响应中断时与一般的中断系统类似，通常也需要满足如下条件之一。

　　（1）若 CPU 处在非响应中断状态且相应中断是开放的，则 MCS-51 在执行完现行指令后就会自动响应来自某中断源的中断请求。

　　（2）若 CPU 正处在响应某一中断请求状态时又来了新的优先级更高的中断请求，则 MCS-51 便会立即响应并实现中断嵌套；若新来的中断优先级比正在服务的优先级低，则 CPU 必须等到现有中断服务完成以后才会自动响应新来的中断请求。

　　（3）若 CPU 正处在执行 RETI 或任何访问 IE/IP 指令（如 SETB EA）的时刻，则 MCS-51 必须等待执行完下条指令后才响应该中断请求。

　　在满足上述 3 个条件之一的基础上，MCS-51 均可响应新的中断请求。在响应新的中断请求时，MCS-51 的中断系统先把该中断请求锁存在各自的中断标志位中，然后在下个机器周期内按照 IP 和表 5-2-1 的中断优先级顺序查询中断标志位状态，并完成中断优先级排队。在下个机器周期的 S1 状态时，MCS-51 开始响应最高优先级中断。在响应中断的 3 个机器周期里，MCS-51 必须做以下 3 件事：①把中断点的地址（断点地址），也就是当前程序计数器中的内容压入堆栈，以便执行到中断服务程序中的 RETI 指令时按此地址返回原程序执行；②关闭中断，以防在响应中断期间受其他中断的干扰；③根据中断入口地址（见表 5-2-2）转入执行相应中断服务程序（自动执行一条长转移指令）。

表 5-2-2　8031/8051 中断入口地址表

中　断　源	中断服务程序入口	中　断　源	中断服务程序入口
$\overline{\text{INT0}}$	0003H	定时器 T1	001BH
定时器 T0	000BH	串行口中断	0023H
$\overline{\text{INT1}}$	0013H	—	—

　　由表 5-2-2 可知，8031 的 5 个中断源的入口地址之间彼此相差 8 个存储单元，这 8 个存储单元用来存放中断服务程序通常是放不下的。为了解决这一问题，用户常可在 8 个中断入口地址处存放一条 3 字节的长转移指令，CPU 执行这条长转移指令便可转入相应中断服务程序执行。例如，若 $\overline{\text{INT0}}$ 中断服务程序起始地址为 2000H 单元，则执行如下指令后便可转入

2000H 处执行中断服务程序。

```
ORG      0003H
LCALL    2000H
```

4．MCS-51 对中断的响应时间

在实时控制系统中，为了满足控制速度要求，常要弄清 CPU 响应中断所需的时间。响应中断的时间有最短和最长之分。

响应中断的最短时间需要 3 个机器周期。这 3 个机器周期的分配是：第一个机器周期用于查询中断标志位状态（设中断标志已建立且 CPU 正处在一条指令的最后一个机器周期）；第二和第三个机器周期用于保护断点、关 CPU 中断和自动转入一条长转移指令的地址。因此，MCS-51 从响应中断到开始执行中断入口地址处的指令，最短需要 3 个机器周期。

若 CPU 在执行 RETI（或访问 IE/IP）指令的第一个机器周期中查询到有了某中断源的中断请求（设该中断源的中断是开放的），则 MCS-51 需要再执行一条指令才会响应这个中断请求。在这种情况下，CPU 响应中断的时间最长，共需 8 个机器周期。这 8 个机器周期的分配为：执行 RETI（或访问 IE/IP）指令需要另加一个机器周期（CPU 需要在这类指令的第一个机器周期查询该中断请求的存在）；执行 RETI（或访问 IE/IP）指令的下一条指令最长需要 4 个机器周期；响应中断到转入该中断入口地址需要 3 个机器周期。

一般情况下，MCS-51 响应中断的时间为 3～8 个机器周期。当然，若 CPU 正在为同级或更高级中断服务（执行它们的中断服务程序）时，则新中断请求的响应需要等待的时间就无法估计了。中断响应的时间在一般情况下可不予考虑，但在某些需要精确定时控制场合就需要据此对定时器的时间常数初值做出某种调整。

5．MCS-51 对中断请求的撤除

在中断请求被响应前，中断源发出的中断请求被 CPU 锁存在特殊功能寄存器 TCON 和 SCON 的相应中断标志位中。一旦某个中断请求得到响应，CPU 必须把它的相应中断标志位复位成"0"状态。否则，MCS-51 就会因中断标志未能得到及时撤除而重复响应同一中断请求，这是绝对不允许的。

8031、8051 和 8751 有 5 个中断源，但实际上只分属于 3 种中断类型。这 3 种中断类型分别是外部中断、定时器溢出中断和串行口中断。对于这 3 种中断类型的中断请求，其撤除方法是不相同的。现对它们分述如下。

1）定时器溢出中断请求的撤除

TF0 和 TF1 是定时器溢出中断标志位，它们因定时器溢出中断源的中断请求的输入而置位，因定时器溢出中断得到响应而自动复位成"0"状态。因此，定时器溢出中断源的中断请求是自动撤除的，用户根本不必专门撤除它们。

2）串行口中断请求的撤除

TI 和 RI 是串行口中断标志位，中断系统不能自动将它们撤除，这是因为 MCS-51 进入串行口中断服务程序后常需要对它们进行检测，以测定串行口发生了接收中断还是发送中断。为了防止 CPU 再次响应这类中断，用户应在中断服务程序的适当位置处通过如下指令将它们撤除。

```
CLR  TI              ;撤除发送中断
CLR  RI              ;撤除接收中断
```

若采用字节型指令，则也可采用如下指令：

```
ANL SCON,#0FCH      ;撤除发送中断和接收中断
```

3）外部中断请求的撤除

外部中断请求有两种触发方式：电平触发和负边沿触发。对于这两种不同的中断触发方式，MCS-51 撤除它们的中断请求的方法是不相同的。

在负边沿触发方式下，外部中断标志位 IE0 或 IE1 是依靠 CPU 两次检测 $\overline{INT0}$ 或 $\overline{INT1}$ 上的触发电平状态而置位的。因此，芯片设计者使 CPU 在响应中断时自动复位 IE0 或 IE1 就可撤除 $\overline{INT0}$ 或 $\overline{INT1}$ 上的中断请求，因为外部中断源在得到 CPU 的中断服务时是不可能再在 $\overline{INT0}$ 或 $\overline{INT1}$ 上产生负边沿，从而使相应中断标志位 IE0 或 IE1 置位。

在电平触发方式下，外部中断标志位 IE0 或 IE1 是依靠 CPU 检测 $\overline{INT0}$ 或 $\overline{INT1}$ 上的低电平而置位的。虽然在 CPU 响应中断时，相应中断标志位 IE0 或 IE1 能自动复位成"0"状态，但若外部中断源不能及时撤除它在 $\overline{INT0}$ 或 $\overline{INT1}$ 上的低电平，就会再次使已经变"0"的 IE0 或 IE1 置位，这是绝对不能允许的。因此，电平触发型外部中断请求的撤除必须使 $\overline{INT0}$ 或 $\overline{INT1}$ 上的低电平随着其中断被 CPU 响应而变为高电平。电平触发型外部中断的撤除电路如图 5-2-7 所示。

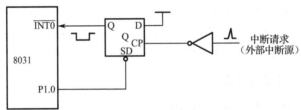

图 5-2-7　电平触发型外部中断的撤除电路

由图 5-2-7 可知，当外部中断源产生中断请求时，Q 触发器复位成"0"状态，Q 端的低电平被送到 $\overline{INT0}$ 端，该低电平被 8031 检测到后，中断标志 IE0 置"1"。8031 响应 $\overline{INT0}$ 上的中断请求便可转入 $\overline{INT0}$ 中断服务程序执行，故可以在中断服务程序的开始安排如下程序来撤除 $\overline{INT0}$ 上的低电平。

```
INSVR: ANL P1, #0FEH
       ORL P1, #01H
       CLR IE0
       ...
       END
```

8031 执行上述程序就可在 P1.0 上产生一个宽度为 2 个机器周期的负脉冲。在该负脉冲作用下，Q 触发器被置位成"1"状态，$\overline{INT0}$ 上的电平也因此而变为高电平，从而撤除了其上的中断请求。

6. MCS-51 中断系统的初始化

MCS-51 中断系统功能可以通过特殊功能寄存器进行统一管理，中断系统初始化是指用户

对这些特殊功能寄存器中的各控制位进行赋值。

中断系统初始化步骤如下。

（1）开相应中断源的中断。

（2）设定所用中断源的中断优先级。

（3）若为外部中断，则应规定低电平还是负边沿的中断触发方式。

例 5.1　若规定外部中断 1 为低电平方式、高中断优先级，试写出有关的初始化程序。

解：① 采用位操作指令

```
SETB   EA
SETB   EX1          ;开 INT1 中断
SETB   PX1          ;令 INT1 为高中断优先级
CLR    IT1          ;令 INT1 为电平触发
```

② 采用字节型指令

```
MOV IE, #84H        ;开 INT1 中断
ORL IP, #04H        ;令 INT1 为高中断优先级
ANL TCON, #0FBH     ;令 INT1 为电平触发
```

例 5.2　试写出定时器 T0 作为中断源的有关的初始化程序。

解：
```
SETB   EA           ;开所有中断
SETB   ET0          ;允许定时器 T0 中断
SETB   TR0          ;启动定时器 T0 工作
```

显然，采用位操作指令进行中断系统初始化比较简单，因为用户不必记住各控制位在相应特殊功能寄存器中的确切位置，而各控制位名称是比较容易记忆的。

7. 中断方式应用举例：8031 和打印机的接口

例 5.3　要将内部数据 RAM 从 20H 开始的 50 个 8 位数据通过打印机打印出来。试画出有关的硬件连接图并编制相应的程序。

解：为提高 CPU 效率，采用中断方式。用 $\overline{\text{ACK}}$ 加到 $\overline{\text{INT0}}$ 作为中断请求信号，用一个 4 输入译码器（16 个输出）进行部分地址译码，系统的硬件连接图如图 5-2-8 所示。

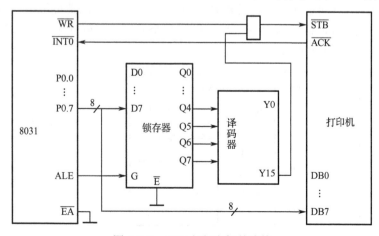

图 5-2-8　8031 与打印机的连接

当采用如图 5-2-8 所示的部分译码方式时，打印机占用的地址为 F0H～FFH，共 16 个单元。而外部 RAM 可用的单元为 00H～EFH。编制的程序应包括主程序和中断服务子程序。

主程序（中断系统和数据传送的初始化及虚拟的主程序）：

```
        SETB    EA              ;开全局中断
        SETB    EX0             ;开外中断 0
        SETB    PX0             ;外中断 0 为高级中断
        SETB    IT0             ;边沿触发方式
        MOV     R2,#49          ;R2 设为打印计数器
        MOV     R0,#20H         ;R0 存打印数据的首地址
        MOV     R1,#F0H         ;R1 存打印机地址
        MOV     A,@R0
        MOVX    @R1,A           ;输出第一个数
LOOP:   SJMP    $               ;虚拟主程序
```

中断服务子程序（中断处理：保护现场、中断服务—数据传送、关闭中断、恢复现场）：

```
        ORG     0003H
        LJMP    ROUT
        ...
ROUT:PUSHPSW                    ;保护现场
        PUSH ACC
        INC     R0              ;修改地址指针
        MOV     A,@R0
        MOVX    @R1,A
        DEC     R2              ;计数器内容减 1
        MOV     A,R2
        JNZ     NEXT            ;不为零则继续
        CLR     EX0             ;关中断
NEXT:POP        ACC             ;恢复现场
        POP     PSW
        RETI
```

当同时有外扩的 RAM 时，要注意 RAM 地址和打印机地址重叠的问题。例如，外扩 256×8 位的 RAM 时，需要用 8 条地址线来作为内部寻址。因此没有多余的地址线来控制 RAM 的片选信号 $\overline{CS}$，只能将 $\overline{CS}$ 固定接地，以备随时使用。此时，RAM 的地址范围为 00H～FFH，与打印机的地址（F0H～FFH）产生重叠。为了解决这个问题，可将打印机的译码器输出去控制 RAM 的 $\overline{CS}$ 端，如图 5-2-9 所示。

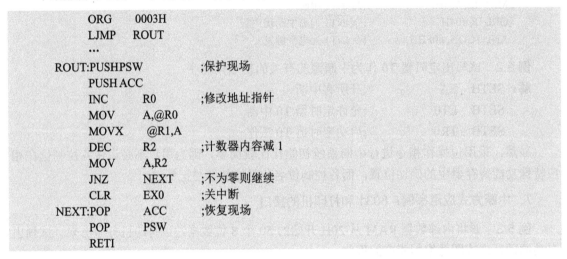

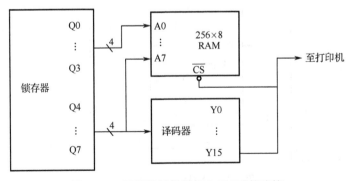

图 5-2-9 同时扩展外设与 RAM 时的连接

5.3　定时/计数器

MCS-51 系列单片机内部提供 2 个（8052 提供 3 个）16 位定时/计数器：定时器 0 和定时器 1。它们既可用于定时器方式，又可用于计数器方式。

用于定时器工作方式时，每一个机器周期定时器加 1，所以定时器也可看作对计算机机器周期进行计数的计数器。由于每个机器周期包含 12 个时钟周期，所以计数的速率是时钟频率的 1/12。

用于计数器工作方式时，只要 T0、T1 的引脚上有一个从 1 到 0 的下降沿，计数器就加 1。外部输入的信息在每个机器周期的 S5P2 状态时采样。当前一个机器周期采样为 1，后一个机器周期采样为 0 时，计数器加 1。在检测到跳变后的那个机器周期的 S3P1 状态时，新的计数值装入计数器。由于需用两个机器周期（24 个时钟周期）来识别一个从 1 到 0 的下降沿，因此最大计数速率为时钟频率的 1/24。虽然对输入信息的占空度比（信号的高电平宽度与此电平宽度的比）无特殊要求，但要保证所给出的电平在其改变之前至少被采样一次。因此，信号必须至少保持一个完整的机器周期。

除了可选择定时和计数方式，每一种定时/计数器共有 4 种操作方式可供选择。

MCS-51 系列单片机的定时器 0 和定时器 1 的定时、计数方式及各种操作方式的选择，由特种功能寄存器（TMOD）的有关位决定。

有的微机控制系统是按时间间隔来进行控制的，如定时的温度检测等。虽然可以利用延迟程序来取得定时的效果，但这会降低 CPU 的工作效率。如果能用一个可编程的实时时钟，实现定时或延时控制，CPU 不必通过等待来实现延时，就可以提高其效率。另外也有些微机控制系统是按计数的结果来进行的，因此在微机控制系统中常使用硬件定时/计数器。现在有很多专门用作定时/计数器的接口芯片。单片机内带有硬件定时/计数器可以简化系统设计。MCS-51 系列单片机内的定时/计数器有以下特点。

（1）定时/计数器可以有多种工作方式，可以是计数方式也可以是定时方式等。

（2）定时/计数器初值是可设定的，定时或计数的多少由初值来定，开启定时/计数器后，定时/计数器开始进行加 1 计数。计数的最大值是有一定限制的，这取决于计数器的位数。定时/计数的最大值也就限制了定时/计数器的最大值。

（3）可以按照规定的定时/计数值，在定时的时间到或计数终止时，发出中断申请，通过中断服务程序实现周期性或准周期性任务。

5.3.1　定时/计数器控制与状态寄存器

MCS-51 系列单片机设有两个特殊功能寄存器 TMOD 和 TCON，用于定义定时/计数器的操作方式和控制定时/计数器的有关功能。当用一条指令改变 TMOD 或 TCON 的内容，改变的内容锁存在特殊功能寄存器中，并在下条指令的第一个机器周期的 S1P1 状态发生作用。这两个特殊功能寄存器各位的含义及功能如下。

1. 定时/计数器方式控制寄存器（TMOD）

TMOD 的格式如图 5-3-1 所示。

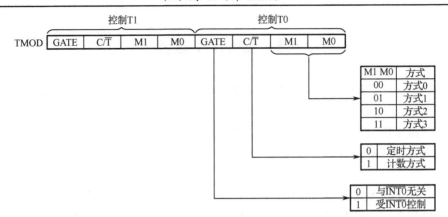

图 5-3-1　TMOD 的格式

其中 M1、M0 定义方式如下：

M1　M0　操作方式　　功能描述

0　　0　　方式 0　　　13 位计数器

0　　1　　方式 1　　　16 位计数器

1　　0　　方式 2　　　具有自动再装入初值的 8 位计数器

1　　1　　方式 3　　　定时/计数器 0 分成两个 8 位计数器，定时/计数器 1 停止计数

C/$\overline{T}$：选择定时方式或计数方式。当 C/$\overline{T}$=1 时为计数方式，当 C/$\overline{T}$=0 时为定时方式。

GATE：门控制位。GATE=1 时，只有 $\overline{INT0}$（或 $\overline{INT1}$）引脚为高电平且 TR0（或 TR1）=1 才开放定时/计数器 0（或定时/计数器 1）；GATE=0 时，只要 TR0（或 TR1）=1 就开放定时/计数器 0（或定时/计数器 1）。

低 4 位为定义定时/计数器 0，高 4 位为定义定时/计数器 1。复位时，TMOD 的所有位均清零。

2．定时/计数器控制寄存器（TCON）

TCON 格式如图 5-3-2 所示。

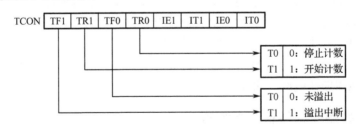

图 5-3-2　TCON 的格式

图 5-3-2 中各个数据位的意义如下。

TF1：定时/计数器 1 溢出中断请求标志。当定时/计数器 1 溢出时由硬件置 1，当主机响应中断转向中断服务程序时，由硬件自动清零。

TR1：定时/计数器 1 运行控制位。由软件置位或复位来开启或关闭定时/计数器 1。

TF0：定时/计数器 0 溢出中断请求标志。当定时/计数器 0 溢出时由硬件置 1，当主机响应中断转向中断服务程序时，由硬件自动清零。

TR0：定时/计数器 0 运行控制位。由软件置位或复位来开启或关闭定时/计数器 0。

IE1：外部中断 1 中断请求标志。当检测到 $\overline{INT1}$ 发生有效请求时，由硬件置位 IE1，当主机响应外部中断 1，程序转向中断服务程序时，由硬件使 IE1=0。

IE0：外部中断 0 中断请求标志。当检测到 $\overline{INT0}$ 发生有效请求时，由硬件置位 IE0，当主机响应外部中断 0，程序转向中断服务程序时，由硬件使 IE0=0。

IT1：用软件对其置位或复位来选择外部中断 1 的中断请求触发方式。如果 IT1=1，外部中断 1 为边沿触发方式且为下降沿触发，即触发前一周期 $\overline{INT1}$ 上为高电平，紧接后一个周期为低电平，产生中断请求；如果 IT1=0，外部中断 1 为电平触发方式且为低电平触发，即 $\overline{INT1}$ 上的低电平，产生中断请求。

IT0：用软件对其置位或复位来选择外部中断 0 的中断请求触发方式。如果 IT0=1，外部中断 0 为边沿触发方式且为下降沿触发，即触发前一周期 $\overline{INT0}$ 上为高电平，紧接后一个周期为低电平，产生中断请求；如果 IT0=0，外部中断 0 为电平触发方式且为低电平触发，即 $\overline{INT0}$ 上的低电平，产生中断请求。

3．其他寄存器

与定时/计数器相关的除 TMOD 和 TCON 外，还有 TH0、TL0、TH1、TL1，以及与中断相关的 IE 和 IP。以上 8 个寄存器都是 8 位的。

TH0 和 TL0 组成定时/计数器 0 的计数寄存器，TH1 和 TL1 组成定时/计数器 1 的计数寄存器。IE 和 IP 设置定时/计数器的中断允许和优先级。

5.3.2　定时/计数器的工作方式

通过编程对 TMOD 中的控制位 C/$\overline{T}$ 的设置，可选择定时方式或计数方式，对 M1M0 位的设置用来选择定时器的 4 种操作方式。

1．定时方式 0

当 TMOD 的 C/$\overline{T}$ 位清零，且 M1M0 位为 00 时，为定时方式 0。

定时方式 0 操作对定时/计数器 0 和定时/计数器 1 均适用，其结构如图 5-3-3 所示。在此方式中，定时寄存器 1 由一个 13 位计数器构成，其 13 位是由 TH1 的 8 位作高 8 位，TL1 的低 5 位作低 5 位组成的，其中 TL1 的高 3 位未用。当计数值从 1111111111111 变为 0000000000000 时，中断标志 TF1 置位，下次计数从 0 开始，若想不从 0 开始计数，可通过软件将时间常数装入 TH1 和 HL1。

允许定时器计数输入的条件是：TR1=1 且 GATE=0 或 $\overline{INT1}$=1。这里 TR1=1，GATE=0 为启动定时/计数器 1，均由软件设置。$\overline{INT1}$ 是外部中断输入量，当 GATE=1 时，允许定时/计数器由外部中断 $\overline{INT1}$ 控制，以便于脉冲宽度的测量。当计数方式时，对 T1 引脚进行计数。当定时方式时，对时钟信号的 12 分频进行计数。

2．定时方式 1

定时方式 1 除定时/计数器为 16 位同时运行外，其余结构与定时方式 0 相同。定时器 1 的方式 1 的计数格式如图 5-3-4 所示。

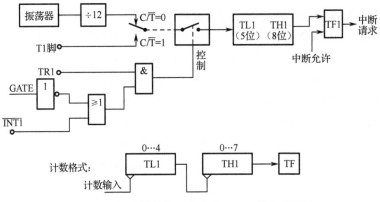

图 5-3-3　定时/计数器 1 的方式 0（13 位计数器）

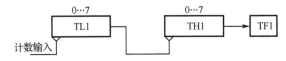

图 5-3-4　定时器 1 的方式 1 的计数格式

TL1 的最高位（7 位）计数器每溢出一次，TH1 计数器加 1。当 16 位由全 1 变全 0 时，最高位产生溢出，置位 TF1。

3．定时方式 2

定时方式 2 是将定时/计数器组成一个可自动重新装入的 8 位计数器（TL1），其结构如图 5-3-5 所示。

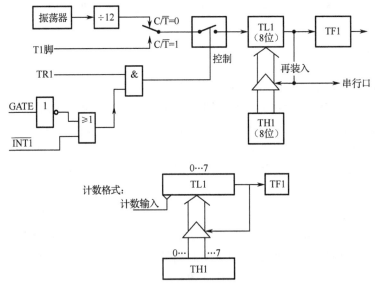

图 5-3-5　定时器 1 方式 2：8 位自动再装入

从图 5-3-5 可知，当定时器 1 定义为方式 2 时，它作为一个可自动再装入时间常数的 8 位定时器，TL1 作为 8 位计数器，TH1 作为时间常数寄存器。可通过编程，对 TH1 和 TL1 预置初值，启动后，TL1 的溢出不仅置位 TF1，而且控制 TH1 的内容重新装入 TL1。而 TH1 的内容可由软件预置为任何需要的一个 8 位值，重新装入将不影响 TH1 的内容，以便下次使用时重新装入。

对于定时器 0 的方式 2，与上述相同。

4．定时方式 3

定时方式 3 是一个 16 位计数器用作两个 8 位计数器，只适用于定时器 0。如果置定时器 1 为方式 3，则它停止计数，其效果与置 TR1=0 相同，即关闭定时器 1。

如果置定时器 0 为方式 3，则 TL0 和 TH0 变为两个分开的计数器，如图 5-3-6 所示。

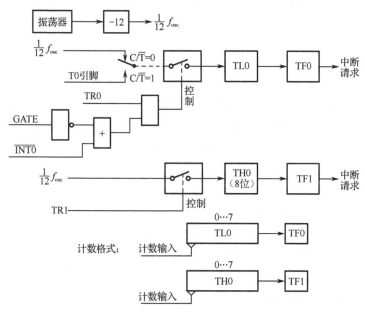

如图 5-3-6　定时器 0 的方式 3：两个 8 位计数器

定时器 0 方式 3 的 TL0 占用了定时器 0 全部的控制位，即 C/$\overline{T}$、GATE、TR0、TF0 等，而寄存器的高 8 位 TH0 固定为定时器用法，对时钟周期进行计数，运行控制位和溢出标志位则借用定时器 1 的 TR1 和 TF1，因此 TH0 的溢出将置位 TF1。这样，TH0 控制着定时器 1 的中断，所以定时器 1 在定时器 0 为方式 3 时，仍可按方式 0、1、2 工作，所不同的是这时不能使用溢出标志和中断。

通常情况下不用定时方式 3，只有当定时器 1 作为串行口的波特率发生器且工作在方式 2 时才用。所以方式 3 是为了需要两个独立的定时/计数器，以及为适应产生串行口波特率的应用场合而提供的。这时可把定时器 1 用作波特率发生器（方式 2），把定时器 0 置成方式 3。

5.3.3　定时/计数器的初始设置

MCS-51 系列单片机的定时/计数器是可编程的，因此，在进行定时或计数之前也要用程序对其进行初始设置。初始设置一般应包括以下几个步骤。

（1）对 TMOD 进行赋值，以确定定时器的工作方式。

（2）设置定时/计数器的初值，直接将计数的初值写入定时/计数器 0 的 TH0 和 TL0 寄存器或者定时/计数器 1 的 TH1 和 TL1 寄存器。

（3）根据需要，对 IE 置初值，开放或关闭定时/计数器中断，对 IP 置初值，选择其中断优先级。

（4）对 TCON 中的 TR1 或 TR0 置位，开启定时/计数器 1 或定时/计数器 1。置位以后，计数器即按规定的工作方式和初值进行计数或开始定时。

在初始设置过程中，要置入定时值或计数值的初值，这时要做一些计算。由于计数器是加 1 计数器，并在溢出时申请中断，因此不能直接输入所需的计数值，而是要从计数溢出值减去这个计数值才是应置入的初值。计数器的溢出值即其模值，设为 M，在方式 0 中，$M=2^{13}$，在方式 1 中，$M=2^{16}$，在方式 2 中，$M=2^{8}$，置入的初值可这样来计算：

计数方式时：

$$初值=M-计数值$$

定时方式时：

$$初值=M-（定时值/12×T_{osc}）$$

式中，T_{osc} 是单片机时钟周期。当时钟频率为 12MHz 时，经 12 分频后，计数频率为 1MHz，计数周期为 1μs。在这种情况下，若定时器工作在方式 0，则最大定时值为：

$$2^{13}×1μs=8.192ms$$

若定时器工作在方式 1，则最大定时值为：

$$2^{16}×1μs=65.536ms$$

若定时器工作在方式 2，则最大定时值为：

$$2^{8}×1μs=256μs$$

若要增大定时值，当然可以采用降低单片机的时钟频率的方法，但这不仅会降低单片机的运行速度，而且定时误差也会加大，最重要的是增大的定时值也不会太多，所以不是好方法。采用软件的方法来增大定时值，效果较好。

例 5.4 若单片机的时钟频率为 12MHz，要求产生 2ms 的定时，试确定定时器的初值。

解：若采用方式 0，则：

$$2^{13}-2×10^{-3}/1×10^{-6}=6192$$
$$=1830H=0001\ 1000\ 0011\ 0000B$$
$$=11000001\ 10000B（只取低 13 位，并分为高 8 位和低 5 位）$$

其中，高 8 位（C1H）为 TH1（TH0）寄存器的初值，低 5 位（10H）为 TL1（TL0）寄存器的初值。注意，不要错误地把 18H 送入 TH1（TH0）寄存器，30H 送入 TL1（TL0）寄存器。

若采用方式 1，则：

$$2^{16}-2×10^{-3}/1×10^{-6}=63\ 536$$
$$=F830H$$

或

$$10000H(2^{16})-7D0H(2000)=F830H$$

因此，高 8 位 TH1（TH0）的初值为 F8H，低 8 位 TL1（TL0）的初值为 30H。

采用方式 2 时（8 位自动重装方式）不能产生 2ms 的定时（12MHz 时，最大为 0.256ms）。

5.3.4 应用举例

例 5.5 利用定时器输出周期为 4ms 的方波，设单片机时钟频率为 12MHz。

解　4ms 的方波应为每 2ms 变化一次信号幅度，故定时值为 2ms，用定时器方式 0 就可以达到这个定时值。首先计算定时器的初值：

$$2^{13}-2\times10^{-3}/1\times10^{-6}=6192$$
$$=1830H=0001\ 1000\ 0011\ 0000B$$
$$=11000001\ 10000B=C110H$$

若使用定时器 1，则 TH1 的初值为 C1H，TL1 的初值为 10H。在设置 TMOD 的各位时，一般情况之下，GATE 总是取 0，以表示计数不受 $\overline{INT1}$ 信号的控制。有关程序如下：

```
            ORG    0                      ;复位入口地址
            AJMP MAIN                     ;转主程序
            ORG    001BH                  ;定时器 1 中断服务程序入口地址
            AJMP      SBRT0               ;转中断服务程序
            ORG    300H                   ;主程序入口地址
MAIN:       MOV       TMOD,#00H           ;置定时器 1 为方式 0
            MOV       TH1,#C1H            ;置定时器 1 初值高 8 位
            MOV       TL1,#10H            ;置定时器 1 初值低 8 位
            SETB      EA                  ;CPU 中断允许
            SETB      ET1                 ;定时器 1 中断允许
            SETB      TR1                 ;启动定时器 1
LOOP:       SJMP      $                   ;等待，模拟主程序
SBRT0:      MOV       TH1,#C1H
            MOV       TL1,#10H            ;重装定时器 1 初值
            CPL    P1.0                   ;方波从 P1.0 端输出
            RETI
```

方波从 P1 口的 P1.0 引脚输出，每隔 2ms 使幅度在 0 和 1 之间变化，即可得到周期为 4ms 的方波。

以上的程序在定时器初始设置之后，进入死循环模拟主程序，等待定时/计数器溢出中断。响应中断后进入中断服务程序入口地址 001BH。在入口处用一条转移指令进入真正的中断服务程序。由于采用定时器方式 0，在中断服务程序中对定时器重装初值，以进入下一次计数循环，继续定时输出方波。采用定时器方式 0、1、3 时都需要用指令来重装定时器的初值，以保证定时值不变。

采用定时器溢出中断来产生方波，可提高 CPU 的效率。在计数器工作的同时，CPU 可以用于其他服务，方波也可以通过查询方式来产生。

例 5.6　用查询方式产生例 5.5 中所要求的方波。

解　程序和上一个例子很相似，但不需要中断和中断服务程序。查询的对象是定时器的溢出标志 TF1，计数进行中，TF1 为 0，当定时时间到，计数器溢出使 TF1 置 1。由于未采用中断，TF1 置 1 后不会自动复位，故要用指令来使 TF1 复位。

```
            MOV       TMOD,#00H           ;置定时器 1 为方式 0
            SETB      TR1                 ;启动定时器 1
LOOP:       MOV       TH1,#C1H            ;定时器 1 高 8 位初值
            MOV       TL1,#10H            ;定时器 1 低 8 位初值
            JNB    TF1,$                  ;查询，TF1≠1 继续查询
            CPL    P1.0                   ;TF1=1，输出方波
```

| | CLR | TF1 | ;清 TF1，准备下一次计数循环 |
| | SJMP | LOOP | |

虽然程序很简单，但 CPU 效率不高。

例 5.7 仍要求用定时器控制方波输出，但要求方波的周期为 4s。单片机时钟频率仍为 12MHz。

解 周期为 4s 的方波要求定时值为 2s。在时钟为 12MHz 的情况下，这个值已超过了定时器可能提供的最大定时值（65.536ms），为了能实现 2s 的定时，可采用定时器定时和软件计数相结合的方法。例如，要获得 2s 定时，可设定时器的定时值为 20ms，另设一个软件计数器，初值为 100。每当 20ms 定时时间到时，产生中断，在中断服务程序中使软件计数器减 1，这样，到软件计数器减到 0 时，就获得了 2s 的定时。在达到 2s 定时之前，中断服务程序中只是软件计数，并不改变输出，只有当软件计数器为 0 时，再改变输出的幅度，并重新将软件计数器置为 100，以准备开始另一个 2s 的定时。

这种硬件、软件相结合取得长时间定时的方法，除了可用于输出方波，也可以用在其他需要长时间定时控制的场合，并且 CPU 的效率仍然是很高的。

先计算 20ms 定时所需的定时器初值，这时应采用定时器方式 1，即 16 位计数器方式。计数器的计数频率为 12MHz/12=1MHz（计数周期为 1μs）。初值为：

$$2^{16} - (20 \times 10^{-3}/1 \times 10^{-6}) = 65\ 536 - 20\ 000$$
$$= 45\ 536 = 1011\ 0001\ 1110\ 0000B = B1E0H$$

若采用定时器 0，则 TH0 的初值为 B1H，TL0 的初值为 E0H，中断服务程序入口地址为 000BH。

	ORG 0		;复位入口地址
	AJMP START		;转主程序
	ORG 000BH		;定时器 0 中断服务程序入口地址
	AJMP	SBRT1	;转中断服务程序
	ORG	1000H	;主程序开始地址
START:	MOV	TMOD,#01H	;定时器 0 方式 1
	MOV	TH0,#B1H	;定时器 1 高 8 位初值
	MOV	TL0,#E0H	;定时器 1 低 8 位初值
	MOV	IE,#82H	;定时器 0 开中断
	SETB	TR0	;启动定时器 0
	MOV	R0,#100	;软件计数初值
LOOP:	SJMP$		;模拟主程序，等待中断
SBRT1:	DJNZ	R0,NEXT	;中断服务程序
	CPL	P1.0	;R0 为 0 后输出改变
	MOV	R0,#100	;重置软件计数器
NEXT:	MOV	TH0,#B1H	;重置定时器 1 高 8 位
	MOV	TL0,#E0H	;重置定时器 1 低 8 位
	RETI		;中断返回

在以上的定时程序中，都要在中断服务程序中重装定时器 1 的初值。而定时/计数器本身在溢出进入全 0 状态后，仍在继续计数。这样，在定时器溢出而发出中断申请，到重装完定时器初值并在此基础上继续计数定时，总会有一定的时间间隔，计数器总要计几个数。因此，

若是重装定时器的初值仍按原计数值不变的话，实际上就多计了若干个数或者定时多增加了若干微秒。若要求定时/计数比较精确，就须对重装的定时器初值做一些调整。调整时要考虑两个因素：一个因素是中断响应所需的时间，在没有中断嵌套的情况下，中断响应的时间为 3～8 个机器周期，也就是 3～8 个计数周期，具体取什么数值则和中断产生点的指令有关，而中断在程序中哪一点出现则不好估计，因此，一般可按 4～5 个周期来考虑；另一个因素是重装指令占用的时间，当然，在重装定时器初值之前，中断服务程序中还有其他指令也要考虑。综合这两个因素后，在一般情况下，重装定时/计数器的初值的修正量可取 7～8 个计数周期，即少计 7～8 个数。反映到实际的重装值则是要增多 7～8 个数。

例 5.8 在例 5.5 中，若考虑上面两个因素，要求准确定时，写出相应程序。

解 考虑到定时器在溢出后，在重装初值前还会继续计数，因为有中断转移等因素，我们无法准确知道在重装初值前定时器计了多少数，但是可以将给定时器赋值变为给定时器加上初值，问题便解决了。进一步考虑到给定时器加上初值的程序占用的时间，我们可以在运行这段程序时关闭定时器，根据程序运行需要的时间修正初值即可。原定时器的初值为 C1H、10H。程序运行所需要的时间为 7 个机器周期（这需要编好程序后再算），也就是 7 个计数周期，修正后的定时器的初值为 C1H、17H。相应程序如下：

	ORG 0		;复位入口地址
	AJMP MAIN		;转主程序
	ORG 001BH		;定时器 1 中断服务程序入口地址
	AJMP	SBRT0	;转中断服务程序
	ORG 300H		;主程序入口地址
MAIN:	MOV	TMOD,#00H	;置定时器 1 为方式 0
	MOV	TH1,#C1H	;置定时器 1 初值高 8 位
	MOV	TL1,#10H	;置定时器 1 初值低 8 位
	SETB	EA	;CPU 中断允许
	SETB	ET1	;定时器 1 中断允许
	SETB	TR1	;启动定时器 1
LOOP:	SJMP	$	;等待，模拟主程序
SBRT0:	CLR	TR1	;关闭定时器 1
	MOV	A,#17H	;1 个机器周期
	ADD	A,TL1	;1 个机器周期
	MOV	TL1,A	;1 个机器周期
	MOV	A,#C1H	;1 个机器周期
	ADDC	A,TH1	;1 个机器周期
	MOV	TH1,A	;1 个机器周期
	SETB	TR1	;1 个机器周期
	CPL	P1.0	;方波从 P1.0 端输出
	RETI		

5.4 串行通信及串行接口

微型计算机和外部设备交换数据的方式除了并行通信之外，还常使用串行通信的方式。并行通信一次就可以传送 8 位甚至更多位的数据，因此传送速率比较高，但是需要的传输线的数目也比较多。在较远距离通信时，传输线的成本急剧增加，因此，为节省成本一般不采用并行通信而采用串行通信的方式。在这一节中将介绍串行通信的基本知识、MCS-51 系列单片机的串行接口及其应用。

5.4.1　串行通信的基本知识

在实际工作中，计算机的 CPU 与其外部设备之间常常要进行信息的交换，一台计算机与其他的计算机之间也往往要交换信息，所有这些信息交换均可称为计算机通信。

计算机通信的基本方式可分为并行通信和串行通信两种。

并行通信是指数据的各个位同时进行传送的通信方式。其优点是传送速率高，缺点是数据有多少位，就需要多少根数据传输线。这在位数较多，传输距离又远时成本太高。

串行通信是指数据是一位一位地按顺序传送的通信方式。它的突出优点是只需一根数据传输线，并且可以利用电话线作为传输线，这样就可大大降低传输成本，特别适用于远距离通信。其缺点是传送速率较低，假设并行传送 n 位数据所需时间为 T，那么串行传送的时间一般是大于 $n \times T$ 的。

1．串行通信的两种基本方式

串行通信又分为异步传送和同步传送两种基本方式。

1）异步传送方式

异步传送的特点是数据在线路上的传送不是连续的。在线路上数据是以一个字节（或字符）为单位来传送的。异步传送时，各个字符可以是连续传送的，也可以是间断传送的，这完全由发送方根据需要来决定。另外，在异步传送时，同步时钟脉冲并不传送到接收方，即双方各用自己的时钟源来控制发送和接收。

由于字符的发送是随机进行的，对于接收方来说就有一个判别何时有字符送来，何时是一个新的字符开始的问题。因此，在异步通信时，对字符必须规定一定的格式。异步通信的数据格式如图 5-4-1 所示。

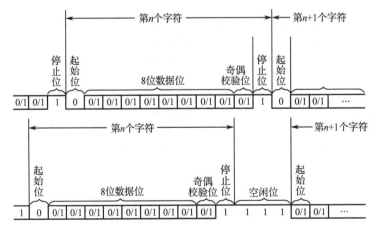

图 5-4-1　异步通信的数据格式

一个字符由四部分组成：起始位、数据位、奇偶校验位和停止位。一个字符由起始位开始，停止位结束。

起始位为 0 信号，占用 1 位，用来通知接收设备一个新的字符的开始。

线路在不传送字符时，应保持为 1。接收端不断检测线路的状态，若连续收到 1 以后又收到一个 0，就知道是发来一个新的字符，应马上准备接收。字符的起始位还被用来同步接收端的时钟，以保证以后的接收能正确进行。

起始位后面紧接着的就是数据位，它可以是 8 位或 9 位等。由于串行通信的速率是与数据的位数成比例的，所以要根据需要来确定数据的位数。另外要注意的是，在发送时，总是最低位先传送，因此在图 5-4-1 中，紧挨起始位的是最低位（LSB）。

奇偶校验位只占 1 位。但在字符中也可以规定不用奇偶校验位，则这 1 位可省去。也可以不用奇偶校验位而加一些其他的控制位，比如用来确定这个字符所代表信息的性质等。在这种情况下，也可能使用多于 1 位的附加位。

停止位用来表征传送本字符的结束。它一定是用逻辑 1 表示的。停止位可以是 1 位、1.5 位或 2 位，MCS-51 系列单片机的停止位为 1 位。接收端收到停止位时，就表征这一字符的结束，同时，也为接收下一个字符做好准备。只要再收到 0 就是新的字符的起始位，若停止位以后不是紧接着传送下一个字符，则线路保持为 1。

图 5-4-1 的上半部分表示一个字符紧接一个字符传送的情况，上一个字符的停止位和下一个字符的起始位是紧邻的。图 5-4-1 下半部分则是两个字符间有空闲位的情况，空闲位为 1，线路处于等待状态。从传送效率来说，当然是前一种情况效率高，但存在空闲位是异步通信的特征之一。

在串行通信中有个重要的指标叫作波特率。它定义为每秒传送二进制数码的位数，以 bit/s 作为单位，即 bps 或 baud。串行通信要求发送端和接收端的波特率要一致，这样才能保证收发两端时钟的同步，串行通信可以没有时钟信号，而只有数据信号。波特率反映了串行通信的速率，也反映了对于传输通道的要求：波特率越高，要求传输通道的频带越宽。在异步通信中，波特率为每秒传送的字符数和每个字符位数的乘积。例如，每秒传送的速率为 120 字符/s，而每个字符又包含 10 位（1 位起始位，7 位数据位，1 位奇偶校验位，1 位停止位），则波特率为：

$$120 \text{ 字符/s} \times 10 \text{bit/字符} = 1200 \text{bit/s}$$

一般异步通信的波特率为 50～9600bit/s，随着线路质量的提高，波特率还可以做到更高。

波特率和时钟频率并不是一回事。时钟频率比波特率要高得多。一般有两种选取的方法，即高 16 倍或高 64 倍。由于异步通信双方各用自己的时钟源，若是时钟频率等于波特率，则频率稍有偏差便会产生接收错误。采用较高频率的时钟，在 1 位数据内就有 16 或 64 个时钟，捕捉正确的信号就可以得到保证。

因此，在异步通信中，收发双方必须事先规定两件事：一是字符格式，即规定字符各部分所占的位数，是否采用奇偶校验，及校验的方式（偶校验还是奇校验）；二是所采用的波特率及时钟频率和波特率的比例关系。

由于异步传送不传送时钟脉冲，因此设备比较简单，实现起来方便。它还可根据需要连续地或有间隙地传送数据，对各字符间的间隙长度没有限制。缺点是在数据字符串中要加上起同步作用的起始位和停止位，降低了有效数据位的传送速率。

2）同步传送方式

同步传送是一种连续传送数据的方式。在通信开始以后，发送端连续发送字符，接收端也连续接收字符，直到通信告一段落。同步传送时，字符与字符之间没有间隙，也不用起始位和停止位，仅在数据块开始时用同步字符（SYNC）来指示，其数据格式如图 5-4-2 所示。

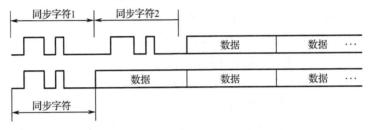

图 5-4-2　同步传送的数据格式

同步字符的插入可以是单同步字符方式或双同步字符方式，图 5-4-2 分别表示了这两种情况。在同步字符后面是连续的数据块。同步字符一般由用户自己约定。按同步方式通信时，在发送时要插入同步字符，接收方检测到同步字符时，即准备开始接收。因此，在硬件设备上需要有插入同步字符或相应的检测手段。

在同步传送时，无论接收或发送，为提高波特率，要求波特率和时钟频率一致。为了保证接收正确无误，发送端除了发送数据信号，还要发送同步的时钟信号。

同步传送的优点是传送速率可以提高，可达 56×2^{10}bit/s 或更高。

2. 串行通信中数据的传送方式

通常在串行通信中，数据在两个站之间是双向传送的，既可以 A 站作发送端，B 站作接收端，也可以 B 站作发送端，A 站作接收端。

根据具体的需要，串行通信又可分为半双工和全双工。

半双工只有一条传输线，尽管传输也可以双向进行，但每次只能有一个站发送，另一个站接收，即可以是 A 发送到 B，也可以从 B 发送到 A，但 A、B 不能同时发送，当然也不能同时接收。

全双工有两条传输线，两个站可以同时相互发送和接收。

对于微机控制的串行通信来说，由于微机的 CPU 同时只能执行一条指令，微机不可能同时执行"发送"和"接收"两种操作。因此"同时收发"与其说是对机器而言的，不如说是对用户而言的。CPU 总是将数据发送到串行接口，也从串行接口上接收数据。结果是在串行接口的发送和接收两条线上，也的确可以同时有收、发两个方向的信号在上面传送。对用户来说，就是实现了全双工的传输方式。

3. 串并变换和串行接口

CPU 通常是并行地传送数据的，但和某些外部设备或其他计算机则可采用串行通信方式。这就要求把从 CPU 来的并行数据转换为串行数据送给外部设备，或者把外部设备送来的串行数据转换为并行数据送给 CPU。在串行通信中，总有这种串并变换。

串并变换可以通过软件来实现。现以异步通信的发送为例说明串并变换的原理。

首先要确定异步通信的字符格式，然后按照字符格式，从起始位开始，以一定的延迟时间一位一位地传送出去，最后形成停止位，一个字符的传送结束。

设字符格式为 1 位起始位，8 位数据位，1 位停止位，一共是 10 位。在传送前先设一个计数器初值为 10。设从 P1.0 端输出串行数据，故可以用右移的操作把数据一位一位地输出。

为了得到起始位和停止位，可适当地给进位标志 Cy 赋值，并用循环移位指令，将它移入数据的适当位置。具体操作是先通过循环左移指令，将 0 移入 ACC.0，输出起始位，再通过循环右移指令，恢复 ACC 中的数据，然后一位一位地输出。在输出过程中，将 1 逐渐从 ACC 的左端移入。等到数据输出完，接着就可以输出停止位 1，停止位的数目由起始的计数器来控制，从而完成一次数据的串行输出。

假设串行输出的数据存在内部 RAM 的 30H 单元，串并转换的程序段如下：

```
        MOV R0,#10       ;位计数器置为 10
        MOV ACC,30H      ;取出数据到 ACC
        CLR C            ;清进位位 Cy
        RLC ACC          ;起始位 0 送 ACC.0
LOOP:   PUSH ACC         ;暂存 ACC
        ANL ACC,#01H     ;只保留 ACC.0 的内容
        ANL P1,#0FEH     ;清 P1.0
        ORL P1,ACC       ;从 P1.0 端输出串行数据
        POP ACC          ;恢复 ACC 的值
        ACALL DELAY      ;延迟时间用来决定波特率
        RRC ACC          ;准备输出下一位
        SETB C           ;Cy 置 1 以产生停止位
        DJNZ R0,LOOP     ;未发送完，继续循环，循环 10 遍，即发送结束
```

用软件接收串行数据并且变换为并行数据的原理也基本相似。关键是要发现起始位作为接收的同步位，然后按发送数据相同的速率，一位一位地读入串行数据，再逐位移入累加器 ACC，直到数据位全部读完。

用软件实行串并变换不需要外加硬件电路，其缺点是速度慢，CPU 的效率不高，当数据格式变化时，软件也要改变。因此常用专门的串行接口电路再加以适当的软件控制来完成串行通信。

对于 MCS-51 系列单片机来说，它本身有的串行接口，用户可以方便地使用其串行接口，而不需另外扩展。

5.4.2　MCS-51 系列单片机的串行接口

MCS-51 系列单片机内部有一个可编程的、全双工的串行接口 SBUF，它也属于特殊功能寄存器之一，占用地址 99H，是不可以位寻址的。

串行接口对外有两条独立的收、发信号线 RXD（P3.0）和 TXD（P3.1），因此，可以同时发送、接收数据，实现全双工传送。SBUF 由一个发送缓冲器和一个接收缓冲器构成，发送缓冲器和接收缓冲器不能互相换用。对外来讲，它们共同占用一个 RAM 地址 99H，通过使用不同的读 /写缓冲器的指令来决定对哪一个缓冲器进行操作。

使用串行接口以后，串行收发的工作主要由串行接口来完成。在发送时，CPU 由一条写

发送缓冲器的指令把数据写入串行接口（写入 SBUF），然后由串行接口一位一位地向外发送。与此同时，接收端也可以一位一位地接收数据，直到把一组数据收完后，通知 CPU，再用另一条指令把接收缓冲器的内容（读 SBUF 的内容）写入累加器。可见，在整个串行收发过程中，CPU 操作的时间很少，使得 CPU 还可以从事其他操作，从而大大提高了 CPU 的效率。

1．MCS-51 单片机串行接口的控制

串行接口的工作主要受串行接口控制寄存器（SCON）的控制，另外也和电源控制寄存器（PCON）有些关系。SCON 用来控制串行接口的工作方式，还有一些其他的控制作用。

SCON 的控制位如图 5-4-3 所示。

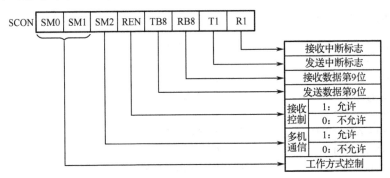

图 5-4-3　SCON 的控制位

串行接口的工作方式如表 5-4-1 所示，其中 SM0 和 SM1 是 SCON 中的两个控制位。

表 5-4-1　串行接口的工作方式

SM0　SM1	工 作 方 式	说　明	波　特　率
00	方式 0	同步移位寄存器	$f_{osc}/12$
01	方式 1	10 位异步接收发送	由定时器控制
10	方式 2	11 位异步接收发送	$f_{osc}/32$ 或 $f_{osc}/64$
11	方式 3	11 位异步接收发送	由定时器控制

SCON 中各位的含义如下：

SM0、SM1：串行接口工作方式控制位，具体控制方法如表 5-4-1 所示。

SM2：多机通信控制位，主要用于方式 2 和方式 3。若允许多机通信，则 SM2=1，然后依据收到的第 9 位数据的值来决定从机是否接收主机的信号。

REN：允许接收控制位。只有当 REN=1 时才允许接收，相当于串行接收的控制开关。若 REN=0，则禁止接收。

TB8：发送数据的第 9 位。在方式 2 和方式 3 中准备发送的第 9 位数据就存放在 TB8 位中。通过对 TB8 的置数，就可以决定发送第 9 位数据的内容。

RB8：接收数据的第 9 位。在方式 2 和方式 3 中接收到的第 9 位数据就存放在 RB8 位中，故可根据 RB8 中的数据的情况对接收数据进行某种检测，如奇偶校验等。

TI：发送中断标志。在一组数据发送完时被置位，由硬件在方式 0 串行发送第 8 位结束时置位，或在其他方式串行发送停止位的开始时置位。置位意味着向 CPU 提供"串行通信缓

冲器 SBUF 已空"的信息，CPU 可以准备发送下一组数据了。串行接口发送中断被响应后，TI 不会自动清零，必须由软件清零。

RI：接收中断标志。在接收到一组有效数据后由硬件置位，若中断允许就申请串行接口接收中断，通知 CPU 可以把收到的数据（在 SBUF 中）写入累加器，也必须由软件清零。

SCON 的单元地址为 98H，是可以位寻址的。

另一个特殊功能寄存器也参与对串行接口的控制，即电源控制寄存器（PCON）。

PCON 的串行接口控制位如图 5-4-4 所示。

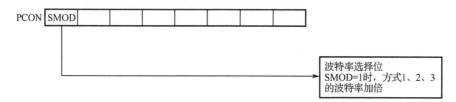

图 5-4-4　PCON 的串行接口控制位

PCON 中只有一位 SMOD 与串行接口工作有关：在方式 1、方式 2 和方式 3 时，波特率和 2^{SMOD} 成正比，即当 SMOD=1 时，波特率提高一倍。

PCON 特殊功能寄存器的单元地址是 87H，是不可以位寻址的。

2．MCS-51 系列单片机串行接口的工作方式

MCS-51 单片机串行接口有 4 种工作方式，即方式 0、方式 1、方式 2、方式 3，除了方式 0，其余都是不同的异步通信方式。

1）方式 0：移位寄存器输入/输出方式

在方式 0 中，是用同步的方式串行输出或串行输入数据，但是和同步通信不是一回事，因为它不能插入或检出同步字符。在方式 0 时，串行接口相当于一个并入串出（发送）或串入并出的移位寄存器。

MCS-51 单片机串行接口工作在方式 0 时，一般总要外接一个移位寄存器。

串行数据通过 RXD 线输入或输出，也就是接到外部移位寄存器的串行输入或串行输出；而 TXD 线专用作为外部移位寄存器的时钟脉冲。

方式 0 可用来同步输出或接收 8 位数据（最低位首先输出），波特率为固定值，即：

$$串行工作方式\ 0\ 波特率=\frac{f_{osc}}{12}$$

式中，f_{osc} 为单片机的时钟频率。

方式 0 的发送操作是在 TI=0 的情况下，由一条写串行通信缓冲器 SBUF 的指令完成的，即由下列指令完成的：

```
MOV SBUF,A
```

执行指令后，在 RXD 线上发出 8 位数据，同时，在 TXD 线上发出同步移位脉冲。8 位数据发送完后，由硬件置位 TI=1。若中断开放，就可以申请串行接口（发送）中断。若中断不开放，则可通过查询 TI 来确定是否发送完这组数据。当 TI=1 时，要用软件使 TI 清零，然后发送下一组数据。

方式 0 的接收是在 RI=0 的条件下，使 REN=1 来启动接收过程的。接收数据由 RXD 输入，TXD 仍为输出同步移位脉冲。收到 8 位数据以后，由硬件使 RI=1，在中断允许时，同样可以发出串行接口（接收）中断申请。RI=1 表示接收数据已装入接收缓冲器，可以由 CPU 用指令读入到累加器或其他的 RAM 单元中。如下列指令：

    MOV A,SBUF

RI 也必须由软件清零，以准备接收下一组数据。

在方式 0 中，SCON 中的 SM2、RB8、TB8 都用不到，一般设为 0 即可，RB8、TB8 也可以不用管。

方式 0 并不能用于同步的串行通信，它的主要用途是可以和外接的移位寄存器结合来通过串并转换进行并行接口的扩展。

2）方式 1：10 位异步接收/发送

异步接收或发送的一个字符包括 1 位起始位（0）、8 位数据位（最低位在前）和 1 位停止位（1）。MCS-51 的串行接口电路在发送时能自动插入起始位和停止位。在接收时，停止位进入 SCON 的 RB8 位。

方式 1 的传送波特率是可变的，可通过改变内部定时器 1 的定时值来改变波特率，它是由定时器 1 的溢出信号经过 16 或 32 分频（取决于 PCON 中 SMOD 位的值是 0 还是 1）而决定的，即：

$$方式1波特率 = \frac{2^{SMOD}}{32} \times 定时器1的溢出率$$

这时定时器 1 作波特率发生器用，其中断应无效。此时定时器 1 本身可作定时器或计数器用，并且 3 种方式均可使用。一般最典型的用法为方式 2，即自动装入方式。这时溢出率取决于 TH1 中的重新装入值，即：

$$定时器1的溢出率 = \frac{时钟频率}{12 \times (256 - TH1)}$$

所以，方式 1 的波特率可用下式计算：

$$方式1波特率 = \frac{2^{SMOD}}{32} \times \frac{时钟频率}{12 \times (256 - TH1)}$$

方式 1 的发送也是在发送中断标志 TI=0 时由一条写发送缓冲器的指令完成的。这样的指令有许多，实际上，任何一条以 SBUF 为目的寄存器（目的地址）的指令都能完成一次发送，如

    MOV SBUF,@R0
    MOV SBUF,R0

等。

执行指令后，串行接口能自动地插入一位起始位（0），在字符结束前插入一位停止位（1），然后在发送移位脉冲作用下，依次将数据低位在前高位在后由 TXD 线发出。10 位一个字符发完之后，自动维持 TXD 线的信号为 1。在 8 位数据发出之后，也就是在停止位开始时，使 TI 置 1，用以通知 CPU 可以发出下一个字符。

方式 1 的接收是在 SCON 中 REN 位等于 1 的前提下，从搜索到起始位开始的。在无信号

时，RXD 线的状态为 1，当检测到由 1 到 0 的变化时，即认为收到一个字符的起始位，接收过程开始。在接收移位脉冲的控制下，把收到的数据一位一位地移入接收移存器，直到 9 位数据全部收齐（包括 1 位停止位）。

在接收操作时，定时信号有两种：一种是接收移位脉冲，它的频率和发送波特率相同，也是由定时器 1 的溢出信号经过 16 或 32 分频得到的；另一种是接收字符的检测脉冲，它的频率是接收移位脉冲的 16 倍，即在一位数据的期间有 16 个检测脉冲，并以其中的第 7、8、9 三个脉冲作为真正的对接收信号的采样脉冲。对这三次采样结果采用三中取二的原则来决定所检测到的值。采取这种措施的目的在于抑制干扰。由于采样信号总是在接收位的中间位置，这样既可以避开信号两端的边沿失真，也可以防止由于收发时钟频率不完全一致而带来的接收错误。

在 9 位数据收齐之后（8 位信号，1 位停止位），必须同时满足以下两个条件，这次接收才真正有效：

（1）RI=0；

（2）SM2=0 或接收到的停止位为 1。

在满足以上这两个条件时，接收移存器中的 8 位数据转存入串行通信缓冲器 SBUF，收到的停止位则进入 RB8，并使接收中断标志 RI 置 1。若以上这两个条件不满足，则这一次收到的数据就不装入 SBUF，实际上就意味着丢失了一组数据，因为串行接口马上又开始寻找下一个起始位准备接收下一组数据了。

实际上，这两个有效接收的条件对于方式 1 来说是极容易满足的。这两个条件真正起作用是在方式 2 或方式 3 中。

3）方式 2：11 位异步接收/发送

方式 2 异步通信时，除了 1 位起始位、8 位数据位、1 位停止位，还可以插入第 9 位数据位，字符格式如图 5-4-5 所示。在发送时第 9 位数据的值在 TB8 中，用一些附加指令可使这一位用作奇偶校验位；在接收时，第 9 位数据位进入 SCON 的 RB8 中。

图 5-4-5　方式 2/方式 3 的字符格式

方式 2 的波特率比较固定，为：

$$方式2波特率 = \frac{2^{SMOD}}{64} \times f_{osc}$$

也即为 $f_{osc}/32$ 或者 $f_{osc}/64$。

方式 2 的发送包括 9 位有效数据，必须在启动发送之前把要发送的第 9 位数值装入 SCON 中的 TB8 位，这第 9 位数据起什么作用串行接口不做规定，完全由用户来安排。因此，它可以是奇偶校验位，也可以是其他控制位。可以用指令：

| | SETB TB8 |
| 或 | CLR TB8 |

来使该位置 1 或清零。或用

MOV TB8,C

给其赋值。

准备好 TB8 的值以后，就可以用一条以 SBUF 为目的地址的指令启动发送过程。串行接口能自动把 TB8 取出，并装入到第 9 位数据的位置，再逐一发送出去。发送完毕，使 TI=1。这些过程都和方式 1 是相同的。

方式 2 的接收与方式 1 也基本相似。不同之处是要接收 9 位有效数据。在方式 1 时是把停止位当作第 9 位数据来处理的，而在方式 2（方式 3）中存在着真正的第 9 位数据。因此，现在有效接收数据的条件为：

（1）RI=0；

（2）SM2=0 或收到的第 9 位数据为 1。

第一个条件是提供"接收缓冲器空"的信息，即用户已把 SBUF 中上次收到的数据读走，故可以再次写入。第二个条件则提供了某种机会来控制串行接收。若第 9 位是一般的奇偶校验位，则可令 SM2=0，以保证可靠地接收。若第 9 位数据参与对接收的控制，则可令 SM2=1，然后依据所置的第 9 位数据来决定接收是否有效。

若这两个条件都成立，则接收到的第 9 位数据进入 RB8，前 8 位数据进入 SBUF 以准备让 CPU 读取，并且置位 RI。若以上条件不成立，则这次接收无效，也不置位 RI。

4）方式 3：11 位异步接收和发送方式（波特率同方式 1）

方式 3 的字符格式和工作方式与方式 2 相同，也是有 9 位数据位。方式 3 的波特率是受定时器 1 控制的，是可以随着定时器 1 的初值的不同而变化的，还与 PCON 中的 SMOD 位有关，与方式 1 相同。

5）波特率的计算

MCS-51 单片机串行接口的 4 种工作方式对应着 3 种波特率。

对于方式 0，波特率是固定的，发送的同步脉冲的频率为单片机时钟频率的 1/12，即 $f_{osc}/12$。

对于方式 2，波特率有两种可供选择，即 $f_{osc}/32$ 和 $f_{osc}/64$。

对于方式 1 和方式 3，波特率都由定时器 1 的溢出率来决定，可以用下面公式表示：

$$波特率 = \frac{2^{SMOD}}{32} \times \frac{时钟频率}{12 \times (2^N - 初值)}$$

式中，N 为定时器 1 的位数。

定时器 1 为方式 0 时：$N=13$。

定时器 1 为方式 1 时：$N=16$。

定时器 1 为方式 2 时：$N=8$。

定时器 1 不能为方式 3。

在串行通信时，定时器经常采用定时方式 2，即 8 位重装计数方式，这样不但操作方便，也可避免用软件重装时间常数带来的定时误差。表 5-4-2 中给出了若干常用波特率及其所对应的定时器 1 重装初值。

表 5-4-2　常用波特率和定时器 1 重装初值

串行接口 工作方式	常用波特率	时钟频率	SMOD	定时器 1		
				C/$\overline{T}$	方式	重装初值
0	1Mbit/s	12MHz	×	×	×	×
2	375kbit/s	12MHz	1	×	×	×
1，3	62.5kbit/s	12MHz	1	0	2	FFH
1，3	19.2kbit/s	11.059MHz	1	0	2	FDH
1，3	9600bit/s	11.059MHz	0	0	2	FDH
1，3	4800bit/s	11.059MHz	0	0	2	FAH
1，3	2400bit/s	11.059MHz	0	0	2	F4H
1，3	1200bit/s	11.059MHz	0	0	2	E8H
1，3	600bit/s	11.059MHz	0	0	2	D0H
1，3	300bit/s	11.059MHz	0	0	2	A0H

为了获取较为准确的波特率，我们将使用 11.059MHz 的时钟频率（厂家也给我们准备这个频率的晶振）而不使用 6MHz、12MHz 的时钟频率。如果需要更高的波特率，我们可以采用 18.432MHz 的时钟频率，在这个频率上，80C31、87C51 是不能工作的，这时可选用 89C51。

5.4.3　MCS-51 系列单片机的串行接口的应用

MCS-51 系列单片机的串行接口在实际应用系统中被广泛使用，有的用于串并转换，有的用于设备之间的串行通信。

1．串行接口方式 0 用作扩展并行 I/O 接口

MCS-51 单片机的串行接口在方式 0 时外接一个串入并出的移位寄存器，就可以扩展一个并行输出接口。所用的移位寄存器应该带有输出允许控制端，这样可以避免在数据串行输出时，并行输出端出现不稳定的输出。

串行接口方式 0 扩展并行接口连接图如图 5-4-6 所示，所用集成电路为 CMOS 的 8 位移存器 CD4094，STB 为输出允许控制端，STB=1 时，打开输出控制门，实现并行输出。

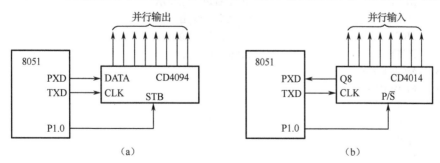

图 5-4-6　串行接口方式 0 扩展并行接口

串行接口方式 0 的数据传送可以采用中断方式，也可以采用查询方式，但无论采用哪种方式都要借助于 TI 或 RI 标志。在串行接口发送时，或者靠 TI 置位后引起中断申请，在中断服务程序中发送下一组数据。或者通过查询 TI 的值，只要 TI 为 0 就继续查询，直到 TI 为 1 时结束查询，然后进入下一个字符的发送。在串行接口接收时，则由 RI 引起中断或对 RI 查询来决定何时接收下一个字符。

无论采用什么方式，在开始串行通信前，都要先对 SCON 初始化，进行工作方式的设置。在方式 0 中，SCON 的初始化只是简单地把 00H 送入 SCON 就可以了。

例 5.9　用 8051 串行接口外接 CD4094 扩展 8 位并行接口，8 位并行接口的各位都接一个发光二极管，要求发光二极管从左到右以一定延迟轮流显示，并不断循环。设发光二极管为共阴极接法，如图 5-4-7 所示。

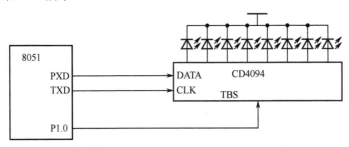

图 5-4-7　8051 与 CD4094 的连接图

解　设数据串行发送采用中断方式，显示的延迟依靠调用延迟程序 DELAY 来实现。

参考程序如下：

```
              ORG 0023H              ;串行接口中断入口
              AJMP SBR               ;转入串行接口中断服务程序
              ORG 1000H              ;主程序起始地址
              MOV SCON, #00H         ;串行接口方式 0 初始化
              MOV A,#80H             ;D7 位发光二极管先亮
              CLR P1.0               ;关闭并行输出
              MOV SBUF,A             ;开始串行输出
      LOOP:   SJMP $                 ;等待中断
      SER:    SETB P1.0             ;启动并行输出
              ACALL DELAY            ;延迟 0.5s 以上
              CLR TI                 ;清发送中断标志
              RR A                   ;准备右边一位显示
              CLR P1.0               ;关闭并行输出
              MOV SBUF,A             ;再一次串行输出
              RETI                   ;中断返回
      DELAY:  MOV R0,#0
      LOOP1:  MOV R1,#0
      LOOP2:  NOP
              NOP
              NOP
              NOP
              DJNZ R1,LOOP2
```

```
DJNZ R0,LOOP1
RET
```

用方式 0 外加移位寄存器来扩展 8 位输出接口时，要求移存器带有输出控制，否则串行移位过程也会反映到并行输出接口。另外最好输出接口再接一个寄存器或锁存器，以免在输出接口关闭时（STB=0），输出又发生变化。

用方式 0 加上并入串出的移位寄存器就可实现扩展一个 8 位并行输入接口。移位寄存器必须带有预置/移位的控制端，由单片机的一个输出端子加以控制，以实现先由 8 位输入接口置数到移位寄存器，再串行移位，从单片机的串行接口输入接收缓冲器，最后读入 CPU 中。

例 5.10　用 8051 串行接口外加移位寄存器扩展 8 位输入接口，输入数据由 8 个开关提供，另有 1 个开关 K 提供联络信号，连接如图 5-4-8 所示。

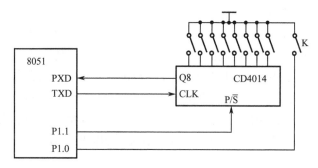

图 5-4-8　8051 与 CD4014 的连接图

当 K=0 时表示要求输入数据。输入的 8 位为开关量，接受 100 次输入数据，并存入 20H 开始的单元。

解　串行接口方式 0 的接收，要用 SCON 中的 REN 位来作开关控制，因此，初始化时除了设置工作方式，还要使 REN 位为 1，其余各位仍然为 0。

采用对 RI 的查询来编写程序。当然，先要查询开关 K 是否闭合。

```
START:    MOV R2,#100        ;100 次循环
          MOV R0,#20H        ;存数的初地址
LOOP:     JB P1.0,$          ;开关 K 未闭合，等待
          SETB P1.1          ;P/S=1，并行置入数据
          CLR P1.1           ;P/S=0，开始串行移位
          MOV SCON,#10H      ;串行接口方式 0 并启动接收
          JNB RI,$           ;查询 RI
          CLR RI             ;查询结束，清 RI
          MOV A,SBUF         ;读数据到累加器
          MOV @R0,A          ;存数
          INC R0
          DJNZ R2,LOOP       ;准备下一次取数
          SJMP $
```

2. 串行接口方式 1 和方式 3 的发送和接收

串行接口方式 1 和方式 3 都是异步通信方式，方式 1 为 8 位数据位，方式 3 为 9 位数据位。两种方式的波特率都是受定时器 1 的溢出率控制的。

用方式 1 或方式 3 实现串行异步通信，初始化程序要设定串行接口的工作方式，还要对定时器 1 实现初始设置，即设定定时器方式和定时器初值。此外，当然还要编写发送子程序和接收子程序。

MCS-51 单片机串行接口是全双工的，在全双工通信时，既要有发送子程序，也要有接收子程序。

例 5.11 8031 串行接口按双工方式收发 ASCII 字符，最高一位用来作奇偶校验位，采用奇校验方式。要求传送的波特率为 1200bit/s。编写有关的通信程序。

解 7 位 ASCII 码加 1 位奇校验共 8 位数据，故可采用串行接口方式 1。

当累加器中 1 的数目为奇数时，MCS-51 单片机的奇偶校验位 P 为 1。如果直接把 P 的值放入 ASCII 码的最高位，恰好成了偶校验，与要求不符。因此要把 P 的值取反以后放入 ASCII 码最高位，才是要求的奇校验。

双工通信要求收、发能同时进行，实际上收、发操作主要是在串行接口中进行的，CPU 只是把数据从接收缓冲器读出和把数据写入发送缓冲器。数据传送用中断方式进行，响应中断以后，通过检测是 TI=1 还是 RI=1 来决定 CPU 是进行发送操作还是接收操作。发送和接收都通过调用子程序来完成。设发送数据区的首地址为 20H，接收数据区的首地址为 40H。

设单片机的 f_{osc} 为 11.059MHz，通过查表 5-4-2 可知定时器 1 的初值为 E8H。定时器 1 采用工作方式 2，可以省去计数溢出后用软件重装定时器初值的工作。

主程序：

```
            ORG 0              ;复位地址
            AJMP START         ;转主程序
            ORG 0023H          ;串行接口中断入口
            AJMP SBR1          ;转至中断服务程序
START:      MOV TMOD,#20H      ;定时器 1 设为方式 2
            MOV TL1,#E8H       ;定时器 1 初值
            MOV TH1,#E8H       ;8 位重装初值
            SETB TR1           ;启动定时器 1
            MOV SCON,#50H      ;串行接口设为方式 1，REN=1
            SETB EA            ;开中断
            SETB ES            ;开串行接口中断
            MOV R0,#20H        ;发送数据区首址
            MOV R1,#40H        ;接收数据区首址
            ACALL SOUT         ;先输出一个字符
            SJMP $             ;等待中断
```

中断服务程序：

```
SBR1:       JNB RI,SEND        ;TI=1，为发送中断
            ACALL SIN          ;RI=1，为接收中断
            SJMP NEXT          ;转至统一的出口
SEND:       ACALL SOUT         ;调用发送子程序
NEXT:       RETI               ;中断返回
```

发送子程序：

SOUT:	MOV A,@R0	;取发送数据到 A
	MOV C,P	;奇偶标志赋予 C
	CPL C	;奇校验
	MOV ACC.7,C	;加到 ASCII 码高位
	INC R0	;修改发送数据指针
	MOV SBUF,A	;发送 ASCII 码
	CLR TI	;清发送中断标志
	RET	;返回

接收子程序：

SIN:	MOV　A,SBUF	;读出接收缓冲区内容
	MOV　C,P	;取出校验位
	JNC ERROR	;偶校验为错误并转向
	ANL　A,#7FH	;删去校验位
NEXT1:	MOV　@R1,A	;写入接收缓冲区
	INC　R1	;修改接收数据指针
	CLR　RI	;清接收中断标志
	RET	;返回
ERROR:	MOV　A,#FFH	;接收数据，若是 FFH，则为校验出错
	SJMP NEXT1	

以上程序基本上具备了双工通信的能力，但不能说是很完善的。例如，在接收子程序中，检出了奇偶校验位，只是简单地进行出错处理。另外发送和接收数据区的范围都很有限，也不能满足实际需要。但有了一个基本的框架之后，逐渐完善还是可以做到的。

例 5.12　串行通信出错处理子程序。当接收到字符后发现奇偶校验出现错误时，向对方发送错误信息，并返回所收到的错误字符。

解　错误信息常常是某种固定的字符串，它们可以预先储存在内存中，需要时作为数据调出并发送出去即可。

为节省单片机中相对来说比较宝贵的 RAM 资源，可以将错误信息存放在 ROM 中，在需要的时候通过查表的方法取出并传送。字符串的起始要安排标识符。现采用 ASCII 码中的 CR、LF 作为起始标识符，以 ESC 符号为结束标识符。

SIN:	MOV A,SBUF	;接收一个字符
	MOV C,P	;取出校验结果
	CPL C	;变为奇校验
	JC ERROR	;有错转至出错处理
	ANL A,#7FH	
	MOV @R1,A	
	INC R1	
	CLR RI	
	RET	
ERROR:	MOV R7,A	;先保存错误字符
	MOV DTPR,#TAB	;送数据首地址到 DPTR
	CLR A	

```
            MOVC A,@A+DPTR        ;查表取第一个字符 CR
LOOP:       MOV SBUF,A            ;发送一个字符
            JNB TI,$             ;查询 TI
            CLR TI               ;清 TI 为 0
            INC DPTR             ;准备取下一个字符
            CLR A
            MOVC A,@A+DPTR        ;取下一个字符
            CJNE A,#1BH,LOOP     ;不是结束符循环
            MOV A,R7             ;取出错误字符
            MOV SBUF,A           ;发送出去
            RET
TAB:        DB ODH,0AH           ;符号 CR 和 LF
            DB "WRONG MASSAGE"
            DB 1BH               ;结束标识符
```

查表是采用指令 MOVC A,@A+DPTR。为此，应把字符表的首地址送至 DPTR。表格可以放在不被运行的地方，如 RET 指令后面。

本章小结

本章重点掌握 MCS-51 单片机的中断系统、定时/计数器及串行接口的原理、结构及使用方法。

灵活使用特殊功能寄存器 IE、IP、TMOD、TCON、TH0、TL0、TH1、TL1、SCON、SBUF等。掌握定时/计数器的 4 种工作方式和串行接口的 4 种工作方式及波特率的设置等。

练习题

1．什么叫 I/O 接口？I/O 接口的作用是什么？

2．外设端口有哪两种编址方式？各有什么特点？

3．I/O 数据有哪 4 种传送方式？各在什么场合下使用？

4．什么叫中断？中断通常可以分为哪几类？计算机采用中断有什么好处？

5．什么叫中断源？MCS-51 有哪些中断源？各有什么特点？

6．什么叫中断嵌套？什么叫中断系统？中断系统的功能是什么？

7．试写出设定 $\overline{INT0}$ 和 $\overline{INT1}$ 上的中断请求为高优先级和允许它们中断的程序。此时，若 $\overline{INT0}$ 和 $\overline{INT1}$ 引脚上同时有中断请求信号输入，试问 MCS-51 先响应哪个引脚上的中断请求？为什么？

8．MCS-51 响应中断是有条件的，请说出这些条件。中断响应的全过程如何？

9．写出并记住 8031 五级中断的入口地址。8031 响应中断的最短时间是多少？

10．在 MCS-51 中，哪些中断可以随着中断被响应而自动撤除？哪些中断需要用户来撤除？撤除的方法是什么？

11．8051 单片机内部设有几个定时/计数器?定时器、计数器的速率各为多少？

12．简述 8051 定时器的 4 种工作方式的特点，以及如何选择和设定。

13. 什么是全双工串行 I/O 接口？MCS-51 的串行接口有几种工作方式？如何选择和设定？

14. 简述 8051 串行接口各种工作方式的功能特性。

15. 用单片机和内部定时器来产生矩形波。要求频率为 100kHz，占空比为 2∶1（高电平的时间长）。设单片机时钟频率为 12MHz，写出有关的程序。

16. 用 8031 的定时器 0 进行 3 种不同的定时控制，使得在 P1 口的 3 个引脚上输出 3 个不同频率的方波，方波的周期分别是 15Hz、20Hz 和 30Hz，8031 时钟的频率是 12MHz。请写出相应的主程序和中断服务子程序。

17. 用 8031 外接两片 CD4096 串入并出移位寄存器来获得一个 16 位的并行输出接口。两片移位寄存器仍为串行连接。

（1）画出 8031 和两片 4096 的连接图。

（2）内存（RAM）中有 10 个双字节数要从 16 位并行接口输出，写出有关的控制程序。假定输出可以连续进行。

18. 用 8031 外接两片 CD4014 并入串出移位寄存器来扩展一个 16 位并行输入接口。

（1）画出 8031 和两片 CD4096 的连接图。

（2）若从 16 位并行接口输入 10 个数据，并存入到外部数据 RAM，数据区首地址为 20H。写出有关的程序。

19. 设置 8031 串行接口为方式 3，通信波特率为 2400bit/s，第 9 位数据用作奇偶校验位。在这种情况下，如何编写双工通信的程序？设数据交换采用中断方式，写出有关的程序。

第6章 I/O 接口扩展及单片机综合应用

6.1 I/O 接口扩展概述

I/O 接口（Input/Output Interface）电路介于主机与外部设备之间，是微处理器与外部设备信息交换的桥梁。外部设备通过 I/O 接口电路把信息传送给微处理器进行处理，而微处理器将处理结果通过 I/O 接口电路传送到外部设备。由此可见，如果没有 I/O 接口电路，微处理器就不可能发挥其应有的作用，人们也就无法使用计算机。

I/O 接口技术包括硬件电路和相关的软件编程技术，在学习这部分内容时，不但要求了解 I/O 接口的基本构成和工作原理，更要着重掌握 I/O 接口芯片在应用系统中的硬件连接方法及编程技术。

MCS-51 单片机虽然包含 4 组 8 位的 I/O 接口部件，但是在组成比较复杂的应用系统时，需要外扩 RAM 和 I/O 接口，这时 P0 接口作数据总线和低 8 位地址总线，P2 接口作高 8 位地址总线，P3 接口的 P3.6、P3.7 只能作读写控制线，P3.1～P3.5 也都具有第二功能，一般情况下也不能作普通 I/O 接口。所以，只有 P1 接口可作为 I/O 接口使用，一般单片机应用系统都扩展 LED 显示和键盘输入接口，这又需要占用 I/O 接口，有时还需处理输入的模拟信号，输出可数控的模拟信号，这就需要扩展 ADC 和 DAC 接口，因此在大多数应用系统中单片机内部集成的 I/O 接口是远不够用的。必须进行 I/O 接口扩展，本章介绍 MCS-51 单片机的 I/O 接口扩展及 ADC 和 DAC 接口的扩展问题。

6.1.1 I/O 接口的作用

1. 计算机为什么需要 I/O 接口电路

（1）外部设备的工作速度快慢差异很大，慢速设备如开关、继电器、机械传感器等。每秒钟提供不了几个数据；而高速设备（如磁盘、CRT 显示器等），每秒可传送几千位数据。面对速度差异如此之大的各类外部设备，CPU 无法按固定的时序与它们以同步方式协调工作。

（2）外部设备种类繁多，既有机械式的，又有机电式的。不同种类的外部设备之间性能各异，对数据传送的要求也各有不同，无法按统一格式进行。

（3）外部设备的数据信号多种多样，既有电压信号，也有电流信号，既有数字形式，还有模拟形式。

（4）外部设备和数据传送距离有远近不同，有的使用并行数据传送，而有的则需要使用串行传送方式。

正是由于上述原因，使数据的 I/O 操作变得十分复杂。无法实现外部设备与 CPU 进行直接的同步数据传送，而必须在 CPU 和外部设备之间设置一个接口电路，通过接口电路对 CPU 与外部设备之间的数据传送进行协调。因此接口电路就成了数据 I/O 操作的核心内容。

2. 接口电路的主要功能

（1）速度协调。由于速度上的差异，数据的 I/O 传送难以以异步方式进行，即只能在确认外部设备已为数据传送做好准备的前提下才能进行 I/O 操作。而要知道外部设备是否准备好，就需要通过接口产生或传送外部设备的状态信息，以此进行 CPU 与外部设备之间的速度协调。

（2）数据锁存。数据输出都是通过系统的公用数据通道（数据总线）进行的。但是由于 CPU 的工作速度快，数据在数据总线上保留的时间十分短暂，无法满足慢速输出设备的需要。因此在接口电路中需设置数据锁存器，以保存输出数据直至为输出设备所接收。因此数据锁存就成为接口电路的一项重要功能。

（3）三态缓冲。数据输入时，输入设备向 CPU 传送的数据也要通过数据总线，但数据总线是系统的公用数据通道，上面可能"挂"着许多数据源，工作十分繁忙。为了维护数据总线上数据传送的"秩序"，因此只允许当前时刻正在进行数据传送的数据源使用数据总线，其余数据源都必须与数据总线处于隔离状态。为此要求接口电路能为数据输入提供三态缓冲功能。

（4）数据转换。CPU 只能输入和输出并行的电压数字信号，但是有些外部设备提供或需要的并不是这种信号形式。为此需要使用接口电路进行数据信号的转换。其中包括模/数转换、数/模转换、串/并转换和并/串转换等。

6.1.2　I/O 接口的编址

I/O 接口的编址可采用以下两种方式：统一编址和不统一编址。统一编址就是把 I/O 接口中可以访问的端口作为存储器的一个存储单元，统一纳入存储器地址空间，为每一个端口分配一个存储器地址，CPU 可以用访问存储器的方式来访问 I/O 端口。MCS-51 单片机采取的就是统一编址方式。

这种编址方式的优点是：不用专门设置访问端口的指令，用于访问存储器的指令都可以用于访问端口。

缺点是：由于端口占用了存储器的一部分存储空间，存储器的实际存储空间减少；程序 I/O 操作不清晰，难以区分程序中的 I/O 操作和存储器操作。

不统一编址是指 I/O 地址和存储器的地址是分开的，所有对 I/O 设备的访问必须有专用的 I/O 指令。CPU 在访问时，I/O 和存储器访问控制线分别输出不同的电平。

6.1.3　I/O 数据的传送方式

在计算机中，为了实现数据的 I/O 传送，共有以下 4 种传送方式。

1. 无条件送方式

无条件传送也称同步程序传送。只有那些一直为数据 I/O 传送做好准备的外部设备，才能使用无条件传送方式。因为在进行 I/O 操作时，不需要测试外部设备的状态，可以根据需要随时进行数据传送操作。

无条件传送适用于以下两类外部设备的数据 I/O 传送。

（1）具有常驻的或变化缓慢的数据信号的外部设备。例如，机械开关、指示灯、发光二极管、数码管等。可以认为它们随时为输入/输出数据处于"准备好"的状态。

（2）工作速度非常快，足以和 CPU 同步工作的外部设备。例如，数/模转换器（DAC），由于 DAC 是并行工作的，速度很快，因此 CPU 可以随时向其传送数据，进行数/模转换。

2．程序查询方式

程序查询方式又称为有条件传送方式，即数据的传送是有条件的。在 I/O 操作之前，要先检测外部设备的状态，以了解外部设备是否已为输入/输出数据做好了准备，只有在确认外部设备已"准备好"的情况下，CPU 才能执行数据 I/O 操作。通常把用程序方法对外部设备状态的检测称为"查询"，所以就把这种有条件的传送方式称为程序查询方式 。

为了实现查询方式的数据 I/O 传送，需要接口电路提供外部设备状态，并以软件方法进行状态测试。因此这是一种软、硬件方法结合的数据传送方式。

程序查询方式电路简单，查询软件也不复杂，而且通用性强，因此适用于各种外部设备的数据 I/O 传送。但是查询过程对 CPU 来说毕竟是一个无用的开销，因此查询方式只能适用于单项作业、规模比较小的计算机系统。

3．程序中断方式

程序中断方式与程序查询方式的主要区别在于如何知道外部设备是否为数据传送做好了准备。程序查询方式是 CPU 的主动形式，而程序中断方式则是 CPU 等待通知（中断请求）的被动形式。

采用程序中断方式进行数据传送时，当外部设备为数据传送做好准备之后，就向 CPU 发出中断请求（相当于通知 CPU）。CPU 接收到中断请求后，执行完正在执行的指令，即做出响应，暂停正在执行的原程序。将中断的主程序地址入栈保护，而转去为外部设备的数据 I/O 服务。在服务完成之后，程序返回，CPU 再继续执行被中断的原程序。

程序中断方式，解决了高速运行的 CPU 和低速外部设备之间的矛盾，大大提高了系统的效率，不但速度快而且可以实现多级程序中断方式（中断嵌套），所以在计算机中被广泛采用。

但中断请求是一种随机事件。为实现程序中断，对计算机的硬件和软件都有较高的要求。此外，由于中断处理常需现场保护和现场恢复。因此，对 CPU 来说仍有较大的无用开销。

4．DMA 传送方式

DMA（Direct Memory Access）方式是直接存储器处理方式，可以在存储器与外部设备之间开辟一条高速数据通道，使外部设备与存储器之间可以直接进行批量数据传送。实现 DMA 传送，要求 CPU 让出系统总线的控制权，然后由专用硬件设备（DMA 控制器）来控制外部设备与存储器之间的数据传送。DMA 传送方式是一些高速计算机采用的一种数据传输方式，在此不做论述。

6.1.4　数据总线隔离技术

1．需要数据总线隔离技术的原因

数据总线上连接着多个数据源设备（输入数据）和多个数据负载设备（输出数据），但是在任一时刻，只能进行一个源和一个负载之间的数据传送，当一对源和负载的数据传送正在进行时，要求所有不参与的设备在电性能上必须同数据总线隔开。

2．数据总线隔离方法

对于输出设备的接口电路，要提供锁存器，当允许接收输出数据时闩锁打开，当不允许接收输出数据时闩锁关闭。而对于输入设备的接口电路，要使用三态缓冲电路或集电极开路电路。

3．三态缓冲电路

三态缓冲电路就是具有三态输出的门电路，因此也称为三态门（TSL）。所谓三态，是指低电平状态、高电平状态和高阻抗状态三种状态。当三态缓冲器的输出为高或低电平时，就是对数据总线的驱动状态；当三态缓冲器的输出为高阻抗时，就是对总线的隔离状态（也称浮动状态）。

在隔离状态下，缓冲器对数据总线不产生影响，犹如缓冲器与总线隔开一般。为此，三态缓冲器的工作状态是可控制的。

4．对三态缓冲电路的主要性能要求

（1）速度快，信号延迟时间短。例如，典型三态缓冲器的延迟时间只有 8～12ns。
（2）较高的驱动能力。
（3）高阻抗时对数据总线不呈现负载，最多只能拉走不大于 0.04mA 的电流。

6.2　用 TTL 芯片扩展简单的 I/O 接口

当所需扩展的外部 I/O 接口数量不多时，可以使用常规的逻辑电路、锁存器进行扩展。这一类的外围芯片一般价格较低且种类较多，常用的如 74LS377、74LS245、74LS373、74LS244、74LS273、74LS577、74LS573。

6.2.1　用 74LS377 扩展 8 位并行输出接口

74LS377 是一种 8D 触发器，它的 G 端和 CLK 端是控制端，当它的 G 端为低电平时，只要在 CLK 端产生一个正跳变，D0～D7 将被锁存到 Q0～Q7 端输出，在其他情况下，Q0～Q7 端的输出保持不变。可以利用 74LS377 这一特性扩展并行输出接口。图 6-2-1 使用了一片 74LS377 芯片扩展并行输出接口。

图 6-2-1 中，8031 的 P0 接口与 74LS377 的 D 端相联，$\overline{WR}$ 与 CLK 相连，P2.7 作为 74LS377 的片选信号，当 P2.7 低电平有效时，在 $\overline{WR}$ 的上升边沿 P0 接口输出的数据将被 74LS377 锁存起来，并在 Q 端输出。如果将未使用到的地址线都置为 1，则可以得到该 74LS377 芯片的地址为 7FFFH。如果将 1 字节数据由 74LS377 输出，则执行下面程序：

```
MOV    DPTR,#7FFFH    ;地址指针指向 74LS377
MOV    A,#DATA        ;待输出数据→A
MOVX   @DPTR,A        ;输出数据
```

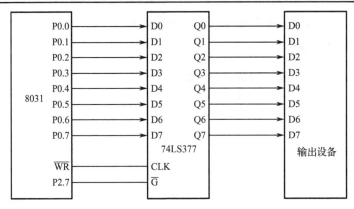

图 6-2-1　用 74LS377 扩展输出接口

6.2.2　用 74LS244 扩展 8 位并行输入接口

　　74LS244 是一种缓冲驱动器，无锁存功能。它的 $\overline{1G}$ 和 $\overline{2G}$ 端是控制端，当它们为低电平时，74LS244 将一组和二组的各 4 位 A 端数据传送至 Y 端。可以利用 74LS244 这一特性扩展并行输入接口。图 6-2-2 使用了一片 74LS244 芯片扩展并行输入接口，如果将未使用到的地址线都置为 1，则可以得到该 74LS244 芯片的地址为 7FFFH。数据输入使用以下几条指令即可：

```
MOV     DPTR,#0BFFFH        ;指向 74LS244 接口地址
MOVX    A,@DPTR             ;读入数据
```

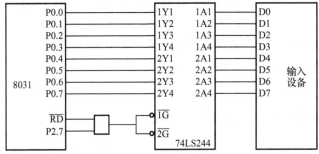

图 6-2-2　用 74LS244 扩展并行输入接口

6.3　MCS-51 与可编程并行 I/O 芯片 8255A 的接口

　　8255A 是 Intel 公司采用 CHMOS 工艺生产的一种高性能通用可编程并行 I/O 接口芯片，可以方便地应用于 Intel 系列微处理器系统。MCS-51 通过 8255A 可以扩展 3 组 8 位 I/O 端口。

6.3.1　8255A 内部结构及其引脚功能

1．引脚信号

　　8255A 是 40 引脚双列直插式芯片，8255A 的引脚如图 6-3-1 所示，分为数据线、地址线、读/写控制线、I/O 端口线和电源线。

D7～D0（Data Bus）：三态、双向数据线，与 CPU 数据总线连接，用来传送数据。

$\overline{\text{CS}}$（Chip Select）：片选信号线，低电平有效时，芯片被选中。

A1、A0（Port Address）：地址线，用来选择内部端口。

$\overline{\text{RD}}$（Read）：读信号线，低电平有效时，允许数据读出。

$\overline{\text{WR}}$（Write）：写信号线，低电平有效时，允许数据写入。

RESET（Reset）：复位信号线，高电平有效时，将所有内部寄存器（包括控制寄存器）清零。

PA7～PA0（Port A）：A 端口 I/O 信号线。

PB7～PB0（Port B）：B 端口 I/O 信号线。

PC7～PC0（Port C）：C 端口 I/O 信号线。

VCC：+5V 电源。

GND：电源地线。

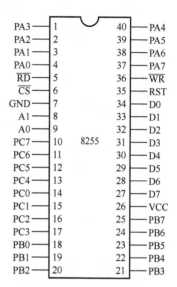

图 6-3-1　8255A 的引脚图

2. 内部结构

8255A 的内部结构如图 6-3-2 所示，由以下三部分电路组成：与 CPU 的接口电路、内部控制逻辑电路和与外部设备连接的 I/O 接口电路。

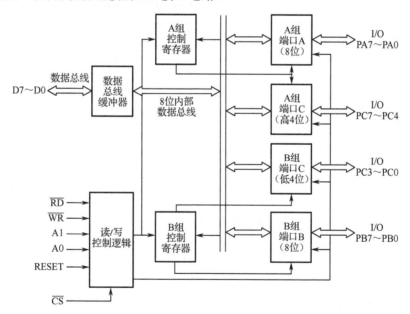

图 6-3-2　8255A 的内部结构

1）与 CPU 的接口电路

与 CPU 的接口电路由以下数据总线缓冲器和读/写控制逻辑组成。

数据总线缓冲器是一个三态、双向 8 位寄存器，8 条数据线 D7～D0 与系统数据总线连接，构成 CPU 与 8255A 之间信息传送的通道，CPU 通过执行输出指令向 8255A 写入控制命令或往外部设备传送数据，通过执行输入指令读取外部设备输入的数据。

读/写控制逻辑电路用来接收 CPU 系统总线的读信号（$\overline{RD}$）、写信号（$\overline{WR}$）、片选信号（$\overline{CS}$）、端口选择信号（A1、A0）和复位信号（RESET），用于控制 8255A 内部寄存器的读/写操作和复位操作。

2）内部控制逻辑电路

内部控制逻辑包括 A 组控制与 B 组控制两部分。

A 组控制寄存器用来控制端口 A 的 PA7～PA0 和端口 C 的高 4 位 PC7～PC4。

B 组控制寄存器用来控制端口 B 的 PB7～PB0 和端口 C 的低 4 位 PC3～PC0。

它们接收 CPU 发送来的控制命令，对 A、B、C 端口的输入/输出方式进行控制。

3）I/O 接口电路

8255A 片内有 A、B、C 3 个 8 位并行端口，端口 A 和端口 B 分别有 1 个 8 位数据输出锁存/缓冲器和 1 个 8 位数据输入锁存器，端口 C 有 1 个 8 位数据输出锁存/缓冲器和 1 个 8 位数据输入缓冲器，用于存放 CPU 与外部设备交换的数据。

对于 8255A 的 3 个数据端口和 1 个控制端口，数据端口既可以写入数据又可以读出数据，控制端口只能写入命令而不能读出，读/写信号（$\overline{RD}$、$\overline{WR}$）和端口选择信号（A1、A0）的状态组合可以实现 A、B、C 3 个端口和控制端口的读/写操作。8255A 的端口分配及读/写功能如表 6-3-1 所示。

表 6-3-1 8255A 的端口分配及读/写功能

$\overline{CS}$	$\overline{WR}$	$\overline{RD}$	A1	A0	功　能
0	0	1	0	0	数据写入端口 A
0	0	1	0	1	数据写入端口 B
0	0	1	1	0	数据写入端口 C
0	0	1	1	1	命令写入控制寄存器
0	1	0	0	0	读出端口 A 的数据
0	1	0	0	1	读出端口 B 的数据
0	1	0	1	0	读出端口 C 的数据
0	1	0	1	1	非法操作

6.3.2 8255A 的工作方式及其初始化编程

8255A 有 3 种工作方式：基本输入/输出方式、单向选通输入/输出方式和双向选通输入/输出方式。

1. 8255A 的工作方式

1）方式 0：基本输入/输出方式（Basic Input/Output）

方式 0 是 8255A 的基本输入/输出方式，其特点是与外部设备传送数据时，不需要设置专用的联络（应答）信号，可以无条件地直接进行 I/O 传送。

A、B、C 3 个端口都可以工作在方式 0。

端口 A 和端口 B 工作在方式 0 时，只能设置为以 8 位数据格式输入/输出；

端口 C 工作在方式 0 时，可以将高 4 位和低 4 位分别设置为数据输入或数据输出方式。

方式 0 常用于与外部设备无条件数据传送或查询方式数据传送。

2）方式 1：单向选通输入/输出方式（Strobe Input/Output）

方式 1 是一种带选通信号的单方向输入/输出工作方式，其特点是：与外部设备传送数据时，需要联络信号进行协调，允许用查询或中断方式传送数据。

由于端口 C 的 PC0、PC1 和 PC2 定义为端口 B 工作在方式 1 的联络信号线，PC3、PC4和 PC5 定义为端口 A 工作在方式 1 的联络信号线，因此只允许端口 A 和端口 B 工作在方式 1。

端口 A 和端口 B 工作在方式 1，当数据输入时，端口 C 的引脚信号定义如图 6-3-3 所示。PC3、PC4 和 PC5 定义为端口 A 的联络信号线 $INTR_A$、$\overline{STB}_A$ 和 IBF_A，PC0、PC1 和 PC2 定义为端口 B 的联络信号线 $INTR_B$、IBF_B 和 $\overline{STB}_B$，剩余的 PC6 和 PC7 仍可以作为基本 I/O 线，工作在方式 0。

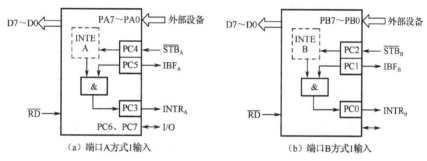

图 6-3-3　当数据输入时，端口 C 的引脚信号定义

方式 1 输入联络信号的功能如下。

$\overline{STB}$：选通信号，输入，低电平有效。此信号由外部设备产生输入，当 $\overline{STB}$ 有效时，选通端口 A 或端口 B 的输入数据锁存器，锁存由外部设备输入的数据，供 CPU 读取。

IBF：输入缓冲器满信号，输出，高电平有效。当端口 A 或端口 B 的输入数据锁存器接收到外部设备输入的数据时，IBF 变为高电平，$\overline{STB}$ 为对外部设备的响应信号，CPU 读取数据后 IBF 被清除。

INTR：中断请求信号，输出，高电平有效，用于请求以中断方式传送数据。

为了能实现用中断方式传送数据，在 8255A 内部设有一个中断允许触发器 INTE，当触发器为"1"时允许中断，为"0"时禁止中断。端口 A 的触发器由 PC4 置位或复位，端口 B 的触发器由 PC2 置位或复位。

端口 A 和端口 B 方式 1 数据输入的时序图如图 6-3-4 所示。

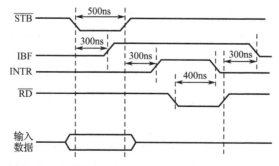

图 6-3-4　端口 A 和端口 B 方式 1 数据输入的时序图

当外部设备的数据准备就绪后，向 8255A 发送 $\overline{STB}$ 信号以便锁存输入的数据，$\overline{STB}$ 的宽度至少为 500ns，在 $\overline{STB}$ 有效后约 300ns，IBF 变为高电平，并一直保持到 $\overline{RD}$ 由低电平变为高电平，IBF 在 CPU 读取数据后约 300ns 变为低电平，表示一次数据传送结束。INTR 在中断允许触发器 INTE 为 1，且 IBF 为 1（8255A 接收到数据）的条件下，在 $\overline{STB}$ 后沿（由低变高）后约 300ns 变为高电平，用以向 CPU 发出中断请求，在 $\overline{RD}$ 变为低电平后约 400ns，INTR 被撤销。

端口 A 和端口 B 工作在方式 1，当数据输出时，端口 C 的引脚信号定义如图 6-3-5 所示。

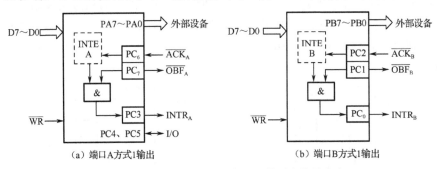

（a）端口 A 方式 1 输出　　　　　　　　　（b）端口 B 方式 1 输出

图 6-3-5　当数据输出时，端口 C 的引脚信号定义

PC3、PC6 和 PC7 定义为端口 A 联络信号线 INTR$_A$、$\overline{ACK_A}$ 和 $\overline{OBF_A}$，PC0、PC1 和 PC2 定义为端口 B 联络信号线 INTR$_B$、$\overline{OBF_B}$ 和 $\overline{ACK_B}$，剩余的 PC4 和 PC5 仍可以作为基本 I/O 线，工作在方式 0。

方式 1 输出联络信号的功能如下：

$\overline{OBF}$：输出缓冲器满指示信号，输出，低电平有效。$\overline{OBF}$ 由 8255A 发送给外部设备，当 CPU 将数据写入数据端口时，$\overline{OBF}$ 变为低电平，用于通知外部设备读取数据端口中的数据。

$\overline{ACK}$：应答信号，输入，低电平有效。$\overline{ACK}$ 由外部设备发送给 8255A，作为对 $\overline{OBF}$ 的响应信号，表示输出的数据已经被外部设备接收，同时清除 $\overline{OBF}$。

INTR：中断请求信号，输出，高电平有效。用于请求以中断方式传送数据。

端口 A 和端口 B 方式 1 数据输出的时序图如图 6-3-6 所示。当 CPU 向 8255A 写入数据时，$\overline{WR}$ 上升沿后约 650ns，$\overline{OBF}$ 有效，发送给外部设备，作为外部设备接收数据的选通信号。当外部设备接收到送来的数据后，向 8255A 回送 $\overline{ACK}$，作为对 $\overline{OBF}$ 的应答。在 $\overline{ACK}$ 有效后约 350ns，$\overline{OBF}$ 变为无效，表明一次数据传送结束。INTR 在中断允许触发器 INTE 为 1 且 $\overline{ACK}$ 无效后约 350ns 变为高电平。

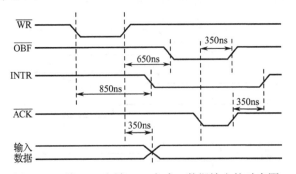

图 6-3-6　端口 A 和端口 B 方式 1 数据输出的时序图

若用中断方式传送数据时，通常把 INTR 连到单片机的中断请求输入端。

3）方式 2：双向选通输入/输出方式

方式 2 为双向选通输入/输出方式，是方式 1 输入和输出的组合，即同一端口的信号线既可以输入又可以输出。由于端口 C 的 PC7～PC3 定义为端口 A 工作在方式 2 时的联络信号线，因此只允许端口 A 工作在方式 2，引脚信号定义如图 6-3-7 所示。

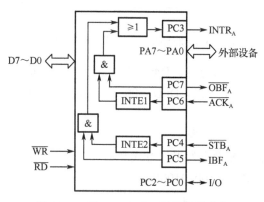

图 6-3-7　端口 A 方式 2 引脚信号定义

由图 6-3-7 可以看出，PA7～PA0 为双方向数据端口，既可以输入数据又可以输出数据。

端口 C 的 PC7～PC3 定义为端口 A 的联络信号线，其中 PC4 和 PC5 作为数据输入时的联络信号线，PC4 定义为输入选通信号 $\overline{STB}_A$，PC5 定义为输入缓冲器满 IBF$_A$。

PC6 和 PC7 作为数据输出时的联络信号线，PC7 定义为输出缓冲器满 $\overline{OBF}_A$，PC6 定义为输出应答信号 $\overline{ACK}_A$；PC3 定义为中断请求信号 INTR$_A$。

需要注意的是，输入和输出公用一个中断请求线 PC3，但中断允许触发器有两个，即输入中断允许触发器为 INTE2，由 PC4 写入设置，输出中断允许触发器为 INTE1，由 PC6 写入设置，剩余的 PC2～PC0 仍可以作为基本 I/O 线，工作在方式 0。

2．8255A 初始化编程

8255A 的 A、B、C 三个端口的工作方式是在初始化编程时，通过向 8255A 的控制端口写入控制字来设定的。

8255A 由编程写入的控制字有两个：方式控制字和置位/复位控制字。方式控制字用于设置端口 A、B、C 的工作方式和数据传送方向；置位/复位控制字用于设置端口 C 的 PC7～PC0 中某一条端口线 PCi（i=0～7）的电平。两个控制字公用一个端口地址，由控制字的最高位作为区分这两个控制字的标志位。

1）方式控制字的格式

8255A 工作方式控制字的格式如图 6-3-8 所示。

D0：设置 PC3～PC0 的数据传送方向。D0=1 为输入，D0=0 为输出。

D1：设置端口 B 的数据传送方向。D1=1 为输入，D1=0 为输出。

D2：设置端口 B 的工作方式。D2=1 为方式 1；D2=0 为方式 0。

D3：设置 PC7～PC4 的数据传送方向。D3=1 为输入，D3=0 为输出。

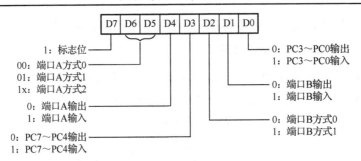

图 6-3-8　8255A 工作方式控制字的格式

D4：设置端口 A 的数据传送方向。D4=1 为输入，D4=0 为输出。

D6D5：设置端口 A 的工作方式。D6D5=00 为方式 0，D6D5=01 为方式 1，D6D5=10 或 11 为方式 2。

D7：方式控制字的标志位，恒为 1。

例如，将 8255A 的端口 A 设定为工作方式 0 输入，端口 B 设定为工作方式 1 输出，端口 C 没有定义，工作方式控制字为 10010100B。

2）端口 C 置位/复位控制字的格式

8255A 端口 C 置位/复位控制字的格式如图 6-3-9 所示。

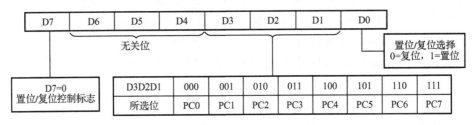

图 6-3-9　8255A 端口 C 置位/复位控制字的格式

8255A 端口 C 置位/复位控制字用于设置端口 C 某一位端口线 PCi（i=0～7）输出为高电平（置位）或低电平（复位），对各端口的工作方式没有影响。

D3～D1：8 种状态组合 000～111 对应表示 PC0～PC7。

D0：用来设定指定端口线 PCi 为高电平还是低电平。当 D0=1 时，指定端口线 PCi 输出高电平；当 D0=0 时，指定端口线 PCi 输出低电平。

D6～D4 没有定义，状态可以任意，通常设置为 0。D7 位作为标志位，恒为 0。例如，若把 PC2 端口线输出状态设置为高电平，则置位/复位控制字为 00000101B。

3）8255A 初始化编程

8255A 的初始化编程比较简单，只需要将工作方式控制字写入控制端口即可。另外，端口 C 置位/复位控制字的写入只是对端口 C 指定位输出状态起作用，对端口 A 和端口 B 的工作方式没有影响，因此只有需要在初始化时指定端口 C 某一位的输出电平时，才写入端口 C 置位/复位控制字。

例 6.1　设 8255A 的端口 A 工作在方式 0，数据输出，端口 B 工作在方式 1，数据输入，编写初始化程序（设 8255A 的端口地址为 FF80H～FF83H）。

初始化程序如下：

MOV	DPTR, #FF83H	;控制寄存器端口地址为 FF83H
MOV	A, 10000110B	;端口 A 方式 0，数据输出，端口 B 方式 1，数据输入
MOVX	@ DPTR, A	;将控制字写入控制端

例 6.2　将 8255A 的端口 C 中 PC0 设置为高电平输出，PC5 设置为低电平输出，编写初始化程序（设 8255A 的端口地址为 FF80H～FF83H）。

初始化程序如下：

MOV	DPTR,#FF83H	;控制端口的地址为 FF83H
MOV	A,00000001B	;将 PC0 设置为高电平输出
MOVX	@ DPTR,A	;将控制字写入控制端口
MOV	AL,00001010B	;将 PC5 设置为低电平输出
MOVX	@ DPTR,A	;将控制字写入控制端口

6.4　A/D 与 D/A 转换器及其应用

20 世纪中叶，电子行业的发展给人们生活带来的巨大影响是人类历史上前所未有的。在电子行业中，如何将现实的模拟世界和电子的数字世界连接起来是关键所在，数/模和模/数（D/A 和 A/D）转换器件就是连接模拟信号源与数字设备、数字计算机或其他数据系统之间的桥梁。

A/D 转换器的任务是将连续变化的模拟信号转换为离散的数字信号，以便于数字系统进行处理、存储、控制和显示；D/A 转换器的作用是将经过处理的数字信号转换成模拟信号，以便进行控制。

随着电子技术的更新和发展，A/D 和 D/A 转换器件也有了长足的发展，出现了新工艺、新结构的高性能器件，日益向着高速、高分辨率、低功耗、低价格的方向发展。

6.4.1　自动测控系统的构成

在许多工业生产过程中，参与测量和控制的物理量，往往是连续变化的模拟量，如电流、电压、温度、压力、位移、流量等。

这里的"连续"有两个方面意义：从时间上来说，它是随时间连续变化的；从数值上来说，也是连续变化的。

在测控系统中，一方面，为了利用微型计算机实现对工业生产过程的监测、自动调节及控制，必须将连续变化的模拟量转换成微型计算机所能接收的数字信号，即经过 A/D 转换器转换成相应的数字量，送入微型计算机进行数据处理；另一方面，为了实现对生产过程的控制，有时需要输出模拟信号，即经过 D/A 转换，将数字量变成相应的模拟量，再经功率放大，去驱动模拟调节执行机构，这就需要通过模拟量输出接口完成此任务，如图 6-4-1 所示。

1. 模拟量输入通道的组成

能够把生产过程中的非电物理量转换成电量（电流或电压）的器件，称为传感器。例如，热电偶能够把温度这个物理量转换成几毫伏或几十毫伏的电信号，因此可作为温度传感器。

有时为了电气隔离，对电流或电压信号也采用传感器，原理是利用电流或电压的变化产生的光或磁的变化，由电量传感器将光或磁转换成电量。有些传感器不是直接输出电量，而是把电阻值、电容值或电感值的变化作为输出量，反映相应物理量的变化。例如，热电阻也可作为温度传感器。

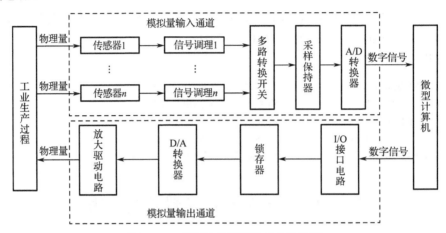

图 6-4-1　微型计算机测控系统结构图

不同传感器的输出电信号各不相同，因此需要通过信号处理环节，将传感器输出的信号放大或处理，使之符合 A/D 转换器的输入电压要求。另外，传感器与现场信号相连接，处于恶劣的工作环境，其输出叠加有干扰信号。因此，信号处理包括低通滤波电路，以滤去干扰信号。通常可采用 RC 低通滤波电路，也可采用由运算放大器构成的有源滤波电路，这样可以取得更好的滤波效果。

A/D 转换器是模拟量输入通道的核心环节，其作用是将模拟输入量转换成数字量。由于模拟信号是连续变化的，而 A/D 转换需要一定时间，因此采样后的信号需要保持一段时间。模拟信号一般变化比较缓慢，可以采用多路开关把多个模拟信号分时输入到一个 A/D 转换器进行转换，以简化电路和降低成本。

随着微电子技术的发展，智能数字型传感器已经研制成功，在测控系统中大量应用。智能数字型传感器具有自动采集数据、预处理、存储、双向通信、标准化数字输出和判断决策处理功能，可以直接与 CPU 相连。同时智能数字型传感器具有高精度、高可靠性、高稳定性、高信噪比、高分辨率和较强的自适应性。

2．模拟量输出通道的组成

微型计算机输出的是数字信号，而有的执行元件要求提供模拟的电流或电压信号，故必须采用模拟量输出通道来实现。它的作用是把微型计算机输出的数字量转换成模拟量，这个任务主要是由 D/A 转换器来完成。由于 D/A 转换器需要一定的转换时间，在转换期间，输入的数字量应该保持不变，而微型计算机输出的数据，在数据总线上稳定的时间很短，因此在微型计算机与 D/A 转换器之间，必须采用锁存器来保持数字量的稳定，经过 D/A 转换器得到的模拟信号，一般要经过低通滤波器，使其输出波形平滑。同时，为了驱动受控设备，一般采用功率放大器作为模拟量输出的驱动电路。

6.4.2　D/A 转换器（DAC）

1. DAC 的主要技术指标

1）分辨率

分辨率表明 DAC 对模拟量数值的分辨能力。理论上定义为最小输出电压（对应的输入数字量仅最低位为 1）与最大输出电压（对应的数字量各位均为 1）之比。分辨率越高，转换时对应最小数字量输入的模拟信号电压数值越小，也就越灵敏。通常使用数字输入量的位数来表示分辨率。

例如，8 位 DAC 芯片 DAC0832 的分辨率为 8 位，10 位单片集成 DAC 芯片 AD7522 的分辨率为 10 位，16 位单片集成 DAC 芯片 AD1147 的分辨率为 16 位。

2）转换精度

DAC 的转换精度表明 D/A 转换的精确程度，分为绝对精度和相对精度。

DAC 的绝对精度（绝对误差）指的是在数字输入端加有给定的代码时，在输出端实际测得的模拟输出值（电压或电流）与相应的理想输出值之差。它是由 DAC 的增益误差、零点误差、线性误差和噪声等综合因素引起的。因此，在 DAC 的数据图表上往往是以单独给出各种误差的形式来说明绝对误差的。

DAC 的相对精度指的是满量程值校准以后，任何一个数字输入的模拟输出与它的理论输出值之差。对于线性 DAC 来说，相对精度就是非线性度。

在 DAC 数据图表中，精度特性一般是以满量程电压（满度值）V_{FS} 的百分数或以最低有效位（LSB）的分数形式给出，有时用二进制数的形式给出。

精度 ±0.1% 指的是最大误差为 V_{FS} 的 ±0.1%。例如，满度值为 10V 时，最大误差为：

$$V_E = \pm \frac{1}{2} \times \frac{1}{2^n} V_{FS} = \pm \frac{1}{2^{n+1}} V_{FS}$$

$$V_E = 10V \times (\pm 0.1\%) = \pm 10mV$$

n 位 DAC 的精度为 $\pm \frac{1}{2}$ LSB 指的是最大可能误差为 ±0.5LSB。

需要注意的是，精度和分辨率是两个截然不同的参数。分辨率取决于转换器的位数，而精度则取决于构成转换器各部件的精度和稳定性。

3）温度系数

温度系数定义为在满刻度输出的条件下，温度每升高 1℃，输出变化的百分数。

4）建立时间

对于一个理想的 DAC，其输入端的数字信号从一个二进制数变到另一个二进制数时，输出端将立即输出一个与新的数字信号相对应的电压或电流信号。但是在实际的 DAC 中，电路中的电容、电感和开关电路会引起电路的响应时间延时。建立时间就是指在输入端发生满量程码的变化以后，DAC 的模拟输出稳定到最终值时所需要的时间。当输出的模拟量为电流形式时建立时间很短。当输出为电压形式时建立时间较长，它主要取决于输出运算放大器的响应时间。

5）电源敏感度

电源敏感度反映转换器对电源电压变化的敏感程度。其定义为：当电源电压的变化（dU_s）为电源电压（U_s）的 1%时，所引起模拟值变化的百分数。性能良好的转换器，在电源电压变化 3%时，满量程模拟值的变化应不大于±0.5LSB。

2. DAC 基本结构

各种 DAC 的内部电路构成基本相同，如图 6-4-2 所示。

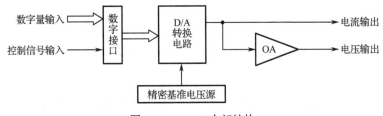

图 6-4-2　DAC 内部结构

（1）数字接口单元：与微机的数据总线和一些控制信号相连，有些 DAC 芯片还包括一个或多个缓冲寄存器/锁存器。

（2）D/A 转换电路：由电阻解码网络和二进制码控制的模拟开关组成，完成 D/A 转换。有些 DAC 芯片的输出为电流信号，有些芯片则把电流信号经运算放大器转换成电压信号输出。

（3）精密基准电压源：产生电阻解码网络所需要的基准电压。

为了适应不同自动测控系统和信息处理系统对分辨率、精度、速度、价格等提出的各种要求，很多厂家设计生产出多种类型、多种功能的 DAC 芯片。下面以 DAC0832 为例介绍 DAC 的内部结构及应用。

3. DAC0832 内部结构及其应用

DAC0832 是 NS 公司（National Semiconductor Corporation）生产的内部带有数据输入寄存器和 R-2R T 形电阻解码网络的 8 位 DAC。

1）主要特性

① 电流输出型 DAC。

② 数字量输入有双缓冲、单缓冲或直通 3 种方式。

③ 与所有微处理器可直接连接。

④ 输入数据的逻辑电平满足 TTL 电平规范。

⑤ 分辨率为 8 位。

⑥ 满量程误差为±1 LSB。

⑦ 转换时间（建立时间）为 1ms。

⑧ 增益温度系数为 $20 \times 10^{-6}/℃$。

⑨ 参考电压为±10V。

⑩ 单电源 5～15V。

2）内部结构及引脚信号

DAC0832 是 20 引脚双列直插式芯片，内部结构及其引脚信号如图 6-4-3 所示。

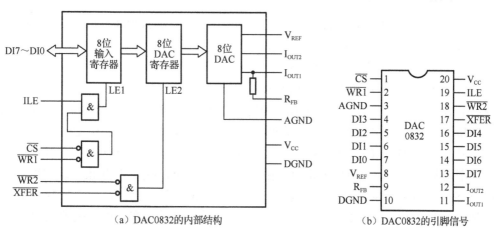

（a）DAC0832的内部结构　　　　　　　　　（b）DAC0832的引脚信号

图 6-4-3　DAC0832 的内部结构及其引脚信号

DAC0832 内部由两级缓冲寄存器（一个 8 位输入寄存器和一个 8 位 DAC 寄存器）和一个 DAC（R-2R T 形电阻解码网络）及转换控制电路组成。

DI7～DI0：8 位数字量输入引脚，与 CPU 数据总线相连。

ILE：输入锁存允许信号，输入高电平有效。

$\overline{CS}$：片选信号，输入低电平有效。

$\overline{WR1}$：写信号 1，它作为输入寄存器的写选通信号（锁存信号）将输入数据锁入 8 位输入锁存器。$\overline{WR1}$ 必须与 $\overline{CS}$、ILE 同时有效，即当 ILE 为高电平，$\overline{CS}$ 和 $\overline{WR1}$ 为低电平时，LE1 变为高电平，输入寄存器的输出随输入而变化（输入不锁存），当 $\overline{WR1}$ 变为高电平时，LE1 变为低电平，输入数据被锁存在输入寄存器中。输入寄存器的输入不再随外部数据的变化而变化。

$\overline{WR2}$：写信号 2，即 DAC 寄存器的写选通信号。$\overline{WR2}$ 有效时，将锁存在输入寄存器中的数据送到 8 位 DAC 寄存器中进行锁存，此时数据传送控制信号 $\overline{XFER}$ 必须有效。

$\overline{XFER}$：数据传送控制信号，输入低电平有效。对 8 位 DAC 寄存器来说，其锁存信号 LE2 由 $\overline{WR2}$ 和 $\overline{XFER}$ 的组合产生。当 $\overline{WR2}$ 和 $\overline{XFER}$ 为低电平时，LE2 为高电平，DAC 寄存器的输出随它的输入（8 位输入寄存器输出）而变化；当 $\overline{WR2}$ 或 $\overline{XFER}$ 由低电平变高电平时，LE2 变为低电平，将输入寄存器的数据锁存在 DAC 寄存器中。于是，DAC0832 形成了如下 3 种工作方式。

① 直通方式：LE1 和 LE2 一直为高电平，数据可以直接进入 DAC。

② 单缓冲方式：LE1 或 LE2 其中一个一直为高电平，只控制一级寄存器。

③ 双缓冲方式：不让 LE1 和 LE2 一直为高电平，控制两级寄存器。控制 LE1 从高电平变低电平，DI7～DI0 数据存入输入寄存器；控制 LE2 从高电平变低电平，数据存入 DAC 寄存器，同时开始 D/A 转换。

I_{OUT1}：模拟电流输出 1，它是逻辑电平为"1"的各位输出电流之和。当 DI7～DI0 各位均为"1"时，I_{OUT1} 最大，当 DI7～DI0 各位均为"0"时，I_{OUT1} 为最小值。

I_{OUT2}：模拟电流输出2，它是逻辑电平为"0"的各位输出电流之和。$I_{OUT1}+I_{OUT2}$=常量。

R_{FB}：反馈电阻引脚。反馈电阻在芯片内部，与外部运算放大器配合构成 I/V 转换器，提供电压输出。

V_{REF}：参考电压输入引脚，输入电压范围为–10～10V，要求电压准确、稳定性好。

V_{CC}：芯片的供电电压，范围为 5～15V。

AGND：模拟地，芯片模拟电路接地点。

DGND：数字地，芯片数字电路接地点。

使用 D/A 和 A/D 电路时，数字地和模拟地的连接会影响模拟电路的精度和抗干扰能力。在数字量和模拟量并存的电路系统中，有两类电路，一类是数字电路，如 CPU、存储器和译码器等。另一类是模拟电路，如运算放大器、DAC 和 ADC 内部主要部件等。数字电路的信号是高频率的脉冲信号，而模拟电路中传输的是低速变化的信号。如果模拟地和数字地彼此相混随意连接，高频数字信号很容易通过地线干扰模拟信号。因此，应该把整个系统中所有模拟地连接在一起，所有数字地连接在一起，然后整个系统在一处把模拟地和数字地连接起来。

3）DAC0832 的模拟输出

DAC0832 的输出分为单极性输出和双极性输出两种，如图 6-4-4 所示。图 6-4-4（a）是 DAC0832 实现单极性电压输出的连接示意图。因为内部反馈电阻 R_{FB} 等于梯形电阻网络的 R 值，则电压输出为：

$$V_{OUT} = -I_{OUT1}R_{FB} = -\left(\frac{V_{REF}}{R_{FB}}\right)\left(\frac{D}{2^8}\right)R_{FB} = -\frac{D}{2^8}V_{REF}$$

图 6-4-4（b）是 DAC0832 实现双极性电压输出的连接示意图。选择 $R_2=R_3=2R_1$，则电压输出为：

$$V_{OUT2} = -(2V_{OUT1}+V_{REF}) = -\left[2\left(-\frac{D}{256}\right)V_{REF}+V_{REF}\right] = \left(\frac{D-128}{128}\right)V_{REF}$$

上述两个计算公式中，D 代入的值都是其对应的十进制值。表 6-4-1 选取若干具有典型意义的数字量，说明对应的单极性和双极性的模拟输出。其中，数字量在单极性时，采用二进制码，在双极性时，采用偏移码。

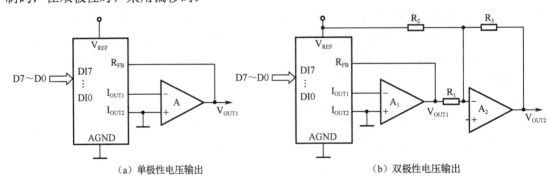

（a）单极性电压输出　　　　　　　　　　（b）双极性电压输出

图 6-4-4　DAC0832 电压输出电路

二进制码是单极性信号中采用最普遍的码制，它编码简便，解码可逐位独立进行。偏移码是双极性信号中常采用的二进制编码，用最大值加以偏移（将零基准偏移至最小值）。输出为正值时，符号位（最高位）为"1"；输出为负值时，符号位为"0"。偏移码与计算机的补码相比，符号位相反，数值部分一样。DAC0832 数字量与模拟量对照表如表 6-4-1 所示。

表 6-4-1　DAC0832 数字量与模拟量对照表

单极性（V_{REF}=5V）		双极性（V_{REF}=5V）	
数字量的二进制码	模拟量输出 V_{OUT1}（V）	数字量的偏移码	模拟量输出 V_{OUT2}（V）
11111111	−4.98	11111111	4.96
11111110	−4.96	11111110	4.92
⋮	⋮	⋮	⋮
10000001	−2.52	10000001	0.04
10000000	−2.50	10000000	0
01111111	−2.48	01111111	0.04
⋮	⋮	⋮	⋮
00000001	−0.02	00000001	4.96
00000000	0	00000000	5

6.4.3　MCS-51 对 8 位 DAC0832 的接口

MCS-51 和 DAC0832 接口时，可以有三种连接方式：直通方式、单缓冲方式和双缓冲方式。

1. 直通方式

DAC0832 内部有两个起数据缓冲器作用的寄存器，分别受 LE1 和 LE2 控制。如果 LE1 和 LE2 为高电平，那么 DI7～DI0 上的信号便可直通地到达 8 位 DAC 寄存器，进行 D/A 转换。因此，ILE 接+5V，$\overline{\text{CS}}$、$\overline{\text{XFER}}$、$\overline{\text{WR1}}$和$\overline{\text{WR2}}$接地，DAC0832 就可在直通方式下工作（见图 6-4-3）。直通方式下工作的 DAC0832 常用于不带微机的控制系统。

2. 单缓冲方式

单缓冲方式是指 DAC0832 内部的两个数据缓冲器有一个处于直通方式，另一个受 MCS-51 控制。单缓冲方式下的 DAC0832 和 MCS-51 的连接如图 6-4-5 所示。

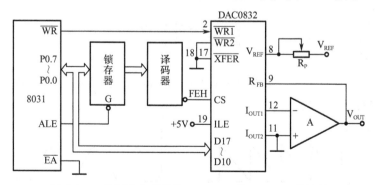

图 6-4-5　单缓冲方式下的 DAC0832 和 MCS-51 的连接

由图 6-4-5 可见，$\overline{WR2}$ 和 $\overline{XFER}$ 接地，故 DAC0832 的 8 位 DAC 寄存器工作于直通方式。8 位输入寄存器受 $\overline{CS}$ 和 $\overline{WR1}$ 端的信号控制，且 $\overline{CS}$ 由译码器输出端 FEH 送来。因此，8031 执行如下两条指令就可在 $\overline{WR1}$ 和 $\overline{CS}$ 上产生低电平信号，使 DAC0832 接收 8031 送来的数字量。

```
MOV    R0,#0FEH
MOVX   @R0,A
```

现举例说明单缓冲方式下 DAC0832 的应用。

例 6.3　DAC0832 用作波形发生器。试根据图 6-4-5 进行连接，分别写出产生锯齿波、三角波的程序。

解： 在图 6-4-5 中，运算放大器 A 输出端 V_{OUT} 直接反馈到 R_{FB}，故这种接线产生的模拟输出电压是单极性的。现把产生上述三种波形的参考程序列出如下：

① 锯齿波程序

```
         ORG    1000H
START:   MOV    R0, #0FEH
         MOVX   @ R0
         INC    A
         SJMP   START
         END
```

上述程序产生的锯齿波如图 6-4-6（a）所示。由于运算放大器的反相作用，图 6-4-6（a）中的锯齿波是负向的，而且可以从宏观上看到它从 0V 线性下降到负的最大值。但是，实际上它分成 256 个小台阶，每个小台阶暂留时间为执行一遍程序所需时间。因此，在上述程序中插入 NOP 指令或延时程序，可以改变锯齿波的频率。

② 三角波程序

三角波由线性下降段和线性上升段组成。相应程序为：

```
         ORG    1080H
START:   CLR    A
         MOV    R0,#0FEH
DOWN:    MOVX   @R0,A        ;线性下降段
         INC    A
         JNZ    DOWN         ;若未完，则跳转执行 DOWN
         MOV    A,#0FEH
UP:      MOVX   @R0,A        ;线性上升段
         DEC    A
         JNZ    UP           ;若未完，则跳转执行 UP
         SJMP   DOWN         ;若已完，则循环
         END
```

执行上述程序产生的三角波如图 6-4-6（b）所示。三角波频率同样可以在循环体内插入 NOP 指令或延时程序来改变。

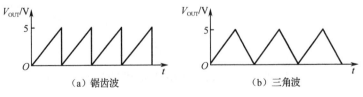

（a）锯齿波　　　　　　　　　　（b）三角波

图 6-4-6　DAC0832 用作波形发生器所产生的波形

3. 双缓冲方式

双缓冲方式是指 DAC0832 内部的 8 位输入寄存器和 8 位 DAC 寄存器都不应当在直通方式下工作。CPU 必须通过 LE1 来锁存待转换的数字量，通过 LE2 启动 D/A 转换。因此，双缓冲方式下，每个 DAC0832 应为 CPU 提供两个 I/O 端口。图 6-4-7 为 8031 和两片 DAC0832 芯片在双缓冲方式下的接线图。图 6-4-7 中，1# DAC0832 的 $\overline{CS}$ 和 P2.5 相连，故控制 1# DAC0832 中 LE1 的选口地址为 DFFFH；2# DAC0832 的 $\overline{CS}$ 和 P2.3 相连，故控制 2# DAC0832 中 LE1 的选口地址为 F7FFH；1# 和 2# DAC0832 的 $\overline{XFER}$ 和 P2.7 相连，故控制 1# 和 2# DAC0832 中 LE2 的选口地址为 7FFFH。工作时，8031 可以分别通过选口地址 DFFFH 和 F7FFH 把 1# 和 2# DAC0832 的数字量送入它们的相应 8 位输入寄存器，然后通过选口地址 7FFFH 把输入寄存器中的数据同时送入相应的 8 位 DAC 寄存器中，以实现 D/A 转换。

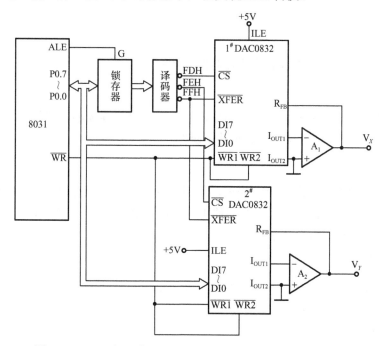

图 6-4-7　8031 与两片 DAC0832 芯片在双缓冲方式下的接线图

相应程序如下：

```
ORG     1200H
MOV     DPTR,#DFFFH          ;DPTR 指向 DFFFH
MOV     A,#Xdata
MOVX    @DPTR,A              ;Xdata 写入 1# DAC0832
MOV     DPTR,#F7FFH          ;DPTR 指向 F7FFH
MOV     A,#Ydata
MOVX    @DPTR,A              ;Ydata 写入 2# DAC0832
MOV     DPTR,#7FFFH          ;DPTR 指向 7FFFH
MOVX    @DPTR,A              ;启动 1#和 2# DAC0832 工作
...
END
```

8031 执行上述程序后，示波器光点就会移到（Xdata，Ydata）坐标处。

6.4.4 ADC0809 的接口

1．ADC 主要技术指标

1）分辨率

对于 ADC 来说，分辨率表示输出数字量变化一个相邻数码所需输入模拟信号的变化量。分辨率可被定义为满刻度电压与 $2n$ 之比，其中 n 为 ADC 的位数。通常直接用 ADC 的位数来表示分辨率。

例如，8 位 ADC0809 的分辨率为 8 位，12 位单片集成 ADC AD574 的分辨率为 12 位，16 位单片集成 ADC AD1143 的分辨率为 16 位等。

2）转换速率

转换速率是指完成一次 A/D 转换所需时间的倒数。

3）量化误差

量化误差是由 ADC 的有限分辨率而引起的误差，这是连续的模拟信号量化后的固有误差。因此，分辨率高的 ADC 具有较小的量化误差。

4）偏移误差

偏移误差是指输入信号为 0 时，输出信号不为 0 的值，所以有时又称为零值误差。偏移误差通常是由于放大器或比较器输入的偏移电压或电流引起的。一般在 ADC 外部加一个可调电位器，便可将偏移误差调至最小。

5）满刻度误差

满刻度误差是指满刻度输出所对应的实际输入电压与理想输入电压之差，一般满刻度误差的调节在偏移误差调整之后进行。

6）绝对精度

在 ADC 中，任何数码所对应的实际模拟电压与理想电压值之差并非常数，把这个差的最大值定义为绝对精度。

7）相对精度

相对精度与绝对精度相似，所不同的是将绝对精度中的最大偏差表示满刻度模拟电压的百分数。

2．ADC 基本结构

ADC 芯片是由集成在单一芯片上的模拟多路开关、采样/保持器、A/D 转换电路及数字输出接口构成的，如图 6-4-8 所示。

（1）模拟多路开关：用于切换多路模拟输入信号，根据地址信号选择某一个通道，使芯片能够分时转换多路模拟输入信号。

（2）采样/保持器：缩短采样时间，减小误差。

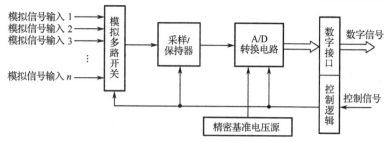

图 6-4-8   ADC 内部结构

（3）精密基准电压源：产生芯片所需要的基准电压。

（4）A/D 转换电路：完成模拟量到数字量的转换。

（5）数字接口和控制逻辑：将微机总线与芯片相连，接收控制命令、地址信息，输出转换结果。

为了适应不同的自动测控系统和信息处理系统对分辨率、精度、速度、价格等提出的各种要求，很多厂家设计生产出多种类型、多种功能的 ADC 芯片。下面以 ADC0809 为例介绍 ADC 的内部结构及应用。

3．ADC0809 内部结构及应用

ADC0809 是 CMOS 型的 8 位逐次逼近式单片 ADC。

1）主要特性

① 分辨率为 8 位。

② 转换时间为 100ms。

③ 单一+5V 供电，模拟电压输入为 0～5V。

④ 有 8 路模拟输入通道。

⑤ 功耗为 15mW。

⑥ 数据有三态输出能力，易于与微处理器相连，也可独立使用。

2）内部结构及引脚信号

ADC0809 是 28 引脚双列直插式芯片，内部结构和引脚信号如图 6-4-9 所示。

ADC0809 内部由 8 位模拟通道选择开关、地址锁存与译码单元、定时与控制单元、逐次逼近寄存器、树状开关、电阻网络和三态输出锁存缓冲器组成。

8 位模拟通道选择开关通过 3 位地址输入 ADDC、ADDB、ADDA 的不同组合来选择模拟输入通道。树状开关和电阻网络的作用是实现单调性的 D/A 转换。定时与控制单元的 START 信号控制 A/D 转换开始，转换后的数字信号在内部锁存，通过三态输出锁存缓冲器输出。

IN7～IN0：8 路模拟电压输入引脚。

D7～D0：8 位数字量输出引脚。

ADDC、ADDB、ADDA：地址输入引脚。

START：启动 A/D 转换的控制信号，输入高电平有效。

ALE：地址锁存允许控制信号，输入高电平有效。ALE 有效时，ADDC、ADDB、ADDA 才能控制选择 IN7～IN0 8 路模拟输入中的某一通道。START 和 ALE 两个引脚可以连接在一起，当通过软件输入一个正脉冲时，便立即启动 A/D 转换。

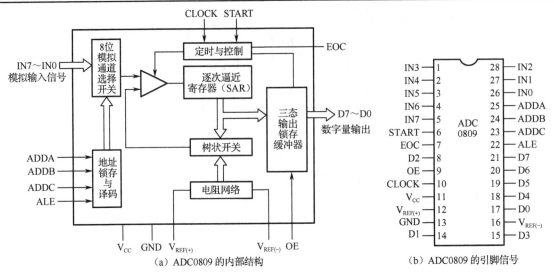

图 6-4-9　ADC0809 的内部结构和引脚信号

EOC：转换结束信号，输出高电平有效。

OE：数据输出允许信号，高电平有效。只有 OE 有效时，才能打开输出三态缓冲区，用于指示转换已经完成，在查询方式下，OE 可以作为 A/D 转换结束的状态信号。

CLOCK：时钟信号，要求频率在 10kHz～1MHz 范围内，典型值为 640kHz，可由微处理器时钟分频后得到。

V_{CC}：+5V 电源。

GND：接地端。

$V_{REF(+)}$：参考电压输入引脚，通常与 V_{CC} 相连。

$V_{REF(-)}$：参考电压接地端，通常与 GND 相连。

3）转换结束信号 EOC 的处理

当 A/D 转换结束后，ADC0809 将输出一个转换结束信号 EOC，通知 CPU 读取转换结果。主机查询判断 A/D 转换是否结束的方式有四种。CPU 对转换结束信号 EOC 的处理方式不同，对应的硬件电路和程序设计方法也就不同。

查询方式：如图 6-4-10 所示，把转换结束信号 EOC 作为状态信号经三态输出锁存缓冲器送到 CPU 的数据总线的某一位上。CPU 启动 ADC0809 开始转换后，就不断地查询这个状态位，当 EOC 有效时，便读取转换结果。这种方式程序设计比较简单，实时性也较强，是比较常用的一种方法。

中断方式：把转换结束信号 EOC 作为中断请求信号接到 CPU 的中断请求线上。ADC0809 转换结束，向 CPU 申请中断。CPU 响应中断请求后，在中断服务程序中读取转换结果。这种方式 ADC0809 与 CPU 并行工作，适用于实时性较强和参数较多的数据采集系统。

延时方式：在这种方式下，不使用转换结束信号 EOC。CPU 启动 A/D 转换后，延时一段时间（略大于 A/D 转换时间），此时转换已经结束，可以读取转换结果。这种方式通常采用软件延时的方法（也可以采用硬件延时电路），无须硬件连线，但要占用主机大量时间，多用于主机处理任务较少的系统。

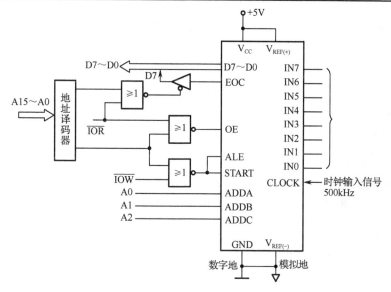

图 6-4-10   ADC0809 查询方式的硬件电路

DMA 方式：把转换结束信号 EOC 作为 DMA 请求信号。A/D 转换结束即可启动 DMA 传送，通过 DMA 控制器直接将数据送入内存缓冲区。这种方式特别适合要求高速采集大量数据的系统。

6.4.5   ADC0809 与 MCS-51 的连接及其应用

MCS-51 与 ADC 连接时必须弄清并处理好以下三个问题。

① 要给 START 线送一个 100ns 宽的启动正脉冲。

② 获取 EOC 线上的状态信息，因为它是 A/D 转换的结束标志。

③ 要给"三态输出锁存缓冲器"分配一个端口地址，也就是给 OE 线上送一个地址译码器输出信号。

MCS-51 和 ADC 接口通常可以采用查询和中断两种方式。采用查询法传送数据时，MCS-51 应查询 EOC 线的状态：若 EOC 线状态为低电平，则表示 A/D 转换正在进行，MCS-51 应当继续查询；若查询到 EOC 变为高电平，则给 OE 线送一个高电平，以便从 $2^0 \sim 2^8$ 线上提取 A/D 转换后的数字量。采用中断方式传送数据时，EOC 线作为 CPU 的中断请求输入线。CPU 响应中断后，应在中断服务程序中使 OE 线变为高电平，以提取 A/D 转换后的数字量。

如前所述，ADC0809 内部有一个 8 位"三态输出锁存缓冲器"可以锁存 A/D 转换后的数字量，故 ADC0809 本身既可看作一种输入设备，也可认为是并行 I/O 接口芯片。因此，ADC0809 可以直接和 MCS-51 接口，当然也可通过 8255 等其他接口芯片连接。但在大多数情况下，8031 是和 ADC0809 直接相连的，如图 6-4-11 所示。由图 6-4-11 可见，START 和 ALE 互连可使 ADC0809 在接收模拟量路数地址时启动工作。START 启动信号由 8031 的写控制信号和 P2.7 经或非后产生。读取转换结果，用 $\overline{RD}$ 信号和 P2.7 引脚经或非后，产生的正脉冲作为 OE 信号，用以打开三态输出锁存缓冲器。对 8 路模拟信号轮流采样一次，采用软件延时方式，并依次把结果转储到数据存储区，程序如下：

```
MAIN:    MOV    R1,#data           ;置数据区首地址
         MOV DPTR,#7FF8H           ;端口地址送 DPTR，P2.7=0，且指向通道 IN0
         MOV R7,#08H               ;置转换的通道个数
LOOP:    MOVX   @DPTR,A            ;启动 A/D 转换
         MOV R6,#0AH               ;软件延时，等待转换结束
DELAY:   NOP
         NOP
         NOP
DJNZ     R6, DELAY
         MOVX   A,@DPTR            ;读取转换结果
         MOV @R1,A                 ;存储转换结果
         INC    DPTR               ;指向下一个通道
         INC    R1                 ;修改数据区指针
         DJNZ   R7,LOOP            ;8 个通道是否全采样完？若未完，则继续
         ……
```

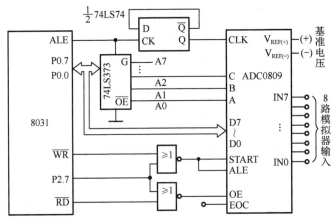

图 6-4-11　8031 和 ADC0809 的接口

在图 6-4-11 中，如果 EOC 线经过反相器和 8031 的 $\overline{INT1}$ 线相连，这就说明 8031 是采用中断方式和 ADC0809 传送 A/D 转换后的数字量的。转换结束时，EOC 发出一个脉冲向单片机提出中断申请，单片机响应中断请求，在中断服务程序读 A/D 结果，并启动 ADC0809 的下一次转换，外中断 1 采用跳沿触发。采用中断方式的程序分主程序和中断服务程序两部分。主程序用来对中断初始化，给 ADC0809 发启动脉冲和送模拟量路数地址等。中断服务程序用来从 ADC 接收 A/D 转换后的数字量并判断是否对 IN0～IN7 上的模拟电压采集一遍。参考程序如下：

① 主程序

```
ORG     0000H
AJMP    MAIN
ORG     0013H
AJMP    CINTl                      ;转中断服务程序
ORG     0A00H
MAIN:   MOV     R1,#30H            ;存储 A/D 数据区首址送 R1
        MOV     R4,#8              ;模拟量总路数送 R4
```

```
          MOV      R2,#00H              ;IN0 地址送 R2
          SETB     EA                   ;开 CPU 中断
          SETB     EX1                  ;允许 IN 行中断
          SETB     IT1                  ;令 INT1 为边沿触发
          MOV      DPTR,#7FF8H          ;A/D 端口地址送 DPTR
          MOV      A,R2
          MOVX     @DPTR, A             ;启动 ADC0809 对 IN0 通道的转换
          ...                           ;完成其他的工作并等待中断
```

② 中断服务程序

```
CINTl:    MOV      DPTR,#7FF8H          ;A/D 转换结果送内部 RAM
          MOVX     A,@ DPTR             ;输入数字量送 A
          MOV      @R1,A                ;存入输入数据区
          INC      R1                   ;输入数据区指针加 1
          INC      R2                   ;修改模拟量 IN 路数地址
          MOV      A,R2                 ;下个模拟量路数地址送 A
          MOVX     @DPTR,A              ;送下路模拟量路数地址,并启动 A/D 转换
          DJNZ     R4, LOOP             ;若未采集完 8 路,则执行 LOOP
          CLR      EX1                  ;若已采集完 8 路,则关 INT1 中断
LOOP:     RETI                          ;中断返回
          END
```

ADC0809 所需时钟信号可以由 8031 的 ALE 信号提供。8031 的 ALE 信号通常是每个机器周期出现两次，故它的频率是单片机时钟频率的 1/6。若 8031 主频是 6MHz，则 ALE 信号频率为 1MHz，若使 ALE 信号经触发器二分频接到 ADC0809 的 CLOCK 输入端，则可获得 500kHz 的 A/D 转换脉冲。当然，ALE 上的脉冲会在 MOVX 指令的每个机器周期内少出现一次，但通常情况下影响不大。

目前生产 A/D 和 D/A 转换器的公司有很多，每个公司都有自己的产品系列，各具特色，有 8 位、10 位、12 位和 16 位的 A/D 和 D/A 转换器，可以满足用户的不同需要。同时，现在有许多型号的单片机和数字信号处理器（Digital Signal Processor，DSP）中都集成了 A/D 和 D/A 部件，用户不再需要外扩 A/D 和 D/A 转换器，使用更加方便。

6.5　MCS-51 单片机综合应用实例

本节以体育考试篮球专项技能综合测试仪的开发为例，介绍 MCS-51 单片机的综合应用，并详细介绍 MCS-51 单片机应用系统常用的 LED 数码管及键盘输入接口。

6.5.1　设计单片机应用系统的基本步骤

1. 确定设计任务和系统功能指标，编写设计任务书

在单片机应用系统开发的前期阶段，首先必须认真细致地调查研究，深入了解用户各个方面的技术要求，了解国内外相似课题的技术水平，进行系统分析，摸清软件、硬件设计的技术难点等；然后确定课题所要完成的任务和应具备的功能，以及要达到的技术指标；最后

综合考虑各种因素提出设计的初步方案，编写设计任务书。

设计任务书不但要明确系统设计任务，还要对系统规模做出规定，如主机机型、分机机型、配备哪些外部设备等，这是硬件设计、成本的依据。同时还应详尽说明系统的指标参数、操作规范，这是软件设计的基础。

2. 总体设计

拟定总体设计方案一般要通过认真调研、论证，最后定稿，以避免方案上的疏忽造成软件、硬件设计产生较大的返工，延误项目开发进程。总体方案的关键性计算难点，应设专题深入讨论，如传感器的选择。传感器常常是测试系统中的关键环节，一个设计合理的测控系统，往往会因传感器精度、非线性、温漂等指标限制，造成系统达不到指标要求。

总体设计要选择确定系统硬件的类型和数量，绘出系统硬件的总框图。其中主机电路是系统硬件的核心，要依据系统功能的复杂程度、性能指标、精度要求，选定一种性能价格比合适的单片机型号，同时根据需要选定外围扩展芯片、人机接口电路及配置外部设备。

I/O 通道是系统硬件的重要组成部分，总体设计要根据信号参数、功能指标要求合理选择通道数量、通道的结构、抗干扰措施、驱动能力等，确定 I/O 通道所需的硬件类型和数量。硬件电路各种类型的选择，一般都要进行综合比较，这些比较和选择必须在局部试验的基础之上完成。

总体设计还应完成软件设计任务分析，绘出系统软件的总框图。设计人员还应反复权衡哪些功能由硬件完成，哪些任务由软件完成，对软件、硬件比例做出合理安排。

总体设计一旦确定，系统的大致规模、软件的基本框架就确定了，然后就可将系统设计任务按功能模块分解成若干课题，拟订出详细的工作计划，使后面的软件、硬件设计同时并行展开。

3. 硬件系统设计

总体设计之后，就进入正式研制阶段。为使硬件设计尽可能合理，应注意下列原则。

（1）尽可能选择典型电路，采用硬件移植技术，力求硬件标准化、模块化。

（2）尽可能选择功能强的新型芯片取代若干普通芯片，以简化硬件电路，同时随着新型芯片价格不断降低，硬件系统成本也可能有所下降。

（3）系统扩展与配置应充分满足应用系统的功能要求，并留有余地，以备将来系统维护及更新换代。

（4）尽可能"以软代硬"。软件、硬件具有可换性，硬件多了不但会增加成本，而且使系统出现故障的概率增加。"以软代硬"的实质是以时间代空间，可见这种代替是以降低系统的实时性为代价的。同此，考虑"以软代硬"的原则，应以不影响系统的性能为前提。

（5）可靠性及抗干扰设计。为确保系统长期可靠运行，硬件设计必须采取相应的可靠性及抗干扰措施，包括芯片和器件的选择、去耦滤波、合理布线、通道隔离等。

（6）必须考虑驱动能力。单片机各 I/O 端口的负载能力有限，外部扩展应不超过其总负载能力的 70%，如果扩展芯片较多，那么可能造成负载过重，系统工作不可靠。此时，应考虑设置线路驱动器。

（7）监测电路的设计。系统运行中出现故障，应能及时报警，这就要求系统具有自诊断功能，必须为系统设计有关监测电路。

（8）结构工艺设计。结构工艺设计是单片机应用系统设计的重要内容，可以单独列为硬件设计、软件设计之外的第三项设计内容，这里把它放在硬件设计中来研究。结构工艺设计包括系统设备的造型、壳体结构、外形尺寸、面板布局、模块固定连接方式、印制电路板、配线和插接件等。要求尽量做到标准化、规范化、模块化。一般以单片机为核心的产品，其单片机系统都是内装式、嵌入式，与设备本身有机地融为一体，这类产品都要求结构紧凑、美观大方，人机界面友好，便于操作、安装、调试及维修。

为提高硬件设计质量，加快研制速度，通常在设计印制电路板时，考虑开辟一小片机动布线区。在机动布线区中，可以插入若干片集成电路插座，并有金属化孔，但无布线。当样机研制中发现硬件电路有明显不足需要增加若干元器件时，可在机动布线区中临时拉线来完成，从而避免大返工。

4. 软件设计

单片机应用系统的设计以软件设计为重点，软件设计的工作量比较大。首先将软件总框图中的各功能模块具体化，逐级画出详细框图，作为软件设计的依据。

编程可采用汇编语言或各种高级语言。对于规模不大的软件多采用汇编语言编写，而对于较复杂的软件，且运算任务较重时，可考虑采用高级语言编程。Keil μvsion 3 交叉编译软件是近年来较为流行的一种软件开发工具，它采用汇编语言或 C 语言编写源程序。

软件设计应当尽可能采用结构化设计和模块化编程的方法，这有利于查错、调试和增删程序。为提高可靠性，应实施软件抗干扰措施，编程必须进行优化，仔细推敲，合理安排，利用各种程序设计技巧，设计出结构清晰、便于调试和移植、占内存空间小、执行时间短的应用程序。

5. 硬件、软件调试

单片机应用系统硬件、软件研制与调试，由于单片机系统本身不具备自开发能力，所以必须借助于开发工具——单片机开发系统。通过它可方便地进行编程、汇编、调试、运行、仿真等操作。

单片机开发系统性能的优劣直接影响应用系统的设计水平和研制的工作效率。目前使用较多的是通用型开发系统，由通用微机系统、在线仿真器、EPROM 及 EEPROM 读/写器等组成。另外，还有简易型开发系统、软件模拟开发系统、专用开发系统等。

硬件调试分以下两步进行。

（1）硬件电路检查。硬件电路检查在单片机开发系统之外进行，可用万用表、逻辑笔等常规工具，检查电路制作是否正确无误，要核对元器件规格、型号，检查芯片间连线是否正确，是否有短路、虚焊等故障，对电源系统更应仔细检查以防电源短路、极性错误。

（2）硬件诊断调试。硬件诊断调试在单片机开发系统上进行，用单片机开发系统的仿真头代替应用系统的单片机，再编制一些调试程序，即可迅速排除故障，完成硬件的诊断调试。

硬件电路运行是否正常，还可通过测定一些重要的波形来确定。例如，可检查单片机及扩展器件的控制信号的波形与硬件手册所规定的指标是否相符，断定其工作正常与否。

6. 系统总调、性能测定

系统样机装配好之后，还必须进行联机总调，排除应用系统样机中的软件、硬件故障。在总调阶段还必须进行系统性能指标测试，以确定是否满足设计要求，写出性能测试报告。系统样机联机总调、测试工作正常之后便可投入现场试用。

7. 编制设计文件

最后一项重要工作是编制设计文件，这不仅是单片机应用系统开发工作的总结，还是系统使用、维修、更新的重要技术资料文件。设计文件内容应包括：①设计任务和功能描述；②设计方案论证；③性能测试和现场使用报告；④使用操作说明；⑤硬件资料：硬件逻辑图、电路原理图、元件布置和接线图、接插件引脚图和印制电路板图等；⑥软件资料：软件框图和说明、标号和子程序名称清单、参量定义清单、存储单元和 I/O 端口地址分配表及程序清单。

随着技术的进步，单片机应用系统开发可采用在线系统可编程技术，即采用 ISP、JTAG 接口完成系统软件设计和调试，仅仅需要一根下载线、一台通用计算机及相关软件。

6.5.2 篮球专项技能综合测试仪需求分析和总体设计

1. 系统功能和技术要求

体育考试篮球专项测试包括助跑摸高、往返运球和多点投篮等专业素质测试。对测试数据的采集可靠性、准确性要求非常高。因此我们在对篮球专项测试内容，标准与方法进行充分分析研究的基础上，确定系统的主要功能和技术要求如下：

（1）投球记数准确度：100%，投球时间可由微机程序控制或人工控制，投球违章可随时减去进球个数。

（2）计时精度：1/10s，运球违章可由人工加时，运球开始计时、停止计时可根据需要由考生控制或由考评员控制。

（3）考试成绩数据库采取严格的加密措施，考试成绩只能在现场由测试仪器检测考生的技能而形成，由计算机自动记录。

（4）成绩数据传输实现网络化。根据上述要求，综合考虑技术难度，系统成本等因素，我们确定采用 AT89S51 微处理器与相应接口芯片及投球计数传感器组成篮球专项技能综合测试仪测试考生的投球个数和运球时间，并由高亮度大尺寸 LED 数码管进行实时显示。测试数据同时通过 RS232C 串行通信传送给计算机记录在考生数据库中，并可现场打印。

2. 系统总体设计

投球计数计时系统由以 89C51 微处理器为核心的篮球专项技能综合测试仪作为通信主机通过 MAX232 与个人计算机的 RS232C 进行串行通信，把采集的投球、计时数据送入个人计算机进行成绩记录。篮球专项技能综合测试系统构成如图 6-5-1 所示。因为采集的数据送个人计算机记录，所以单片机系统无须扩展 RAM，仅扩展一片 8255A 芯片用来构成 LED 数码管及键盘输入接口。扩展一片 MAX232 芯片进行电平转换和个人计算机进行通信。计时功能由单片机的定时/计数器实现。因篮球投入篮筐后有时振动多次才能落地，故进球计数功能由光电传感器的输出控制继电器的闭合通过按键来实现。下面重点介绍 MCS-51 单片机的 LED 数码管及键盘输入接口。

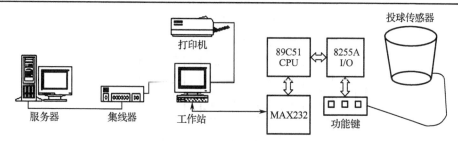

图 6-5-1　篮球专项技能综合测试系统构成

6.5.3　LED 数码管接口

在计算机应用系统中，为了缩小体积和降低成本，往往采用简易的字母数字显示器来指示系统的状态和报告运行的结果。

常见的字母数字显示器主要有两种：LED 数码管和 LCD 液晶显示器。本节主要介绍 LED 数码管及其接口，重点讨论多个 LED 数码管的工作情况。

1）LED 数码管的结构与原理

在单片机应用系统中通常使用的是八段 LED 数码管，它有共阴极和共阳极两种，如图 6-5-2 所示。从 a～g 引脚输入不同的 8 位二进制编码，可显示不同的数字或字符。共阴极和共阳极的字段码互为反码。八段 LED 数码管字段码表如表 6-5-1 所示。

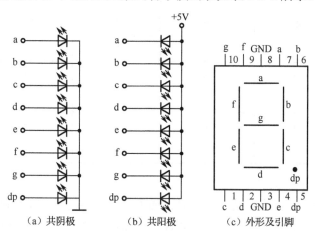

图 6-5-2　八段 LED 数码管结构

2）LED 数码管的显示方式

（1）LED 数码管的静态显示。

LED 数码管静态显示时，其公共端直接接地（共阴极）或接电源（共阳极），各段选线分别与 I/O 端口线相连。要显示字符，直接在 I/O 端口线送相应的字段码。图 6-5-3 是 4 位八段 LED 数码管的静态显示电路。这种显示方式每一个 LED 数码管占用一组独立的输出端口，将占用太多的 I/O 通道，而且，驱动电路的数目也很多。这不仅增大了显示器的体积也增加了成本，同时还会大大增加系统的功耗。但是，静态显示方式显示字符一确定，相应锁存器的字段码输出将维持不变，直到送入另一个字段码，且显示的亮度高。

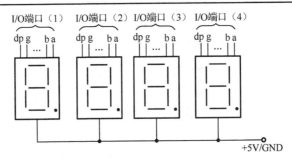

图 6-5-3　4 位八段 LED 数码管的静态显示电路

表 6-5-1　八段 LED 数码管字段码表

显 示 字 符	共阴极字段码	共阳极字段码	显 示 字 符	共阴极字段码	共阳极字段码
0	3FH	C0H	C	39H	C6H
1	06H	F9H	D	5EH	A1H
2	5BH	A4H	E	79H	86H
3	4FH	B0H	F	71H	8EH
4	66H	99H	P	73H	8CH
5	6DH	92H	U	3EH	C1H
6	7DH	82H	T	31H	CEH
7	07H	F8H	Y	6EH	91H
8	7FH	80H	L	38H	C7H
9	6FH	90H	8.	FFH	00H
A	77H	88H	"灭"	00	FFH
B	7CH	83H	……	……	……

（2）LED 数码管的动态显示。

测控系统中经常要显示多位数字。这时，如果采用静态显示，那么输出字段码的 I/O 端口数量很难满足要求。为此，要从硬件和软件两方面想办法节省硬件电路。

篮球专项技能综合测试仪采用多位 LED 数码管显示接口电路（见图 6-5-4）。在这种方案中，LED 数码管采用 4 英寸的共阳极接法。CPU 通过 8255A 控制显示器。将 8255A 端口 B 的 PB7～PB0 引脚通过 ULN2803 达林顿阵列芯片反相驱动器与 LED 数码管相连，用来输出显示字符的八段 LED 代码，即 8255A 的端口 B 为 LED 数码管的字形控制端口。通常在系统中把显示字符的 LED 代码组成一个八段代码表，存放在存储器中。若存储变量 TABLE 为 LED 显示代码表的首地址，十六进制数的八段代码依次存放在变量 TABLE 开始的单元中，则要显示数字的八段代码在内存中的地址就是显示代码表起始地址与数字值之和。例如，若要显示 "A"，则 "A" 所对应的显示代码就在起始地址加 0AH 为地址的单元中。利用查表指令，可方便地实现数字到显示字段码的转换。

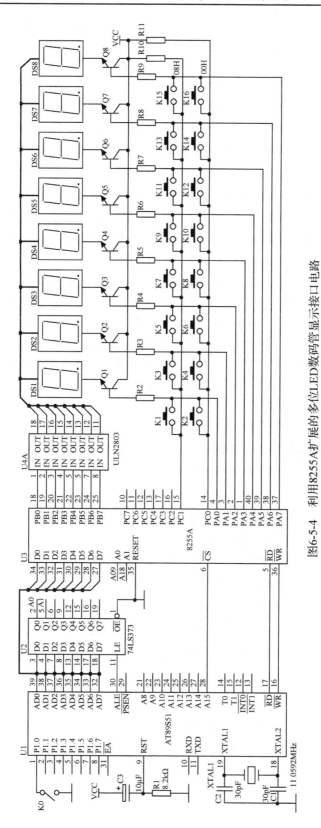

图6-5-4 利用8255A扩展的多位LED数码管显示接口电路

用 8255A 端口 A 的 PA7～PA0 引脚，通过中功率 NPN 三极管与 LED 位驱动线相连，可提供大电流控制 LED 数码管的位显示，8255A 的端口 A 为 LED 数码管的位控制端口。当端口 A 中一位输出为"0"时，便在相应 LED 数码管的公共阳极加上了高电平，这个 LED 数码管就可以显示数据。但具体显示什么数码，则由另一个端口 B 输出字段码决定。字段码控制端口由 8 位 LED 数码管共用，因此当 CPU 送出一个显示代码时，各 LED 数码管的阳极都收到了此代码。但是，只有位控制码中高位对应的 LED 数码管才导通而显示数字，其他子管并不发光。

对显示器采用动态扫描法控制显示。所谓动态扫描，就是逐个接通 8 位 LED 数码管，把端口 B 送出的代码送到相应的位上去显示。此时，8255A 的端口 B 送出的一个八段代码，虽然各位 LED 数码管都能接收到，但由于端口 A 只有一位输出高电平，所以只有 1 位 LED 数码管的相应段导通显示数字，其他 LED 数码管不亮。这样，端口 B 依次输出 LED 数码管八段代码，端口 A 依次选中 1 位 LED 数码管，便可以在各位上显示不同的数据。每位 LED 数码管显示数字，并不断地重复显示，由于人的视觉暂留作用，当重复频率达到一定程度，不断地向 8 位 LED 数码管送显示代码和扫描各位时，就可以实现相当稳定的数字显示。显而易见，重复频率越高，每位 LED 数码管延时显示的时间越长，数字显示得就越稳定，显示亮度也就越高。

LED 数码管显示流程图如图 6-5-5 所示。编写程序时，需要在内存中开辟一个缓冲区，本例缓冲区首地址为 DIS0，用来存放将要在 8 位 LED 数码管上显示的字符数据。假定要显示数字"0"、"1"、"2"、"3"、"4"、"5"、"6"和"7"，则必须事先把待显示的数据存放在显示缓冲区内。第一个数据送 DS1，下一个数据送 DS2，依此类推，直到最后一个数据送 DS8。本例 LED 字符显示代码表存放于首地址为 TABLE 的内存区，设 8255A 端口 A 地址为 PORTA，端口 B 地址为 PORTB，控制寄存器地址为 Caddr。下面就是一段实现 8 位 LED 数码管依次显示一遍的子程序。实际应用中，只要按一定频率重复调用它，就可以获得稳定的显示效果。

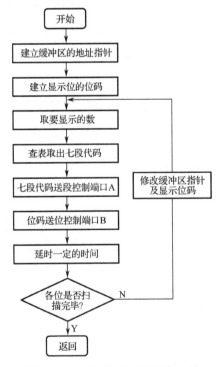

图 6-5-5　LED 数码管显示流程图

```
DISLED:                                ;显示子程序
        MOV     A, #89H                ;8255A 控制字送控制寄存器
        MOV     DPTR, #Caddr           ;给 DPTR 赋值
        MOVX    @DPTR, A               ;将累加器的内容赋给 DPTR 指向的片外字节
        MOV     R0, # DIS1             ;赋显示缓冲区首地址
DS0:    MOV     R3, #0FEH              ;送位码到 8255A 端口 A, 从最左边开始
        MOV     A, R3                  ;保存位码到 R3
DS1:    MOV     DPTR, #PortA           ;位码从端口 A 输出
        MOVX    @DPTR, A               ;将累加器的内容赋给 DPTR 指向的片外字节
        MOV     A, @R0                 ;取显示值
        MOV     DPTR, #TABLE           ;查字段码
        MOVC    A, @A+DPTR             ;
        MOV     DPTR, #PortB           ;显示代码送 8255A 端口 B
        MOVX    @DPTR, A               ;
        ACALL   DL1                    ;延时 1ms, 实现数码管延时显示
        INC     R0                     ;指向下一位显示值
        MOV     A, R3
        JNB     ACC.7, LD1             ;是否指向最后一个数码管
        RL      A                      ;不是最后一个数码管, 位码左移一位
                                       ;指向下一个数码管
        MOV     R3, A                  ;保存位码到 R3
        AJMP    DS1                    ;循环显示下一位
LD1: RET
TABLE:  DB   03FH, 06H, 5BH, 4FH, 66H, 6DH, 7DH, 07H, 7FH
        ;0, 1, 2, 3, 4, 5, 6, 7, 8
        DB   6FH, 77H, 7CH, 39H, 5EH, 79H, 71H, 00H
        ;9, A, B, C, D, E, F, 灭
DL1:    MOV     R7, #02H               ;软件延时子程序
DL:     MOV     R6, #0FFH
DL0:    DJNZ    R6, DL0
        DJNZ    R7, DL
        RET
```

上例中采用的是共阴极数码管的字段码，由 8255A 端口 B 输出送入 ULN2803 达林顿阵列输出反相后就变成了共阳极数码管的字段码。

6.5.4　键盘输入接口

键盘上的每个键起一个开关的作用，故又称为键开关。按照接触方式分类，键开关可分为接触式和非接触式两大类。按照键码识别方法分类，键盘可分为编码键盘和非编码键盘两大类。

编码键盘是用硬件电路来识别按键代码的键盘，当按下某一键后，相应电路即给出一组编码信息（如 ASCII 码），送到主机去进行识别和处理。编码键盘的响应速度快，但它以复杂的硬件结构为代价，并且其硬件的复杂程度随着键数的增加而增加。

非编码键盘是用较为简单的硬件和专门的键盘扫描程序来识别被按下的键的位置，即当按下某键以后，并不给出相应的 ASCII 码，而提供与被按下的键对应的中间代码，然后把中

间代码转换成对应的 ASCII 码。非编码键盘的响应速度不如编码键盘快，但它通过软件编程可为键盘中某些键的重新定义提供更大的灵活性，因此得到广泛的应用。

1. MCS-51 对独立式非编码键盘的接口

在需要较少键的情况下，可以采用独立式非编码键盘接口。通过 P1 口扩展 8 个独立式非编码键盘接口，如图 6-5-6 所示，在这种键盘接口中，各键相互独立，每个键各接一根输入线，通过检测输入线的电平状态可很容易判断哪个键被按下。

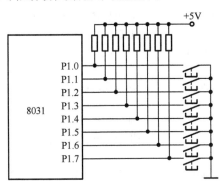

图 6-5-6　8031 独立式键盘接口

例 6.4　请根据图 6-5-6 写出 8051 对键盘的查询程序（对键盘的软件去抖动暂没考虑）。

```
KEY:    JNB    P1.0, FUNC1          ;逐键判别
        JNB    P1.1, FUNC2
        JNB    P1.2, FUNC3
        JNB    P1.3, FUNC4
        JNB    P1.4, FUNC5
        JNB    P1.5, FUNC6
        JNB    P1.6, FUNC7
        JNB    P1.7, FUNC8
        RET                         ;无任何键按下，由此返回
FUNC1:  ……                         ;做 P1.0 要求的"功能 1"
        RET
FUNC2:  ……                         ;做 P1.1 要求的"功能 2"
        RET
        ……
FUNC7:  ……                         ;做 P1.6 要求的"功能 6"
        RET
FUNC8:  ……                         ;做 P1.7 要求的"功能 8"
        RET
```

独立式非编码键盘的优点是电路和编程简单，但是需占用较多的 I/O 接口线。

2. MCS-51 对行列式非编码键盘的接口

在大多数键盘中，键被排列成 M 行×N 列的矩阵结构，每个键位于行和列的交叉处。在计算机运行过程中，必须用软件程序不断地监视键盘，识别被按下的键，产生相应的键值，消除键抖动等，这个过程称为键盘扫描。

非编码键盘常用的键盘扫描方法有行扫描法和线路行反转法。

8255A 与键盘、LED 数码管的接口电路如图 6-5-4 所示。图 6-5-4 中共有 16 个键,排成 2 行×8 列的矩阵结构。在键盘操作中,对每个键都做了定义,代表数字或操作命令。

下面以图 6-5-4 为例,介绍行扫描法和线路行反转法进行键盘扫描的原理。

1)行扫描法

行扫描法的工作步骤如下。

(1)查询是否有键被按下。

将所有行线置成低电平 0,然后通过列线输入全部列值,若读入的列值全是 1,则说明没有键被按下;若读入的列值不全是 1,则说明有键被按下。也就是说,在键盘识别的开始先进行全扫描,若有键被按下,则必须判别是哪个键。

(2)查询已按下键的位置。

一旦发现有键被按下,则采用逐行扫描的办法来确定究竟是哪个键被按下。

先扫描第一行,也就是使它输出低电平 0,其余的行线为高电平 1,然后读入列值。若读入的列值中有一位为低电平 0,则说明在此行的一个行、列交叉处有键被按下。若读入的列值全是 1,则说明这一行所有按键都未被按下。

接着扫描第二行,依此类推,逐行扫描,直到扫描完全部的行线。如果在扫描过程中发现非全 1 的列值,就能找出被按下键的位置。

2)线路行反转法

行反转法识别闭合键时,要将行线接一个并行端口,先使其工作在输出方式下;将列线也接一个并行端口,先使其工作在输入方式下。程序使 CPU 通过输出端口向各行线上全部送低电平 0,然后读入列线的值(列值),如果此时有某一键被按下,则必定会使某一列线为 0,输入的列值的某一位为 0。然后程序再对两个并行端口进行方式设置,使行线工作在输入方式,列线工作在输出方式。利用输出指令,使列线全部输出为 0,再从行线输入行线值(行值)。行值中闭合键所对应的位必然为低电平 0。利用这种反转法,可得到一对行值和列值,每一个键唯一对应一组行值和列值,行值和列值组合起来可形成一个键的识别码。

在扫描键盘的过程中,应注意解决以下问题。

(1)键抖动。

在操作按键时会产生机械抖动,如图 6-5-7(a)所示,这种抖动经常发生在键被按下或抬起的瞬间,一般持续几毫秒到十几毫秒,随键的结构不同而不同。行线电压信号通过键盘开关机械触点的断开、闭合,输出电压波形如图 6-5-7(b)所示。在扫描键盘的过程中,必须想办法消除键抖动,否则会引起错误。

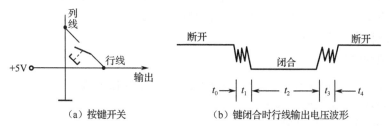

图 6-5-7 键抖动产生的行线电压输出波形

　　简单的方法是利用软件延时来消除键抖动。也就是说，一旦发现有键被按下，在延时 12ms2 后再去检测键的状态，这样就避开了键发生抖动的那一段时间，之后再读键状态，数据更可靠。

　　（2）重键。

　　重键是指一个以上的键同时被按下而产生的不确定或错误问题。

　　解决重键可采取以下方法：一是无效处理，当发现有一个以上键同时被按下时，认为此次按键输入无效；二是等待释放，将最后释放的键作为有效键处理；三是硬件封锁，当发现有一个键被按下时，硬件电路即刻封锁其他键的输入，直到该键处理完毕。

　　（3）应防止按一次键而产生多次处理的情况。

　　当键扫描速度和键处理速度较快时，一个按下的键还未来得及释放，键扫描程序和键处理程序就已执行了多遍。这样，由于程序执行和按键动作不同步，就会造成按一次键有多个键值输入的错误状态。为了避免发生这种情况，必须保证按一次键，CPU 只对该键处理一次。为此，在键扫描程序中不仅要检测是否有键被按下，还应检测按下的键是否释放，只有当按下的键释放以后，程序才能继续往下执行。这样，每按一次键，只进行一次处理，使两者达到同步。

　　（4）键值的确定。

　　键值的确定方法有两种，第一种是直接根据行首号和列号的和，跳转到相应的键功能程序中；第二种是利用键所在的行、列值，形成一个查表值，然后查表得到相应的键值，或者利用行、列值进行变换，得到一个该键唯一对应的编码，再查表得到相应的键值。

　　（5）按键类型判断及散转。

　　在表 6-5-2 中，数字键所对应的值必小于 10，功能键值必大于或等于 10。CPU 比较行、列值，如果小于 10，则转数字键处理程序；如果大于或等于 10，则将行、列值减 10 后，根据键功能跳转采用 AJMP 或 LJMP 指令乘 2 或 3 后散转到对应的键功能处理程序，也可通过查键值表转入相应键功能处理程序。

表 6-5-2　键值表

键功能	数字 8	数字 9	开始	计数	违章	停止	保留	保留
键值	08H	09H	0AH	0BH	0CH	0DH	0EH	0FH
键功能	数字 0	数字 1	数字 2	数字 3	数字 4	数字 5	数字 6	数字 7
键值	00H	01H	02H	03H	04H	05H	06H	07H

　　例 6.5　图 6-5-4 中的键盘 2 行 8 列共 16 键。现在，应用行扫描法来进行键盘扫描。为了兼顾 LED 显示，利用调显示主程序来替代软件延时。设 8255A 端口 A 地址为 PORTA，端口 B 地址为 PORTB，端口 C 地址为 PORTC，控制寄存器地址为 Caddr。

　　键盘扫描流程图如图 6-5-8 所示。

　　汇编语言源程序如下：

```
KD1:    MOV     A, #89H             ;8255A 控制字送控制寄存器
        MOV     DPTR, #Caddr
        MOVX    @DPTR, A
KEYI:   ACALL   KS1                 ;调用判断有无键闭合子程序
```

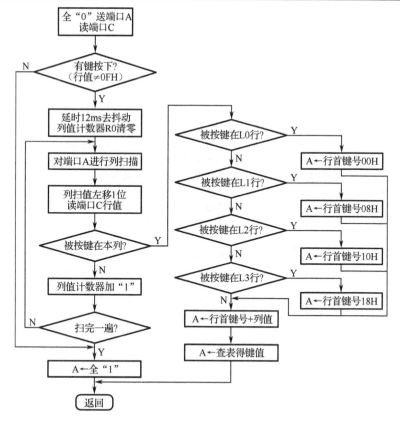

图 6-5-8　键盘扫描流程图

	JNZ	LK1	;有键闭合，跳 LK1
NI:	ACALL	DISLED	;无键闭合，调用显示子程序
	AJMP	KEYI	;延迟 6ms 后，跳 KEYI
LK1:	ACALL	DISLED	;可能有键闭合，调两次显示子程序延迟 12ms 去抖
	ACALL	DISLED	
	ACALL	KS1	;调用判断有无键闭合子程序
	JNZ	LK2	;经去抖，判断键确实闭合，跳 LK2
	AJMP	KEYI	;抖动引起，跳回 KEYI
LK2:	MOV	R2,#0FEH	;列选码→R2
	MOV	R4,#00H	;R4 为列值计数器，清零
LK4:	MOV	DPTR,#PORTA	;列选码→8255A 的 PA 口
	MOV	A,R2	
	MOVX	@DPTR,A	
	MOV	DPTR,#PORTC	;指向 8255A 的 PC 口
	MOVX	A,@DPTR	;读 8255A 的 PC 口
	JB	ACC.0,LONE	;0 行线为高，无键闭合，跳 LONE，转判 1 行
	MOV	A,#00H	;0 行有键闭合，首键号 00H→A
	AJMP	LKP	;跳 LKP，计算键号
LONE:	JB	ACC.1,NEXT	;1 行线为高，无键闭合，跳 NEXT
			;准备下一列扫描
	MOV	A,#08H	;1 行有键闭合，首键号 08H→A
LKP:	ADD	A,R4	;计算键号：首键号+列号=键号
	PUSH	ACC	;键号进栈保护
	CJNE	A,#10,CONT	;比较键值

CONT:	JC	NUM	;小于 10 为数字键
	MOV	DPTR,#JTBL	;大于或等于 10 为功能键
	SUBB	A,#0AH	;键值减 10
	CLR	C	
	RLC	A	;键值减 10 后的值乘 2
	JNC	PK	;无进位，转键散转
	INC	DPH	;有进位，键散转区首地址高 8 位加 1
PK:	JMP	@A+DPTR	;跳转至相应键功能程序
JTBL:	AJMP	KSJS	;跳转到"开始计时"键功能程序
	AJMP	TQJS	;跳转到"投球计数"键功能程序
	AJMP	JQWZ	;跳转到"违章"键功能程序
	AJMP	TZJS	;跳转到"停止计时"键功能程序
	AJMP	KD1	;跳键扫描，该键保留
	AJMP	KD1	;跳键扫描，该键保留

数字键处理，第一次按的数字键的对应值显示在数码管左端的第一位，其后各位熄灭；再输入的依次向后显示，输入位数超 8 位时，再输入时又从左端第一位开始显示。

NUM :	JB	DATE1, SJM	;判断是否第一次按数字键
	SETB	DATE1	;置位第一次按的数字键
MOV		R0, #DIS1	;显示代码存储区首位
	MOV	DIS2, #00H	;第 2～8 位数码管送灭代码
	MOV	DIS3, #00H	
	MOV	DIS4, #00H	
	MOV	DIS5, #00H	
	MOV	DIS6, #00H	
	MOV	DIS7, #00H	
	MOV	DIS8, #00H	
SJM:	MOV	@R0, A	;数字键值送相应显示存储单元
	INC	R0	;指向下一显示存储单元
	ACALL	DISLED	;调用显示子程序
	CJNE	R0, #80H, FKD1	;判断是否到最后一位
	CLR	DATE1	;是最后一位则清除第一次按数字键标志
			;再按数字键，重新从第一位开始显示
FKD1:	AJMP	KD1	;重返键扫描，判断键是否释放
LK3:	ACALL	DISLED	;调用显示子程序，延时 6ms
	ACALL	KS1	;调用判断有无键闭合子程序，延时 6ms
	JNZ	LK3	;判断键是否释放，若未释放，则循环
	POP	ACC	;键已释放，键号出栈→A
	RET		
			;扫描下一列
NEXT:	INC	R4	;列值计数器加 1，为下一列扫描做准备
	MOV	A, R2	;判断是否已扫到最后一列（最右一列）
	JNB	ACC.7, KND	;已扫到最后一列，跳 KND，重新扫描整个键盘
	RL	A	;键扫描未扫到最后一列，位选码左移 1 位
	MOV	R2, A	;位选码→R2
	AJMP	LK4	
KND:	AJMP	KEYI	
			;判有无键闭合子程序
KS1:	MOV	DPTR, # PORTA	;全"0"→扫描口（PA 口）

```
MOV       A, #00H           ;列线全为低电平
MOVX      @DPTR，A
MOV       DPTR, # PORTC     ;指向 PC 口
MOVX      A, @DPTR          ;从 PC 口读行线的状态
CPL       A                 ;行线取反，若无键按下，则 A 为 0
ANL       A, #03H           ;屏蔽无用的高 6 位
RET
```

对于以上键盘/显示系统程序，CPU 采用查询方式不断对 LED 数码管进行动态显示并实现对键盘的监视，由于监视键盘所需时间极短，因此在系统对时效要求不是很高的情况下经常采用。

6.5.5 篮球专项技能综合测试仪的总体功能实现

篮球专项技能综合测试仪的总体功能是：在运动员做好测试准备后，考评员下达开始测试指令，操作员按开始键，同时计时开始，并将时间显示在 LED 数码管的低 3 位上；当运动员投篮进球后，进球计数传感器产生一开关信号使进球键产生一次有效按键操作，计数寄存器加 1，并将进球数显示在 LED 数码管的 4、5 位上；测试仪的 LED 数码管的 1～5 位面向考生，6、7、8 位面向操作员，同时显示进球个数，目的是方便操作员的控制。在运动员投够规定的投篮次数后，操作员按停止键，停止计数和测试，同时进球数和时间数据通过串行口送到个人计算机的 RS232 接口存储在个人计算机的考生数据库中。

根据上述功能的描述，系统软件由主程序、显示子程序、键盘检测子程序、计时中断子程序、二进制转 BCD 码子程序、通信子程序及各键功能程序等组成。系统的总体程序框图如 6-5-9 所示。

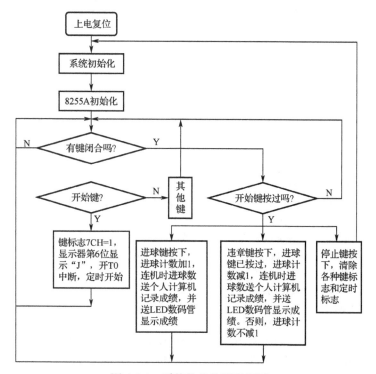

图 6-5-9 系统的总体程序框图

篮球专项技能综合测试仪的计时和计数数据需先由二进制数转换为 BCD 码再送显示，而发送给个人计算机则无须转换。计时、计数数据存储表如表 6-5-3 所示。

表 6-5-3　计时、计数数据存储表

1 秒和 10 秒		1/10 秒 1/100 秒		进 球 数	
二进制	BCD 码	二进制	BCD 码	二进制	BCD 码
21H	30H	22H	31H	23H	32H

系统设置 T0 工作在方式 1，定时模式作为运球计时时钟信号，每中断一次产生 50ms 定时，系统时钟为 11.0592MHz 时，定时初值为 4C00H；T1 工作在方式 2，将自动重装定时模式作为串行通信波特率发生器，波特率为 1200bit/s 时，定时初值为 E8H。

系统完整程序如下。

首先对系统使用的内部 RAM 用伪指令进行定义，这样既便于阅读程序，又可科学规划内部 RAM 的使用。

```
KSBZ      BIT     01H              ;开始键标志位
JQBZ      BIT     02H              ;进球键标志位
WZBZ      BIT     03H              ;进球违章键标志位
TZJSB     BIT     04H              ;停止测试键标志位
MIAOR     EQU     21H              ;1 秒和 10 秒存储单元
DMIAOR    EQU     22H              ;1/100 秒存储单元
JQJSR     EQU     23H              ;进球数存储单元
TXJD      EQU     34H              ;通信校对存储单元
FSSJR     EQU     35H              ;发送数据存储单元
XIS1      EQU     78H              ;78H～7FH 为显示代码存储区
XIS2      EQU     79H
XIS3      EQU     7AH
XIS4      EQU     7BH
XIS5      EQU     7CH
XIS6      EQU     7DH
XIS7      EQU     7EH
XIS8      EQU     7FH
          ORG     0000H
RESET:    LJMP    MAIN
          ORG     000BH
          LJMP    ZDFW             ;跳转到计数中断程序
          ORG     0030H
MAIN:     MOV     SP, #60H         ;置栈指针
          MOV     A, #00H          ;将内部 RAM 清零
          MOV     R0, #00H
CL0:      MOV     @R0, A
          INC     R0
          CJNE    R0, #80H, CL0
          MOV     TMOD, #21H       ;T0 为方式 1，T1 为方式 2
          MOV     TH0, #4CH        ;送 50ms 定时常数
          MOV     TL0, #00H
```

```
                SETB    EA                      ;总中断允许
                SETB    ET0                     ;T0 中断允许
KD1:            MOV     A, #89H                 ;8255A 控制字送控制寄存器
                MOV     DPTR, #Caddr
                MOVX    @DPTR, A
KEYI:           ACALL   KS1                     ;调用 KS1
                JNZ     LK1                     ;有键按下，A≠0，转消颤延时
                ACALL   DIS                     ;调用 DIS
                JB      KSJBZ, XIST             ;按过转 XIST
                SJMP    KD1                     ;再返回键扫描
XIST:           SETB    TR0                     ;开始计时，并显示时间和进球数
                SETB    RS0                     ;将工作寄存器区设为 1 区
                MOV     R2, MIAOR               ;将秒位二进制数转为 BCD 码
                ACALL   B8BCD                   ;调用单字节 BCD 转换程序
                MOV     30H, R4                 ;转换结果暂存地址为 30H 的字节
                SETB    RS0                     ;将工作寄存器区设为 1 区
                MOV     R2, DMIAOR              ;将 1/10、1/100 秒位二进制数转 BCD 码
                ACALL   B8BCD                   ;调用单字节 BCD 转换程序
                MOV     31H, R4                 ;转换结果暂存地址为 31H 的字节
                ACALL   BCD                     ;调用拆字子程序
                SJMP    KD1                     ;再返回键扫描
LK1:            ACALL   DIS                     ;调用显示延时 6ms，消除键抖动
                ACALL   DIS                     ;调用显示延时 6ms
                ACALL   KS1                     ;检查有无键被按下
                JNZ     LK2                     ;若有，则是真实被按下，转逐列扫描
                ACALL   DIS                     ;调用显示延时 6ms
                AJMP    KD1                     ;没有键被按下，则返回
LK2:                                            ;以下程序为键行、列扫描，识别按键，求键值，键功能散转
                                                ;参见键盘/显示程序
        ……
```

开始测试键功能程序：

```
KSJS:   JB      KSJBZ, FKD              ;按过转键扫描
        SETB    KSJBZ                   ;置开始键标志
        SETB    TR0                     ;启动计时
        MOV     XIS6, #10H              ;LED 数码管第 6 位送"J"代码
        JB      P1.0, FKD               ;不和个人计算机通信，转键扫描
        MOV     FSSJR, #0AAH            ;向个人计算机发送"AA"，通知其做好接收准备
        ACALL CXTX                      ;调用串行通信子程序（见下节）
FKD:    AJMP    KEYI                    ;返回键扫描，等待进球
```

投球计数键功能程序：

```
TQJS:   JB      KSJBZ, JSKS             ;开始键按过，转 JSKS
        AJMP    KEYI                    ;返回键扫描，等待进球
JSKS:   SETB    JQBZ                    ;置进球键标志
        CLR     WZBZ                    ;清违章键标志
        INC     JQJSR                   ;进球计数单元加 1
```

JSKS0:	SETB	RS0	;将工作寄存器区设为1区
	MOV	R2, JQJSR	;进球计数寄存器值R2
	ACALL	B8BCD	;调用单字节BCD转换程序
	MOV	32H, R4	;转换值送32H暂存
	JB	P1.0, DBCD	;P1.0为1，数据不送个人计算机
	MOV	FSSJR, 32H	;投球计数存储单元送发送数据存储单元
	ACALL	CXTX	;P1.0为0，数据送个人计算机，调用通信程序
DBCD:	ACALL	BCD	;调用单字节BCD转换程序
	AJMP	KD1	;返回键扫描

进球违章键功能程序：

JQWZ:	JB	KSJBZ, JQWZ0	;开始键按过，转JQWZ0
	AJMP	KD1	;开始键没按过，转键扫描
JQWZ0:	JB	JQBZ, JQWZ1	;已经进球（JQBZ=1），转违章处理
FKD0:	AJMP	KEY1	;已按过违章键，返回键扫描
JQWZ1:	JB	WZBZ, FKD0	;违章键按过一次，转返回键扫描（不再减1）
	SETB	WZBZ	;置违章键按过标志
	DEC	JQJSR	;违章进球计数单元减1
	AJMP	JSKS0	;转向个人计算机发送数据程序

停止测试键功能程序：

TZJS:	LR	TR0	;停止计时
	CLR	KSJBZ	;停止计时，清开始键标志
	CLR	JQBZ	;清进球键标志
	CLR	WZBZ	;清违章键标志

显示成绩：

DCJ:	MOV	XIS6, #0CH	;LED数码管第6位送"C"代码
	ACALL	DISLED	;调用显示程序
	JB	P1.0, BTX	;P1.0为1不通信，P1.0为0通信
	MOV	A, #00H	;没进球投球计数存储单元送0
	XRL	A, JQJSR	;判进球计数单元是否为0
	JNZ	FBB	;不为0，转发送BB通知个人计算机存储投球数据
	MOV	32H, #00H	;没进球，32H清零
	MOV	FSSJR, 32H	;转换结果送投球计数存储单元
	ACALL	CXTX	;调用串行通信程序（见下节）
	ACALL	DISLED	;调用显示程序
FBB:	MOV	FSSJR, #0BBH	;发送BB，通知个人计算机存储投球数据
	ACALL	CXTX	;调用串行通信程序（见下节）
	ACALL	DISLED	;调用显示程序
	MOV	FSSJR, 30H	;发送10秒数给个人计算机
	ACALL	CXTX	;调用串行通信程序（见下节）
	ACALL	DIS LED	;调用显示程序
	MOV	FSSJR, 31H	;发送秒数和1/10秒数给个人计算机
	ACALL	CXTX	;调用串行通信程序（见下节）
	MOV	FSSJR, #0CCH	;发送CC，通知个人计算机存储计时数据
	ACALL	CXTX	;调用串行通信程序（见下节）

BTX:	MOV	22H, #02H	;延时显示计时、计数数据
	ACALL	DISLED	;调用显示程序
BJ:	MOV	23H, #60H	
BJ0:	ACALL	DIS LED	;调用显示程序
	DJNZ	23H, BJ0	
	DJNZ	22H, BJ	
	AJMP	MAIN	;返回主程序，等待下次测试

拆字子程序：

BCD:	SETB	RS0	;设置工作寄存器为1区
	MOV	R0, #30H	;给R0赋数据存储区首址
	MOV	R1, #78H	;给R1赋显示代码存储区首位
	MOV	R5, #03H	;分离次数送R5
BCD1:	MOV	A, @R0	;取分离数据
	ANL	A, #0F0H	;低4位清零
	SWAP	A	;高低4位互换
	MOV	@R1, A	;原数换到低4位后送显示代码存储区
	INC	R1	;显示代码存储区地址加1
	MOV	A, @R0	;分离数据再送A
	ANL	A, #0FH	;高4位清零
	MOV	@R1, A	;高4位送显示代码存储区
	INC	R1	;显示代码存储区地址加1
	INC	R0	;数据存储区地址加1
	DJNZ	R5, BCD1	;数据是否分离完？否，继续下一数据分离
	CLR	RS0	;设置工作寄存器区为0区
	MOV	A, XIS4	;判断LED数码管第4位显示代码是否为0
	XRL	A, #00H	
	JNZ	RETT	;不为0，则转RETT，为0XIS4则送灭代码
	MOV	XIS4, #12H	
RETT:	MOV	XIS7, XIS4	;XIS4、XIS5的显示代码送XIS7、XIS8
	MOV	XIS8, XIS5	;LED数码管的7位、8位和4、5位显示相同的进球数
	RET		

单字节二进制转BCD码子程序：

B8BCD:	SETB	RS0	;设置工作寄存器为1区
	MOV	A, R2	;被转换数在R2
	MOV	B, #64H	;100送B
	DIV	AB	;被转换数除100
	MOV	R5, A	;商送R5
	MOV	A, #0AH	;10送A
	XCH	A, B	;B中的余数和A中的10互换
	DIV	AB	;B中的余数除10
	SWAP	A	;A中的数高低4位互换
	ADD	A, B	;B中的余数和A中的数相加
	MOV	R4, A	;转换结果存于R4、R5
	RET		

定时中断服务子程序

ZDFW:	PUSH	PSW	;保护主程序现场
	PUSH	ACC	
	PUSH	DPL	
	PUSH	DPH	
	MOV	TH0, #3AH	;送定时常数
	MOV	TL0, #00H	
	INC	DMIAOR	;1/10 秒 1/1000 秒计数单元加 1
	MOV	A, DMIAOR	;1/10 秒 1/1000 秒计数单元送 A
	XRL	A, #64H	;判断 1/10 秒 1/1000 秒计数单元是否等于 100
	JNZ	FZD	;不等于 100，退出中断
	MOV	DMIAOR, #00H	;DMIAOR=100，DMIAOR 单元清零
	INC	MIAOR	;秒位加 1
FZD:	POP DPH		;恢复现场
	POP	DPL	
	POP	ACC	
	POP	PSW	
	RETI		

6.5.6 篮球综合技能测试仪和个人计算机的程序通信

要实现 51 单片机和个人计算机的可靠通信需解决以下两个问题。

一是 51 单片机输出的 TTL 电平和个人计算机的 RS232 电平的转换。因为个人计算机上的 RS232 接口采用的是负逻辑电平，即–15～–3 表示逻辑 1，3～15 表示逻辑 0；而单片机的串口输出采用的逻辑电平是 TTL 电平。当 VCC=5V 时，TTL 电平为 VOH≥2.4V；VOL≤0.5V；因此单片机和个人计算机之间的串口通信必须要有一个 RS232/TTL 电平转换电路。我们选择专用的 RS232 接口电平转换集成电路 MAX232 进行设计，转换电路如图 6-5-10 所示。

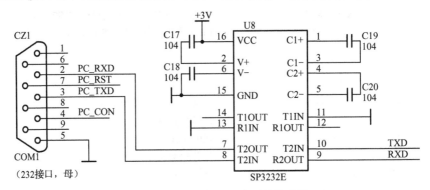

图 6-5-10　RS232/TTL 电平转换电路

二是制定通信协议，采取可靠的纠错措施，保证传输数据的正确。因测试仪和个人计算机数据通信量不大，系统采用应答式纠错。按下开始测试键，即向个人计算机发送"AA"通知其做好接收准备，每进一个球，向个人计算机串行发送一次进球数据。为保证通信的正确性，我们采用应答式纠错方式，即单片机向个人计算机发送一次数据，个人计算机立刻比较接收到的数据再发送给单片机，单片机比较接收数据和原发送数据，如果相同，则认为个人计算机接收正确，不再发送原数据；如果经比较数据不同说明，则个人计算机接收错误，单片机再重新发送原数据，直到正确为止。个人计算机接收的进球数据只显示在屏幕上，在测试仪的停止键被按下后，单片机向个人计算机发送"BB"通知个人计算机存储投球数据，单片机向个人计算机发送"CC"，通知个人计算机计算存储投球数据。个人计算机中的上位机程序在此不予阐述，单片机的串行通信程序采用查询方式，程序清单如下：

```
CXTX:   MOV     SCON, #50H        ;设置串行通信方式 1，允许接收
MOV     TMOD,   #21H              ;设置定时器 T0 为方式 1，T1 为方式 2
        MOV     TL1, #0E8H        ;波特率为 1200bit/s 时的定时常数
        MOV     TH1, #0E8H
        SETB    TR1               ;开启定时器 1
ATT1:   MOV     SBUF, FSSJR       ;串行发送数据
WAIT1:  JBC     TI, ARR1          ;判断一帧数据是否发送完，若发送完，则转 ARR1
        SJMP    WAIT1             ;若发送没结束，则等待
ARR1:   JBC     RI, ARR2          ;判断一帧数据是否接收完
        SJMP    ARR1              ;若接收没结束，则等待
ARR2:   MOV     A, SBUF           ;接收数据
        XRL     A, FSSJR          ;判断发送数据和接收数据是否相同
        JNZ     ATT1              ;若不同，则转 ATT1 重新发送
        RET
```

以上简要介绍了篮球综合技能测试系统的软、硬件设计思想及实现方法。产品设计还包括系统抗干扰及可靠性设计、机壳及外观设计、供电电源设计、信号线的连接及固定方式等。投入试用后还需不断地发现问题，进一步的完善改进。在此不再赘述。

练习题

1．I/O 接口的作用有哪些？

2．简述接口电路的主要功能。

3．为什么单片机的外部总线连接的扩展器件需具有三态门电路？

4．8225A 控制字地址为 300FH，请按端口 A 方式 0 输入，端口 B 方式 1 输出，端口 C 高位输出，端口 C 低位输入，确定 8225A 控制字并编初始化程序。

5．8255A 与 8031 的连接如下图所示，8255A 的端口 A 作输入，PA0～PA7 接一组开关 K0～K7，端口 B 作输出，PB0～PB7 接一组发光二极管，要求当端口 A 某位开关接高电平时，端口 B 相应的发光二极管点亮，试编写相应的程序。

6．DAC 的作用是什么？ADC 的作用是什么？各在什么场合下使用？

7．DAC0832 和 MCS-51 连接时有哪三种工作方式？各有什么特点？适合在什么场合下使用？

8．编写能在图 6-4-5 中产生梯形波的程序。要求梯形波的上底和下底由 8031 内部定时器延时产生。

9．用 DAC0832 设计一个模拟量输出端口，端口地址为 FEFFH，要求其产生周期为 5ms 的锯齿波。假定系统时钟为 6MHz，试编写相应的程序。

10．利用图 6-4-5，请编写能把从 20H 开始的 20 个数据（高 8 位数字量在前一单元，低 4 位数字量在后一单元中的低 4 位）送至 DAC 转换的程序。

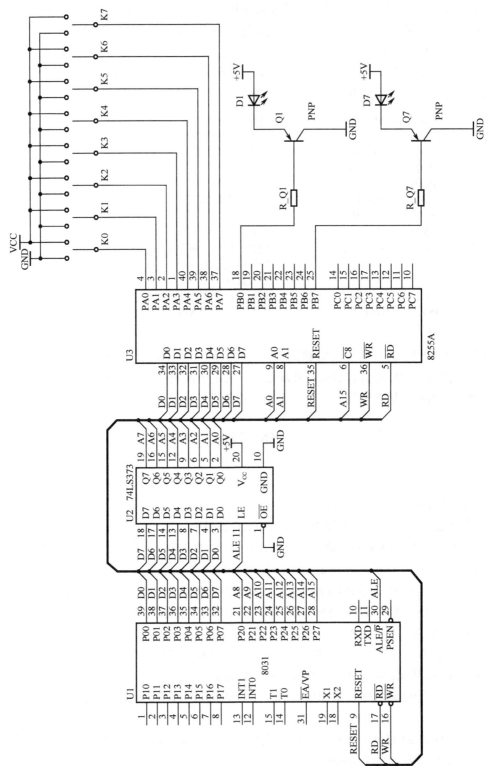

题 5 图　8255A 与 8031 的连接

11．ADC 共分哪几种类型?各有什么特点?

12．决定 ADC0809 模拟电压输入路数的引脚有哪几条?

13．图 6-4-11 示出 8031 和 ADC0809 的接口。设在内部 RAM 初始地址为 20H 处有一数据区，请写出对 8 路模拟电压连续采集并存入（或更新）这个数据区的程序。

14．利用图 6-4-11 编写每分钟采集一遍 IN0～IN7 上的模拟电压，并把采集的数字量存入（或更新）内部 RAM 从 20H 开始的数据区（利用 8031 内部定时器）的程序。

15．在一个 AT89C51 单片机系统中，选用 ADC0809 作为接口芯片，用于测量炉温，温度传感信号接 IN3，设计一个能实现 A/D 转换的接口及相应的转换程序。8051 与 ADC0809 的连接如下图所示。

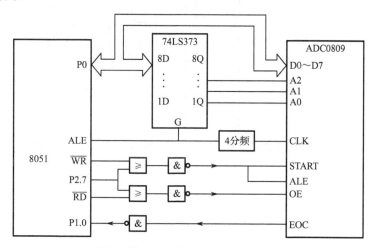

题 15 图　8051 与 ADC0809 的连接

16．设计一个单片机测控系统，一般需要哪几个步骤？各步骤的主要任务是什么？

17．LED 数码管静态显示和动态显示方式各有什么优缺点？

18．动态显示的原理是什么？

19．为什么要消除键盘的机械抖动？有哪些方法？

20．独立式键盘和矩阵式键盘各有什么特点？分别用在什么场合？

21．设计一个 4 位数码动态显示电路，并用汇编语言编程使"8"从右到左显示一遍。

22．要求将存放在 AT89C51 单片机内部 RAM 中 30H～33H 单元的 4 字节数据，按十六进制（8 位）从左到右显示，试编制程序。

23．设计一个 2×2 行列式键盘电路并编写键盘扫描子程序。

24．如下图电路所示，数码管为共阴极数码管，设要显示的位数为 6 位，字符存于 69H～6EH，七段控制码锁存器 74LS373 的选通地址为 8000H，字位控制码锁存器的 74LS373 选通地址为 6000H，试设计一个显示子程序。

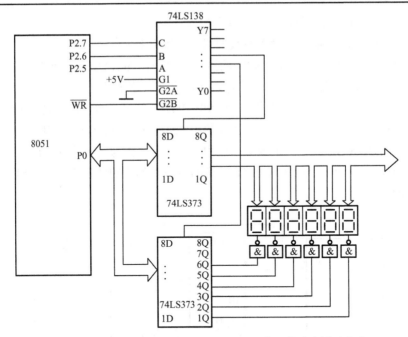

题 24 图　8051 扩展 74LS373 组成的 LED 数码管动态显示电路

附录 A　MCS-51 实验指导

实验一　拆字实验

一、实验目的

掌握顺序结构程序设计和调试方法，熟悉键盘操作和上机实验步骤。

二、实验内容

把片外 7000H 单元的内容拆开，高位送至 7001H 低位，低位送至 7002H 低位。7001H、7002H 高位清零。在实际应用中，本程序一般用于把数据送至显示缓冲区时用。

三、实验程序框图

拆字实验的程序框图如图 A-1 所示。

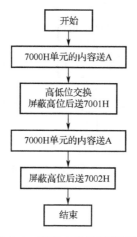

图 A-1　拆字实验的程序框图

四、实验步骤

① 按照图 A-1 编写好源程序，并手工或机器翻译成目标程序。送入起始地址 005H 单元存放。

② 先用存储器读写方法将 7000H 单元置成 34H。

③ 用单步、断点或连续执行程序的方法从起始地址 0050H 开始运行程序（输入 0050 后按 STEP 键为单步，按 EXEC 键为连续）。

④ 按 MON 键或 RESET 键退出。

⑤ 检查 7001H 和 7002H 单元中的内容应为 03H 和 04H。

五、思考

如何用断点方法调试本程序？

实验二　清零实验

一、实验目的

掌握循环结构程序设计和调试方法。

二、实验内容

把片外 RAM 的 7000H～70FFH 单元的内容清零。

三、实验程序框图

清零实验的程序框图如图 A-2 所示。

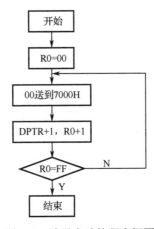

图 A-2　清零实验的程序框图

四、实验步骤

1. 当 DVCC 单片机仿真实验系统独立工作时

（1）将固化区 EPROM 中实验程序目标码传送到仿真 RAM 区，操作如下：输入 0 后按 F1 键，再输入 0FFF 后按 F2 键，再输入 0 后按 EPMOV 稍等，系统返回初始状态，显示"P."。

（2）通过键盘输入实验程序的起始地址 0030H，再按执行键 EXEC，表示连续运行该程序，稍候，按 RESET 键退出运行；如果以单步运行程序，则输入 0030 后，按 SETP 键，按一次执行一条语句，直到执行到 003CH 为止，按 MON 键退出运行。如果以断点运行程序，则先输入 003C（断点地址），再按 F1 键，再输入 0030（起始地址），然后按 EXEC 键执行程序，当执行到 003CH 时自动停下来，此时按 MON 键退出。

（3）用存储器读写方法检查 7000H～70FFH 中的内容应全是 00H。

2. 当 DVCC 仿真实验系统连个人计算机时

（1）在闪动 "P." 状态时，按 PCDBG 键；

（2）在个人计算机处于在 Windows 7 软件平台下，单击 DVCC 图标。

（3）在 "系统设置" 选项中设定仿真模式为内程序、内数据。对硬件实验 4、5、6、7、8、9、12、15 而言，仿真模式应设定为内程序、外数据。

（4）根据屏幕提示进入 51/96 动态调试菜单。

（5）连接 DVCC 实验系统（Ctrl+H）。

（6）装载目标文件（Ctrl+L）。

（7）设置个人计算机起始地址。

（8）从起始地址开始连续运行程序（F9）或单步（F8）或断点运行程序。

（9）单步、断点运行完后，在存储器窗口内检查 7000H～70FFH 中的内容是否全为 00H。

五、思考

假使要把 7000H～70FFH 中的内容改成 FF，如何编写程序。

实验三　数据传送子程序

一、实验目的

掌握片外 RAM 中的数据操作。

二、实验内容

把（R2R3）源 RAM 区首址内的（R6R7）字节数据，传送到（R4R5）目的 RAM 区。

三、实验程序框图

数据传送子程序框图如图 A-3 所示。

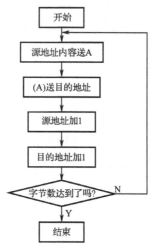

图 A-3　数据传送子程序框图

四、实验步骤

① 在 R2、R3 中装入源首址（如 6000H），R4、R5 中装入目的地址（如 7000H），R6、R7 中装入字节数（0FFFH）。

② 用单步、断点方法从起始地址 0090H 开始运行实验程序（输入 0090 后按 STEP 键为单步运行；先输入末地址 00C4，然后按 F1 键，再输入 0090 后，按 EXEC 键为断点运行）。

③ 如果是断点运行，运行到断点处会自动停下来，再按 MON 键返回"P."态。如果是单步运行，则运行到末地址 00C4 时，按 MON 键返回"P."态。

④ 检查 7000H 开始的内容和 6000H 开始的内容是否完全相同。

实验四　多分支实验

一、实验目的

掌握多分支结构（查表转移）汇编语言的编程。

二、实验内容

编写多分支转移程序，根据 8032 片内 20H 中的内容（00 或 01 或 02 或 03）进行散转。

三、实验程序框图

多分支实验的程序框图如图 A-4 所示。

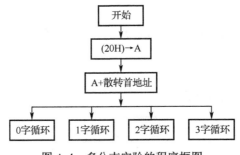

图 A-4　多分支实验的程序框图

四、实验步骤

① 8032 片内 20H 单元用寄存器读写方法写入 00 或 01 或 02 或 03。

② 从起始地址 0250H 开始连续运行程序（输入 0250 后按 EXEC 键）。

③ 观察数码管显示的内容，当(20H)=00 时，显示"0"循环，当(20H)=01 时，显示"1"字循环……

实验五　P3.3 口输入、P1 口输出

一、实验目的

（1）掌握 P3 口、P1 口的简单使用。
（2）学习延时程序的编写和使用。

二、实验内容

（1）P3.3 口作输入口，外接一脉冲，每输入一个脉冲，P1 口按十六进制加 1。
（2）P1 口作输出口，编写程序，按 16 进制加一方式点亮 P1 口接的 8 个发光二极管 D1～D8。

三、实验说明

（1）P1 口是准双向口，它作为输出口时与一般的双向口使用方法相同，由准双向口结构可知，当 P1 口作为输入口时，必须先对它置高电平，使内部 MOS 管截止，因内部上拉电阻是 20～40kΩ，故不会对外部输入有影响。若不先对它置高电平，且原来是低电平，则 MOS 管导通，读入的数据是不正确的。

（2）延时子程序的延时计算问题。

延时程序：

```
DELAY: MOV   R6, #00H
DELAY1: MOV  R7, #80H
        DJNZ  R7, $
        DJNZ  R6, DELAY1
```

查指令表可知 MOV、DJNZ 指令均需用两个机器周期，而一个机器周期时间长度为 12/6.0MHz，所以该段指令执行时间为：$((80+1) \times 256+1) \times 2 \times (12 \div 6\,000\,000)=132.1\text{ms}$。

四、实验程序框图

P3.3 口输入、P1 口输出的程序框图如图 A-5 所示。

五、实验步骤

① P3.3 用插针连至 K1，P1.0～P1.7 用插针连至 D1～D8。
② 从起始地址 0540H 开始连续运行程序（输入 0540 后按 EXEC 键）。
③ 开关 K1 每拨动一次，发光二极管 D1～D8 按十六进制方式加一点亮。

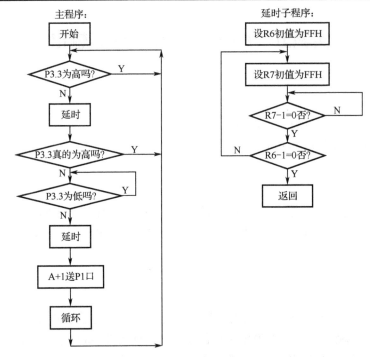

图 A-5　P3.3 口输入、P1 口输出的程序框图

实验六　8255A 控制交通灯

一、实验目的

了解 8255A 芯片的结构及编程方法，学习模拟交通灯控制的实现方法。

二、实验内容

用 8255A 作输出口，控制 12 个发光二极管亮/灭，模拟交通灯管理。

三、实验说明

因为本实验是交通灯控制实验，所以要先了解实际交通灯的变化情况和规律。假设一个十字路口为东西南北走向。初始状态 0 为东西红灯，南北红灯；然后转状态 1 东西绿灯通车，南北红灯；过一段时间转状态 2，东西绿灯灭，黄灯闪烁几次，南北仍然红灯；再转状态 3，南北绿灯通车，东西红灯；过一段时间转状态 4，南北绿灯灭，闪几次黄灯，延时几秒，东西仍然红灯，最后循环至状态 1。

四、实验程序框图

8255A 控制交通灯的程序框图如图 A-6 所示。

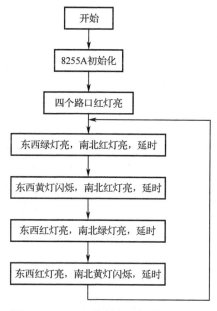

图 A-6 8255A 控制交通灯的程序框图

五、实验步骤

① 8255A 的 PC0~PC7、PB0~PB3 依次接发光二极管 D1~D12。

② 以连续方式从 0630H 开始执行程序，初始态为四个路口的红灯全亮之后，东西路口的绿灯亮，南北路口的红灯亮，东西路口方向通车；延时一段时间后，东西路口的绿灯熄灭，黄灯开始闪烁，闪烁若干次后，东西路口红灯亮，而同时南北路口的绿灯亮，南北路口方向开始通车；延时一段时间后，南北路口的绿灯熄灭，黄灯开始闪烁。闪烁若干次后，再切换到东西路口方向，之后重复以上过程。

实验七　脉冲计数（定时/计数器实验）

一、实验目的

熟悉 8031 定时/计数功能，掌握定时/计数初始化编程方法。

二、实验内容

对定时器 0 外部输入的脉冲进行计数，并送显示器显示。

三、实验程序框图

脉冲计数（定时/计数器实验）的程序框图如图 A-7 所示。

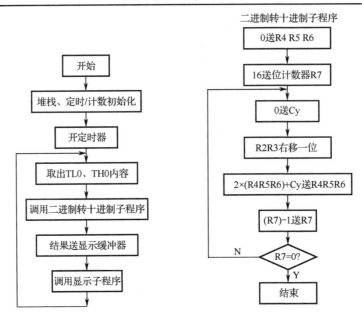

图 A-7　脉冲计数（定时/计数器实验）的程序框图

四、实验步骤

① 把 8032 CPU 的 P3.4 插孔接 T0～T7 任意一根信号线或单脉冲输出孔 "SP"。
② 用连续方式从起始地址 02A0H 开始运行程序（输入 02A0 后，按 EXEC 键）。
③ 观察显示器显示的内容，其应为脉冲个数。

五、思考

修改程序使显示器上只可显示到 999 999 个脉冲。

实验八　A/D 转换实验

一、实验目的

（1）掌握 A/D 转换与单片机的接口方法。
（2）了解 A/D 芯片 ADC0809 转换性能及编程方法。
（3）通过实验了解单片机是如何进行数据采集的。

二、实验内容

利用实验仪上的 ADC0809 做 A/D 转换实验，实验仪上的 W1 电位器提供模拟量输入。编写程序，将模拟量转换成数字量，通过二位七段数码管显示器显示。

三、实验说明

ADC 大致分有三类：一是双积分 ADC，优点是精度高，抗干扰性好，价格便宜，但速度慢；二是逐次逼近式 ADC，精度、速度、价格适中；三是并行 ADC，速度快，价格也昂贵。

实验用 ADC0809 属第二类，是 8 位 ADC。每采集一次一般需 100μs。由于 ADC0809 转换结束后会自动产生 EOC 信号（高电平有效），取反后将其与 8031 的 INT0 相连，可以用中断方式读取 A/D 转换结果。

四、实验程序框图

A/D 转换实验的程序框图如图 A-8 所示。

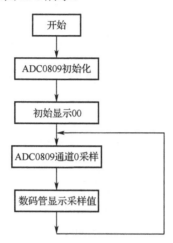

图 A-8　A/D 转换实验的程序框图

五、实验步骤

① 把 A/D 区 ADC0809 的 0 通道 IN0 用插针线接至 W1 的中心抽头 V01 插孔（0～5V）。

② 将 ADC0809 的 CLK 插孔与分频输出端 T4 相连。

③ 将 W2 的输入 VIN 接+12V 插孔，+12V 插孔再连到外置电源的+12 上（电源内置时，该线已连好）。调节 W2，使 V_{REF} 端为+5V。

④ 将 A/D 区的 V_{REF} 端连到 W2 的输出 V_{REF} 端。如果精度要求不高的话，A/D 区的 V_{REF} 端直接连到 VCC 插孔，这样步骤③可以去掉。

⑤ 在 EXIC1 上插上 74LS02 芯片，将有关线路按图连接好。

⑥ 将 A/D 区 D0～D7 用排线与 BUS2 区 XD0～XD7 相连。

⑦ 将 BUS3 区 P3.0 插孔连到数码管显示区 DATA 插孔。

⑧ 将 BUS3 区 P3.1 插孔连到数码管显示区 CLK 插孔。

⑨ 将单脉冲发生/SP 插孔连到数码管显示区 CLR 插孔。

⑩ 按实验系统上的 F2 键，仿真实验仪进入仿真状态（内程序，外数据），显示器显示"P……"。

⑪ 以连续方式从起始地址 06D0H 运行程序，在数码管上显示当前采集的电压值转换后的数字量，W1 数码管显示将随着电压变化而相应变化，典型值为 0V—00H，2.5V—80H，5V—FFH。

附录 B MCS-51 指令一览表

类型	助 记 符	指 令 功 能	操 作 码	字节数	周期数
数据传送类指令	MOV A, Rn	A←Rn	E8H~EFH	1	1
	MOV A, direct	A←(direct)	E5H	2	1
	MOV A, @Ri	A←(Ri)	E6H, E7H	1	1
	MOV A, #data	A←date	74H	2	1
	MOV Rn, A	Rn←A	F8H~FFH	1	1
	MOV Rn, direct	Rn←(direct)	A8H~AFH	2	2
	MOV Rn, #data	Rn←data	78H~7FH	2	1
	MOV direct, A	direct←A	F5H	2	1
	MOV direct, Rn	direct←Rn	88H~8FH	2	2
	MOV direct2, direct1	direct2←(direct1)	85H	3	2
	MOV direct, @Ri	direct←(Ri)	86H, 87H	2	2
	MOV direct, #data	direct←data	75H	3	2
	MOV @Ri, A	(Ri)←A	F6H, F7H	1	1
	MOV @Ri, direct	(Ri)←direct	A6H, A7H	2	2
	MOV @Ri, #data	(Ri)←date	76H, 77H	2	1
	MOV DPTR, # data16	DPTR←data16	90H	3	2
	MOVC A, @A+DPTR	A←(A+DPTR)	93H	1	2
	MOVC A, @A+PC	A←(A+PC)	83H	1	2
	MOVX A, @Ri	A←(Ri)	E2H, E3H	1	2
	MOVX A, @ DPTR	A←(DPTR)	E0H	1	2
	MOVX @Ri, A	(Ri)←A	F2H, F3H	1	2
	MOVX @ DPTR, A	(DPTR)←A	F0H	1	2
	PUSH direct	SP←SP+1,(direct)→ (SP)	C0H	2	2
	POP direct	direct←(SP),SP←SP−1	D0H	2	2
	XCH A, Rn	A←→Rn	C8H~CFH	1	1
	XCH A, direct	A←→direct	C5H	2	1
	XCH A, @Ri	A←→(Ri)	C6H, C7H	1	1
	XCHD A, @Ri	A3~0←→(Ri)3~(Ri)0	D6H, D7H	1	1
算术运算指令	ADD A, Rn	A←A+Rn	28H~2FH	1	1
	ADD A, direct	A←A+ (direct)	25H	2	1
	ADD A, @Ri	A←A+ (Ri)	26H, 27H	1	1
	ADD A, #data	A←A+data	24H	2	1
	ADDC A, Rn	A←A+Rn+Cy	38H~3FH	1	1

续表

类型	助　记　符	指　令　功　能	操作码	字节数	周期数
算术运算指令	ADDC　A, direct	A←A+ (direct) +Cy	35H	2	1
	ADDC　A, @Ri	A←A+ (Ri) +Cy	36H，37H	1	1
	ADDC　A, #data	A←A+data+Cy	34H	2	1
	SUBB　A, Rn	A←A−Rn−Cy	98H～9FH	1	1
	SUBB　A, direct	A←A−(direct)−Cy	95H	2	1
	SUBB　A, @Ri	A←A−(Ri)−Cy	96H，97H	1	1
	SUBB　A, #data	A←A−data−Cy	94H	2	1
	INC　A	A←A+1	04H	1	1
	INC　Rn	Rn←Rn+1	08H～0FH	1	1
	INC　direct	(direct)←(direct) +1	05H	2	1
	INC　@Ri	(Ri)←(Ri) +1	06H，07H	1	1
	INC　DPTR	A←DPTR+1	A3H	1	2
	DEC　A	A←A−1	14H	1	1
	DEC　Rn	Rn←Rn−1	18H～1FH	1	1
	DEC　direct	(direct)←(direct)−1	15H	2	1
	DEC　@Ri	(Ri)←(Ri)−1	16H，17H	1	1
	MUL　AB	BA←A×B	A4H	1	4
	DIV　AB	A÷B=A⋯B	84H	1	4
	DA　A	对 A 进行 BCD 调整	D4H	1	1
逻辑运算和移位指令	ANL　A, Rn	A←A∧Rn	58H～5FH	1	1
	ANL　A, direct	A←A∧(direct)	55H	2	1
	ANL　A, @Ri	A←A∧(Ri)	56H，57H	1	1
	ANL　A, #data	A←A∧data	54H	2	1
	ANL　direct, A	direct←(direct)∧A	52H	2	1
	ANL　direct, #data	direct←(direct)∧data	53H	3	2
	ORL　A, Rn	A←A∨Rn	48H～4FH	1	1
	ORL　A, direct	A←A∨(direct)	45H	2	1
	ORL　A, @Ri	A←A∨(Ri)	46H，47H	1	1
	ORL　A, #data	A←A∨data	44H	2	1
	ORL　direct, A	direct←(direct)∨A	42H	2	1
	ORL　direct, #data	direct←(direct)∨data	43H	3	2
	XRL　A, Rn	A←A⊕Rn	68H～6FH	1	1
	XRL　A, direct	A←A⊕ (direct)	65H	2	1
	XRL　A, @Ri	A←A⊕ (Ri)	66H，67H	1	1
	XRL　A, #data	A←A⊕ data	64H	2	1
	XRL　direct, A	direct←(direct) ⊕A	62H	2	1

续表

类型	助 记 符	指 令 功 能	操作码	字节数	周期数
逻辑运算和移位指令	XRL direct, #data	direct←(direct)⊕data	63H	3	2
	CLR A	A←0	E4H	1	1
	CPL A	A←$\overline{A}$	F4H	1	1
	RL A	[A7←A0] 循环左移	23H	1	1
	RLC A	[C]←[A7←A0] 带进位循环左移	33H	1	1
	RR A	[A7→A0] 循环右移	03H	1	1
	RRC A	[C]←[A7→A0] 带进位循环右移	13H	1	1
	SWAP A	[A7～A4]↔[A3～A4]	C4H	1	1
控制转移指令	ACALL addr11	PC←PC+1 SP←SP+1,(SP)←PCL SP←SP+1,(SP)←PCH PC10～PC0←addr11	&1(2)	2	2
	LCALL addr16	PC←PC+3 SP←SP+1,(SP)←PCL SP←SP+1,(SP)←PCH PC15～PC0←addr16	12H	3	2
	RET	PCH←(SP),SP←SP-1 PCL←(SP),SP←SP-1	22H	1	2
	RETI	PCH←(SP),SP←SP-1 PCL←(SP),SP←SP-1	32H	1	2
	AJMP addr11	PC10～PC0←addr11	&0(1)	2	2
	LJMP addr16	PC15～PC0←addr16	02H	3	2
	SJMP rel	PC←PC+2+rel	80H	2	2
	JMP @A+DPTR	PC←PC+DPTR	73H	1	2
	JZ rel	若A=0,PC←PC+2+rel 若A≠0,PC←PC+2	60H	2	2
	JNZ rel	若A≠0,PC←PC+2+rel 若A=0,PC←PC+2	70H	2	2
	CJNE A, direct, rel	若A≠(direct)，PC←PC+3+rel 若A=(direct)，PC←PC+3 若A≥(direct)，则Cy←0；否则，Cy←1	B5H	3	2
	CJNE A, #data, rel	若A≠data，PC←PC+3+rel 若A=data，PC←PC+3 若A≥data，则Cy←0；否则，Cy←1	B4H	3	2

类型	助　记　符	指　令　功　能	操　作　码	字节数	周期数
控制转移指令	CJNE　Rn, #data, rel	若 Rn≠data，PC←PC+3+rel 若 Rn=data，PC←PC+3 若 Rn≥data，则 Cy←0；否则，Cy←1	B8H～BFH	3	2
	CJNE　@Ri, #data, rel	若(Ri)≠data，PC←PC+3+rel 若(Ri)=data，PC←PC+3 若(Ri)≥data，则 Cy←0；否则，Cy←1	B6H，B7H	3	2
	DJNZ　Rn, rel	若 Rn-1≠0，则 PC←PC+2+rel 若 Rn-1=0，则 PC←PC+2	D8H～DH	2	2
	DJNZ　direct, rel	若(direct)-1≠0，则 PC←PC+2+rel 若(direct)-1=0，则 PC←PC+2	D5H	3	2
	NOP	PC←PC+1	00H	1	1
位操作指令	MOV　C, bit	C←bit	A2H	2	1
	MOV　bit, C	bit←C	92H	2	2
	CLR　C	Cy←0	C3H	1	1
	CLR　bit	bit←0	C2H	2	1
	SETB　C	Cy←1	D3H	1	1
	SETB　bit	bit←1	D2H	2	1
	CPL　C	C←$\overline{C}$	B3H	1	1
	CPL　bit	(bit)←$\overline{bit}$	B2H	2	1
	ANL　C, bit	C∧(bit)→C	82H	2	2
	ANL　C, /bit	C∧($\overline{bit}$)→C	B0H	2	2
	ORL　C, bit	C∨(bit)→C	72H	2	2
	ORL　C, /bit	C∨($\overline{bit}$)→C	A0H	2	2
	JC　rel	若 C≠1，则 PC←PC+2+rel 若 C=0，则 PC←PC+2	40H	2	2
	JNC　rel	若 C≠0，则 PC←PC+2+rel 若 C=1，则 PC←PC+2	50H	2	2
	JB　bit, rel	若 bit=1，则 PC←PC+3+rel 若 bit=0，则 PC←PC+3	20H	3	2
	JNB　bit, rel	若 bit=0，则 PC←PC+3+rel 若 bit=1，则 PC←PC+3	30H	3	2
	JBC　rel	若 bit=1，则 PC←PC+3+rel，且（bit）←0 若 bit=0，则 PC←PC+3	10H	3	2

附录 C　DVCC 试验箱操作命令简介

单片机实验系统自带的仿真器键盘设有 32 个进口键座和定制注塑键帽，手感好，接触可靠，使用寿命长，15 只功能键均为多功能键。显示部分由 6 只高亮数码显示器组成。其键盘操作、显示设置完全一样，具有良好的兼容性，对用户来说只要熟悉一种系统的键盘操作即可。有特殊的地方将在下面的论述中以详细说明。

C.1　键盘布置

图 C-1 中左边 16 个为数字键，在键上"一"的下面表示的十六进制数字 0～F，用于输入地址、数据或机器语言代码。对于 51 CPU 而言，"一"上面是工作寄存器名或其省略写法，如 DPH 表示数据寄存器 DPTR 高 8 位，DPL 表示数据寄存器 DPTR 低 8 位；PCH 表示程序指针的高 8 位，PCL 表示程序指针低 8 位，详见表 C-1。

R7	DPL	DPH	A	TV	EPRGH	PRT	EXEC
7	8	9	A	MEM	DEL		FVBP
R4	R5	R6	B	REG	ODRW	COMP	PCDBG
4	5	6	B	OFST	INS		EPRGL
R1	R2	R3	PSW	F1	EPMOV	MOVE	STEP
1	2	3	C	LAST			NVBP
R0	PCH	PCL	SP	F2	EPCH	DAR	MON
0	F	E	D	NEXT	EPCOM		

图 C-1　DVCC 实验箱键盘布置图

表 C-1　DVCC 实验箱寄存器

代　号	0	1	2	3	4	5	6	7	8	9	A	B	C	D	E	F
寄存器名	51	R0	R1	R2	R3	R4	R5	R6	R7	DPL	DPH	A	B	PSW	SP	PCL	PCH

图 C-1 中右边 16 个为功能键，在独立运行模式下输入操作命令，其通用功能如下。

TV/MEM：TV/程序存储器检查。

REG/OFST：片内 RAM、寄存器、特殊功能寄存器检查/偏移量计算。

ODRW/INS：外部数据存储器、外部 RAM、I/O 检查/插入一字节。

EPRGH/DEL：EPROM 高速写入/删除一字节。

F1/LAST：第一标志键/读上一字节。

F2/NEXT：第二标志键/读下一字节。

STEP/NVBP：单拍/单拍跟踪。

EXEC/FVBP：连续执行/断点运行。

PCDBG/EPRGL：与上位机通信调试/低速固化。

EPMOV：固化区内容移入目标 RAM。

EPCH/EPCOM：EPROM 查空/EPROM 比较。

PRT：打印命令。

COMP：源程序与目标程序比较。

MOVE：程序块或数据块移动。

DAR：反汇编。

MON：退出当前操作，返回初态，显示闪动"P."。

C.2　键盘监控工作状态

用户可以通过 32 个键向本机发出各种操作命令，大多数键均有 2 个以上功能，本机无上下档转换键，计算机到底进行什么操作，不仅与按压什么键有关，也与当前计算机所处的工作状态有关。在操作中，"工作状态"是一个重要的概念，下面做有关介绍。

1.待命状态

在待命状态 0 时，显示器的左端显示提示符，一个闪动的"P."字符，表示开发机处于初始化状态，等待用户操作。

在计算机接通电源自动复位时处于待命状态；按压 RESET 复位键后，本机处于待命状态。

在大多数情况下，按 MON 键，也可以使本机进入待命状态。待命状态时，可以进行的操作如下。

（1）按压任意数字键，进入待命状态 1（待命状态 1 为数字键可输入状态）。

（2）按压 F1 标志键，进入仿真 2 态，仿真 2 态就是用户只是借用实验系统 CPU，其余均在用户系统上。程序计数器值指向外部用户程序空间，DPTR 指向外部数据空间，显示闪动的"H......"；

（3）按压 F2 标志键，进入仿真 1 态，仿真 1 态就是用户借用实验系统 CPU 和实验系统上的仿真程序区。程序计数器值指向实验系统用户程序空间，DPTR 指向外部数据空间，显示闪动的"P......"；

（4）按压 PCDBG 键，进入与上位机通信、调试、反汇编，显示器全暗；

（5）按压 EXEC 键，从现行程序计数器地址开始执行用户程序；

（6）按压 STEP 键，从现行程序计数器地址开始单步执行用户程序。

2. MEM 态

存储器读写状态，进入存储器读写状态时，前 4 位显示器显示存储器地址，后 2 位显示器显示该存储器单元中的内容。

在待命状态下，按压 MEM 键，或当执行用户程序时遇到断点、单步执行、EPROM 编程写入出错等都会使计算机进入该状态，本状态可进入如下操作。

（1）按压 OFST 键，进入相对偏移量计算。

（2）按压 DEL 键，进入删除操作，按一下删除一字节。

（3）按压 INS 键，进入插入操作，按一下插入一字节。

（4）按压 LAST 键，进入上一字节读写操作。

（5）按压 NEXT 键，进入下一字节读写操作。

（6）按压 STEP 键，以当前显示器内容作为地址，按一下执行一条命令，即执行用户程序一步。

（7）按压 EXEC 键，以当前显示器内容作为地址，连续执行用户程序（若要退出，应按 RESET 复位按钮）。

（8）按压 MON 键，返回待命状态 0（按 EXEC 键后，该命令无效）。

3．REG 态

寄存器读写状态，进入该状态时，前面 1 位和 2 位显示寄存器地址，后面 2 位显示该寄存器中的内容。

在待命状态 1 下，按压 REG 键，可进入如下操作。

（1）对于 51 CPU 状态，若前面键入 1 位地址，则进入当前工作寄存器读写/检查状态。

① 显示代号 0～7，读写当前工作寄存器 R0～R7；

② 显示代号 8 或 9，检查数据指针 DPTR，8 显示 DPL，9 显示 DPH；

③ 显示代号 A，检查累加器 A 的内容；

④ 显示代号 B，检查 B 寄存器的内容；

⑤ 显示代号 C，检查程序状态字 PSW 的内容

⑥ 显示代号 D，检查堆栈指针 SP 的内容，开机复位后 SP 为 07H；

⑦ 显示代号 E 或 F，检查当前程序计数器值，E 显示 PCL，F 显示 PCH。

（2）若前面键入 2 位地址，则进入片内寄存器读写（包括特殊功能寄存器和通用寄存器）状态。此时按压 LAST 键，读写上一字节内容；按压 NEXT 键，读写下一字节内容。

4．ODRW 态

用户目标系统数据存储器读写状态。

在仿真 1 状态，即显示"P......"状态下键入 4 位地址后按 ODRW 键，读写的内容都是用户系统中的扩展数据存储器或扩展 I/O 口，与实验系统无关。前面 4 位显示用户目标系统数据存储器地址，后 2 位显示存储器中的内容。

按压 LAST 键，读写上一字节内容。

按压 NEXT 键，读写下一字节内容。

按压 MON 键，返回待命状态 0。

5．标志态（F 态）

在待命状态 1，再按压 F1 键，本机便进入标志态，标志态功能特别强。

（1）F1 键功能：装入源程序首址，即把当前显示器内容作为源程序首址，装入本机的约定单元，并显示闪动"┌"标志符。

（2）F2 键功能：装入源程序末址，即把当前显示器内容作为源程序末址，装入本机的约定单元，并显示闪动"┘"标志符。

（3）在"┘"状态下，再键入的数，便是目标首址。

（4）F 标志态可进入的操作。

① 按压 MOVE 键，进入程序/数据块移动。

在"P."态，本机内部 0000H～FEFFH 空间相互传送。

在"P....."态，本机内部 0000H～FEFFH 空间的内容移到用户系统数据区，在"H......"态，用户目标程序区移到本机仿真 RAM 区。

操作如下：源首地址，F1，源末地址，F2，目标首地址，MOVE。

② 按压 COMP 键，进入程序块比较，操作步骤如下：

源首址，F1，源末址，F2，目首址，COMP。

③ 按压 FVBP 键，进入断点运行，操作步骤如下：

断点地址，F1，执行首址，FVBP。

C.3　键盘监控操作命令介绍

1. 复位命令——RESET 键

在任何时刻按压复位键 RESET，都会使计算机进入初始状态（与通电复位作用一样），在 RST 为高的第二个周期执行内部复位，并且在 RST 变低前每一个周期重复执行内部复位，复位后：

（1）使 8155、8255 I/O 接口芯片复位；

（2）使计算机进入待命状态 0；

（3）按压复位键不会改变用户存储器的内容，也不会改变 CPU 片内 RAM 区的内容及外部数据区的内容。

2. 返回待命状态——MON 键

按 MON 键，可迫使计算机进入待命状态。通常用 MON 键进行以下操作：

（1）清除已送入显示器的数字；

（2）退出其他操作状态。例如，退出存储器读写状态、寄存器读写状态等；按 MON 键，不会影响用户的存储器、寄存器内容。

3. 程序存储器读写命令——MEM、NEXT、LAST 键

这一组命令是用来检查（读出）或更改（写入）内存单元，因此，通过这些键命令的操作，向计算机送入程序和数据或从计算机中读出数据。

在"P."闪动状态下，读出的是仿真程序/数据区的内容（在实验系统上的外部存储器）。

在"P......"状态下，读出的是仿真程序/数据区的内容（在实验系统上的外部存储器）。

在"H......"状态下，读出的是用户板（目标板）上程序存储器（EPROM）中内容。

先按压 MON 键，使计算机处于待命状态，然后送入 4 位表示要检查的程序存储器地址，再按 MEM 键，读出该单元的内容，计算机便进入存储器读写状态。

在程序存储器读写状态，显示器的左边 4 位数字是内存单元地址，右边 2 位是该单元的内容。光标（闪动的数字）表示等待修改（写入）的数字。

程序存储器读写状态是键盘监控的一种重要状态；这时多数命令键都具有与待命状态不

同的功能。

在程序存储器读写状态，使用 LAST 或 NEXT 键可以读出上一个或下一个存储单元的内容，同时光标自动移动到第五位。持续按 LAST 或 NEXT 键在 1s 以上，计算机便开始对内存进行向上或向下扫描，依次显示各单元地址及内容，或快速移动到要检查的单元，从而简化了操作。

按 MON 键，可使计算机退出存储器读写状态，返回待命状态。

4. 寄存器读写、特殊功能寄存器检查、片内 RAM 区读写命令——REG、NEXT、LAST 键

寄存器读写可以输入 1 位地址，也可以输入 2 位地址。

输入 1 位地址时作为寄存器代号，如表 C-1 所示。

特殊功能寄存器、片内 RAM 的读写输入 2 位地址，如表 C-3 所示。

输入 1 位地址时，寄存器读写状态的标志是：显示器上显示 3 个数字，左边第 1 位数字代表寄存器的代号，右边的 2 位数字表示该寄存器的内容。光标处于显示器的第 5 位到第 6 位之间。

若要对寄存器的内容进行改写，可按压所需的数字键，光标所在处的数字即被更换，而光标随即往右移 1 位。（若到了最右端，又重新回到起始位）。

特殊功能寄存器检查状态标志是：显示器上显示 4 个数字，左边第 1 位、第 2 位数字代表寄存器地址，右边的 2 位数字表示该寄存器的内容，中间 2 位是空格，光标在第 5 位或第 6 位。

片内 RAM 区读写状态是：显示器上显示 4 个数字，左边 2 位是 RAM 区地址，右边 2 位是该地址的内容，中间 2 位是空格。光标处于显示器的第 5 位或第 6 位。

若要对 RAM 区的内容进行改写，可按压所需的数字键，光标所处的数字即被更换。按压 NEXT 或 LAST 键，可检查更改下一或上一单元 RAM 区（按地址顺序排列）的内容。持续按 LAST 或 NEXT 键的时间在 1s 以上时，可实现快速查找。按压 MON 键，可以从寄存器、RAM 区读写状态返回待命状态 0。操作过程如表 C-2 所示。

表 C-2　操作过程

按　键	显　　示						说　　明
MON	P.						待命状态 0
0	0						送入数字 0
MEM	0	0	0	0	X	X	待命状态 1，MEM 键有效，未送入的数字（地址）隐含为 0，进入存储器 读写状态，显示 0000H 单元的内容 XX，第 5 位数字 X 闪动，表示此位可更改。XX 为随机数
A	0	0	0	0	A	X	按数字 A，对 0000H 单元进行写入，光标移到第 6 位
MON	P.						按 MON 键，返回待命状态 0
001	0	0	1				要检查 0010H 单元，最后一位 0 可省略，不送入，处于待命状态 1
MEM	0	0	1	0	X	X	按 MEM 键，进入存储器写状态，显示 0010H 的内容 XX，光标在第 5 位。XX 为随机数（下同）

续表

按　键	显　示		说　明
0	0　0　1　0	0　X	按 0 键，第 1 位立即被更改，并写入 0010H 单元，光标移至第 6 位
8	0　0　1　0	0　8	按 8 键，第 6 位被更改，光标重新移到第 5 位
1	0　0　1　0	1　8	按 1 键，第 5 位被更改，光标重新移到第 6 位
NEXT	0　0　1　1	X　X	按 NEXT 键，读出下一个单元 0011H，光标移至第 5 位
A	0　0　1　1	A　X	按 A 键，光标移至第 6 位
LAST	0　0　1　0	1　8	按 LAST 键，读出上一个单元，光标重新移到第 5 位

特殊功能寄存器检查状态标志是：显示器上显示 4～6 个数字（字节寻址显示 8 位数据，字寻址显示 16 位数据），左边第 1 位、第 2 位数字代表寄存器地址，右边的 4 位数字表示该寄存器的内容。

片内 RAM 区读写状态是：显示器上显示 6 个数字，左边 2 位是 RAM 区地址，右边 4 位是该地址的内容。

下面举例说明操作过程，如表 C-3 所示。

表 C-3 操作过程

按　键	显　示		说　明
MON	P.		待命状态 0
0	0	（R0）	要检查 R0 的寄存器，数字键 0 是它的代号
	0	X　X	按 REG 键立即显示 R0 的内容，进入寄存器读写状态
1 2	0	1　2	按数字键，光标移动，更改寄存器 R0 内容
NEXT	1	X　X	按 NEXT 键，自动读写出下一个寄存器 R1，它的代号是 1，光标自动移至第 5 位
MON	P.		返回待命状态
7 F	7　F		送入 RAM 区地址
REG/OFST	7　F	X　X	按 REG 键，进入寄存器读写状态，显示以 7F 为地址的内容 XX，光标在第 5 位
1 2	7　F	1　2 (P0)	按数字键，7F 为地址的内容被更改，光标回至第 6 位
NEXT	8　0	X　X	按 NEXT 键，自动读出下一地址内容，地址 80 为特殊功能寄存器
3 4	8　0	X　X	按数字键，寄存器内容不能更改

5. 外部数据存储器、外部 RAM、I/O 端口读写命令——ODRW、NEXT、LAST 键

用 ODRW 键可以对外部数据存储器和扩展 I/O 端口进行检查（读出）或更改（写入）。

在 "P." 状态下，用该键读写仿真 RAM 区的内容（在实验系统上）。

在 "P....." 状态下，用该键读写的是用户板上外扩展数据存储器或 I/O 端口的内容。

在 "H....." 状态下，用该键读写的是用户板上外扩展数据存储器或 I/O 端口的内容。

对外部数据、RAM 读写，一般应先按 MON 键，使计算机进入待命状态 0。然后按所要访问的外部数据区的地址及扩展 RAM 的地址，计算机便进入读写状态。

外部数据存储器读写的状态标志是：显示器显示 6 个数字，左边 4 位数字是存储器单元地址，右边 2 位是该单元的内容，光标在第 5 位与第 6 位之间，表示等待修改单元内容。

外部扩展 RAM 及 I/O 端口的读写的状态标志是：显示器上显示 4 个数字。左边 2 位数字是 RAM 或 I/O 端口的单元地址，右边 2 位是该单元的内容，光标在第 5 位与第 6 位之间，表示等待修改单元内容，中间 2 位是空格。

按压 NEXT 或 LAST 键，可查访、更改下一个或上一个单元的内容。持续按 LAST 或 NEXTT 键的时间在 1s 以上，可实现快速查找。

按 MON 键，可使计算机返回待命状态 0。

下列举例说明操作过程，如表 C-4 所示。

表 C-4　操作过程

按　键	显　示		说　明
MON	P.		待命状态。
ODRW/INS	P.		在待命状态 0。按 ODRW/INS 键无效
900	9 0 0	X X	按数字键 900，进入待命状态 1，第 4 位 0 可省略，但第 3 位 0 不能省略
ODRW/INS	9 0 0 0	X X	按 ODRW/INS 键，显示 9000H 数据单元内容，第 5 位光标闪动
1 2	9 0 0 0	1 2	按 1、2 键，将内容写入 9000H 数据单元
NEXT	9 0 0 1	X X	按 NEXT 键，读出下一个单元 9001H，光标重新移至第 5 位
3 4	9 0 0 1	3 4	按 3、4 键，将内容写入 9001H 数据单元
LAST	9 0 0 1	1 2	按 LAST 键，读出上一个单元
MON	P.		返回待命状态 0

6. 断点运行

本机提供了断点方式运行仿真 RAM 中的程序，为用户提供了检测用户 CPU 定时响应中断的速度或定时精度提供了方便，断点运行方式不适合于运行用户样机内 EPROM 中的程序。操作方法为：先送入断点地址、按下设置断点键 F1，然后键入执行首址，再按 FVBP 键。延时在这里就看不出了，因为是断点运行，遇到断点才停下来。运行的操作规程如下：

以 51 CPU 系统为例，先把一个的 8 字循环程序用存储器读写命令键 MEM 送入实验系统 RAM 区。程序如下：

```
0000    7480      MOV  A, #80H
0002    7822      MOV  R0, #22H
0004    7921      MOV  R1, #21H
0006    F2        MOVX  @R1, A
0007    7401      MOV  A, #01H
0009    F3        LOOP: MOVX  @R1, A
000A    120010    LCALL  DELAY
000D    23        RL A
000E    80F9      SJMP  LOOP
0010    7EFF      DELAY: MOV  R6, #0FFH
0012    7FFF      DELY2: MOV  R7, #0FFH
0014    DFFE      DELY1: DJNZ  R7, DELY1
0016    DEFA      DJNZ  R6, DELY2
0018    22        RET
```

操作过程如表 C-5 所示。

表 C-5　操作过程

按　键	显　示						说　明
REST	P.						返回监控
000D	0	0	0	D			送入断点地址
F1	┌						标志 F1
0000	0	0	0	0			键入执行首址
FVBP	0	0	0	D	2	3	按下断点运行命令键，碰到断点，显示其断点地址和操作码
MON	P.						接着返回监控检查现场或继续设置断点运行，也可以单拍运行

遇到断点后可以再设断点，再按下 FVBP 键；也可以返回监控测试现场，单拍运行用户程序。这样几种运行方式交叉使用，加快程序的调试速度，若断点设置不正确或用户系统硬件、软件有故障，则显示器 LED5 显示 "┌"，除非复位，否则实验系统不会返回监控，复位后，还会保持用户 CPU 内 RAM 现场和 I/O 扩展口现场，但设置断点处的原内容会被破坏三个单元，用户需予以恢复。

实验系统 RAM 区的 0000H 为用户机复位入口，0003H、000BH、0013H、001BH、0023H 分别为用户系统的中断入口。

若断点设在中断入口，或中断服务程序中，则可以检测用户 CPU 是否响应中断，以及检测中断服务程序是否正确，用户设置断点时必须注意断点地址需在指令的第一个字节所在的地址，若断点设置错误或程序有错，断点方式运行过程中碰不到断点时，则显示器不显示，此时按任意一个键，显示器显示当前用户 CPU 的程序计数器值及该单元内容，这为用户判断程序是否出现死循环或飞掉提供了方便。用户可以单拍、断点交替运行用户程序以验证程序的正确性，排除软硬件故障。

7．执行程序命令——EXEC 键

执行键 EXEC 在待命状态 0、待命状态 1 和存储器读写状态时有效。在待命状态 0 显示一个闪动"P."，按 EXEC 键，计算机将按照用户 0000H 的地址，开始执行程序；在待命状态 1（送入数字后的状态，数字后的 0 可省），则按显示器上地址执行程序；在存储器读写状态，按显示器的现行地址执行程序。在其他状态，EXEC 键无效。

用 EXEC 键执行用户程序，在程序中遇到断点时会停下来，显示断点地址和该单元内容并保护所有的寄存器的内容，返回待命状态 1。这时 EXEC 键作为断点运行键（FVBP）。

例 1：键入 0000H，再按 EXEC 键，则显示器上显示"8"字循环。

例 2：在上例中 000DH 设断点。执行断点运行，操作如下：在待命状态 0，按 000D，再按 F1 标志键，然后按执行首址 0（后 3 个 0 可省），再按 FVBP 键，则程序运行到 000DH 地址停下。并显示 000DH 及该单元内容 23，说明 000DH 以上程序正确无误，这对带有延时子程序的调试，带来了方便。

8．插入和删除命令——INS、DEL 键

这两个命令的功能是在调试机器码程序时，在程序存储器单元中插入或删除某些指令或数据，而不必重新装入整个程序。

基本操作如下。

（1）INS 键：在待命状态下，先输入要插入内容的首地址，按 F1 键，后输入下限地址，按 INS 键，实验机返回"P."状态。从首地址到下限地址之间所有单元的内容都向下移动一字节，而下限单元原来的内容将溢出丢失。如果不规定上下限区域，则在存储器读写状态下，按一次 INS 键，内容下移一字节，当前地址中的内容清零，此时可以输入要插入的内容。

（2）DEL 键：在待命状态下，先输入要删除内容的首地址，按 F1 键，后输入下限地址，按 DEL 键，实验机返回"P."状态。首地址所在单元的内容被删除，下限地址以上单元的内容依次向上移动一字节。如果不规定删除区域，则在存储器读写状态下，按一次 DEL 键，删除一字节。

由上所述，INS 和 DEL 命令键，对内存是有影响的，所以操作时应更加小心，不应随意按压。

9．单步执行键——STEP 键

单步执行键在待命状态 1 和存储器读写状态时有效。在待命状态 1，则按显示器上的地址单步执行；在存储器读写状态，则按现行地址执行。

按 STEP 键，计算机将依据上述 3 种情况，执行一条用户指令，续而显示当前程序个数器和它的内容，等待下一个命令。

以下举例说明（也可以"8"字循环为例）：

2000	E4	START:	CLR A
2001	1105	START1:	ACALL DELAY
2003	80FC		SJMP START1

2005	7A02	DELAY:	MOV	R2, #02H
2007	DAFE	DELAY1:	DJNZ	R2, DELAY1
2009	04		INC	A
200A	22		RET	

　　持续按单步键 1s 以上，计算机就进入跟踪执行状态，以每分钟 500 条指令的速度执行用户程序，同时显示程序的执行地址和累加器的内容。这对检查延时循环程序特别有用。因此可监视程序的运行路线，在松开按键时，便立即停止跟踪状态，显示中止时的程序计数器及累加器的内容，并返回待命状态 0。

　　按 MON 键，返回到待命状态 0。

　　单步命令不会影响已设置的断点。

　　操作过程如表 C-6 所示。

表 C-6　操作过程

按　　键	显　　示		说　　明
MON	P.		待命状态 0
2	2		从 2000H 开始单步执行，1 以后的 3 个 0 可省略执行第一条指令
STEP	2001	11	执行第二条指令（调用延时子程序）
STEP	2003	7A	执行延时程序中第一条指令
STEP	2005	DA	执行延时程序中第二条指令
STEP	2007	DA	执行延时程序中第二条指令
STEP	2009	04	执行延时程序中第三条指令

10. 计算相对转移偏移量命令——OFST 键

　　在 51 CPU 系统中，OFST 键命令的功能，是用来计算 MCS-51 指令系统中相对转移指令的操作数——偏移量。OFST 键命令只在存储器读写状态有效。

　　先在需要填入偏移量的单元上填入所要转移的（目标）地址的低字节，然后按 OFST 键，该单元的内容立即转变成所要求的偏移量，也就是自动将偏移量填入，这时计算机仍处于存储器读写状态，用户可直接继续往下送入程序。

　　下面举例说明操作过程，如表 C-7 所示。

表 C-7　操作过程

按　　键	显　　示		说　　明
MON	P.		待命状态 0
2	2		
MEM	2000	XX	按 MEM 键，进入存储器读写状态
E4	2000	E4	送入第一条指令

续表

按　键	显　示		说　明
NEXT 11	2001	11	送入第二条指令
NEXT 05	2002	05	
NEXT 80	2003	80	送入相对转移指令操作码
NEXT 01	2004	01	先填入转移目标地址低字节 01H
OFST	2004	FC	按 OFST 键，自动填入偏移量 FC（转移指令操作数）
NEXT 7A	2005	7A	接着送入下一条指令
NEXT 02	2006	02	
NEXT DA	2007	DA	又是一条相对转移指令送入操作码
NEXT 07	2008	07	先填入目标地址低字节 07H
OFST	2008	FE	按 OFST 键，自动填入偏移量 FE
NEXT 04	2009	04	再送下一条指令
NEXT 22	200A	22	写入最后一条指令 RET 的机器码

11. 程序块移动/比较、反汇编/打印命令——MOVE/COMP/DAR/FVBP 键

标志态功能操作汇总表如表 C-8 所示。

表 C-8　标志态功能操作汇总表

操作功能	状态	操作顺序					
		1	2	3	4	5	6
程序/数据移动（机内）	P.	源首址	F1	源末址	F2	目首址	MOVE
程序/数据移动（内部→外部）	P.....	源首址仿真 RAM 区	F1	源末址仿真 RAM 区	F2	目首址用户目标板	MOVE
程序/数据移动（外部→内部）	H.....	源首址用户目标板	F1	源末址用户目标板	F2	目首址仿真 RAM 区	MOVE
程序块比较	P.	源首址	F1	源末址	F2	目首址	COMP
反汇编（机内）	P.	源首址	F1	源末址	F2	浮动地址	DAR
反汇编（用户机）	H.....	源首址	F1	源末址	F2	浮动地址	DAR
全速断点	P.	源首址	F1	执行首址			FVBP
	P.....	源首址	F1	执行首址			FVBP